视讯技术
——构建宇视大规模监控系统

主　编　杨业令　王璐烽

副主编　张仁永　陶洪建　李金珂

参　编　张　杰　曾建梅　赵宇枫
　　　　刘　均　王梓璇　冉　婧

审　稿　朱浩雪　谢正兰　景兴红
　　　　张　杰

U0190722

重庆大学出版社

图书在版编目（CIP）数据

视讯技术：构建宇视大规模监控系统 / 杨业令，王
璐烽主编. —重庆：重庆大学出版社，2021.1
ISBN 978-7-5689- 2363-7

Ⅰ.①视… Ⅱ.①杨…②王… Ⅲ.①视频系统—监
控系统 Ⅳ.①TN948.65

中国版本图书馆CIP数据核字（2020）第259750号

视讯技术——构建宇视大规模监控系统

主 编 杨业令 王璐烽
副主编 张仁永 陶洪建 李金珂
策划编辑：陈一柳

责任编辑：杨育彪 版式设计：陈一柳
责任校对：邹 忌 责任印制：赵 晟

*

重庆大学出版社出版发行
出版人：饶帮华
社址：重庆市沙坪坝区大学城西路21号
邮编：401331
电话：（023）88617190 88617185（中小学）
传真：（023）88617186 88617166
网址：http://www.cqup.com.cn
邮箱：fxk@cqup.com.cn（营销中心）
全国新华书店经销
重庆市远大印务有限公司印刷

*

开本：787mm×1092mm 1/16 印张：20.5 字数：462千
2021年1月第1版 2021年1月第1次印刷
印数：1—3000
ISBN 978-7-5689-2363-7 定价：49.00元

编委会成员

王璐烽（重庆工业职业技术学院信息工程学院院长）

冉　婧（重庆工业职业技术学院信息工程学院教师）

朱浩雪（重庆瑞萃德科技有限公司总经理）

朱剑寒（重庆瑞萃德科技有限公司工程师）

刘　均（重庆工业职业技术学院信息工程学院教师）

李金珂（重庆工业职业技术学院信息工程学院教师）

杨业令（重庆工程学院计算机学院教师）

张　杰（重庆工程学院计算机学院教师）

张仁永（重庆工程学院电子信息学院教师）

赵宇枫（重庆工业职业技术学院信息工程学院教师）

赵荣哲（浙江宇视科技有限公司培训部经理）

陶洪建（重庆工业职业技术学院信息工程学院教师）

景兴红（重庆工程学院电子信息学院副院长）

曾建梅（重庆工程学院电子信息学院教师）

谢正兰（重庆工程学院计算机学院副院长）

　　视讯技术是物联网工程以及网络工程专业中视频安防监控岗位的核心课程。随着社会经济以及物联网技术的发展，视频安防监控工程师的需求越来越大。本书以安防行业规范为标准，与浙江宇视科技有限公司进行深度合作，突出了本书的实用性和先进性。学习本门课程后，可以参加 UCE-VS 宇视认证的视频监控工程师考试，通过考试的学生就具有成为视频安防监控工程师的资质。

　　本书采用"理实一体化"教学思想，按照学生的认知规律和任务的难易程度安排教学内容，将抽象的理论知识融入具体的实验和项目中，以培养学生的职业岗位能力为目标，以工作项目为导向，以实验任务为载体，以学生为主体设计知识、理论、实践一体化的教学内容，体现工学结合的设计理念。

　　本书共有 7 章理论知识，8 个实验项目。其主要内容包括视频监控行业概述、IP 监控系统概述、IP 监控系统之协议基础、IP 监控系统之系统管理、IP 监控系统之业务流程、IP 监控系统之网络技术以及 IP 监控系统之工程技术。

　　第 1 章主要介绍了视频监控行业的发展历程和发展趋势，视频监控系统的典型组网及其特点等内容。

　　第 2 章主要介绍了 IP 监控系统的结构和特点，IP 监控系统的业务，Uniview IVS 解决方案及其应用等内容。

　　第 3 章主要介绍了 IP 监控系统中的协议以及这些协议在 IP 监控系统中的应用等内容。

　　第 4 章主要介绍了 IP 监控系统中的管理模块的作用、意义以及处理流程等内容。

　　第 5 章主要介绍了 IP 监控系统中的业务流程以及业务流程处理细节等内容。

　　第 6 章主要介绍了 IP 监控系统中的网络基础知识以及网络协议的原理、应用等内容。

第 7 章主要介绍了 IP 监控系统中工程实施的整个流程，包括开局、施工、后期维护以及故障定位等内容。

8 个实验项目为系统规划及安装实验、系统基本配置实验、实时监控实验、存储回放实验、告警联动实验、多级多域实验、系统维护实验和 Linux 操作系统安装（虚拟机）实验。

本书由朱浩雪、谢正兰、张杰老师负责审稿；杨业令、张仁永、曾建梅老师负责编写；杨业令、王璐烽、刘均老师负责第 1 章、第 2 章、第 6 章的编写；张仁永、冉婧、李金珂老师负责第 3 章、第 4 章、第 7 章的编写；曾建梅老师负责第 5 章的编写；张杰、赵宇枫、陶洪建老师负责实验内容的编写。

在本书的编写过程中，浙江宇视科技有限公司培训部经理赵荣哲、重庆瑞萃德科技有限公司总经理朱浩雪提供了很多实用的建议，在这里表示由衷的感谢。

限于编者水平有限，书中错误、疏漏之处在所难免，敬请读者批评指正。

杨业令

2020 年 7 月

于重庆工程学院

目录 CONTENTS

第1章 | 视频监控行业概述

学习目标

了解视频监控系统的组成和特点；

了解传统视频监控系统的发展历程和发展趋势；

了解视频监控系统的典型组网及其特点；

了解视频监控系统的发展需求。

随着社会经济的不断发展，城市建设速度与规模逐渐扩大。对社会治安监控、园区监控、楼宇监控、生产监控、环境监控等视频监控的应用需求越来越大，其应用已深入各个行业，并涉及人们的工作和生活。

视频监控系统的主要功能是给关键、敏感的场所提供实时视频监控和录像，通过实时监控可及时阻止危险、违法行为以及犯罪事件的发生，录像数据可为企事业安全保卫、公安、司法提供事后取证的重要依据。

本章首先介绍视频监控系统的基础知识，然后分析视频监控技术的发展历程以及各阶段的典型组网，最后结合视频监控系统的发展需求介绍其解决方案。

1.1 视频监控系统的基础知识

1.1.1 视频监控系统的组成

视频监控系统的组成如图 1.1 所示。

一个完整的视频监控系统形态各异，但是都可以按照其功能划分为 5 个组成部分，即视音频采集系统、传输系统、管理和控制系统、视频显示系统、视音频存储系统。

视音频采集系统：负责视频图像和音频信号的采集，即将视频图像从光信号转换成电信号，把声音从声波转换成电信号。在早期的视频监控系统中，这种电信号是模拟电信号，随着数字和网络视频监控系统的出现，还需要把模拟电信号转换成数字电信号，然后再进行传输。视音频采集系统的常见设备有摄像机、云台、视频编码器、拾音器、麦克风等。

传输系统：负责视音频信号、云台 / 镜头控制信号的传输。在短距离情况下，信号传输只需采用电缆即可满足需要，而在长距离（比如 30 km）传输的情况下，就需要采用专门的传输

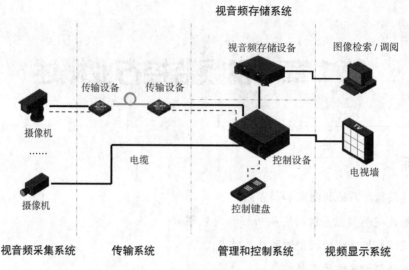

图 1.1 视频监控系统的组成

设备。传输系统的常见设备有视频光端机、介质转换器、网络设备(如交换机、路由器、防火墙等)、宽带接入设备等。

管理和控制系统:负责完成图像切换、系统管理、云台镜头控制、告警联动等功能,它是视频监控系统的核心。管理和控制系统的常见设备有视频矩阵、多画面分割处理器、云台解码器、控制码分配器、控制键盘、视频管理服务器、存储管理服务器等。

视频显示系统:负责视频图像的显示,视频显示系统的常见设备有监视器、电视机、显示器、大屏、解码器、PC 等。

视音频存储系统:负责视音频信号的存储,以作为事后取证的重要依据。视音频存储系统的常见设备有视频磁带录像机、数字硬盘录像机、网络视频录像机、IP SAN/IP NAS 等。

1.1.2 视音频采集系统设备

视频采集系统的常见设备包括视频编码器、云台、摄像机;音频采集系统的常见设备包括拾音器和麦克风。

视音频采集系统的常见设备如图 1.2 所示。

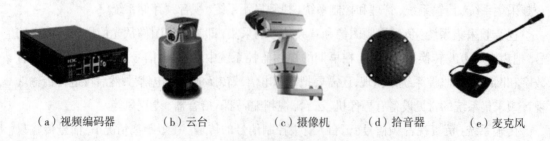

（a）视频编码器　　（b）云台　　　（c）摄像机　　（d）拾音器　　（e）麦克风

图 1.2 视音频采集系统的常见设备

视频编码器：用于对摄像机输出的模拟视频信号进行模 / 数转换，并编码成数字视频流后输出。视频编码器，业界有时也将其称为视频服务器，它的功能是接受模拟视频信号，经 A/D 转换、编码后成为数字视频信号，然后以数据包或数据帧的形式发送到网络上。

云台：是配合摄像机一起使用的，其主要功能是接受控制信号，带动摄像机做水平或垂直转动，驱动摄像机镜头实现变倍、变焦、开关光圈等动作。

云台种类很多，按照转动方向可分为水平云台和全方位云台，按照安装环境可分为室内云台和室外云台，如图 1.3 所示。

（a）水平云台　　　　　　　　　　　　（b）全方位云台

图 1.3　水平云台和全方位云台

水平云台内只安装了一个电动机，这个电动机负责水平方向的转动；全方位云台内装有两个电动机，一个负责水平方向的转动，另一个负责垂直方向的转动。

云台是承载摄像机进行水平或垂直两个方向转动的装置。云台可以扩大摄像机的监视角度和范围。

云台最重要的功能是控制摄像机的姿态，这是由电动机驱动机械装置实现的。

摄像机：用于把物体的图像从光信号转换成电信号，经内部电路处理后输出模拟视频信号。IP 网络摄像机自带编码板，通过网口直接输出编码后的数字信号。

摄像机分类：

①按摄像机产品形态可分为枪型摄像机、半球摄像机、球形摄像机、一体化摄像机。

②按摄像机的传感器尺寸可以分为 1/4 英寸（宽 3.2 mm× 高 2.4 mm，对角线 4 mm）、1/3 英寸（宽 4.8 mm × 高 3.6 mm，对角线 6 mm）、1/2 英寸（宽 6.4 mm × 高 4.8 mm，对角线 8 mm）、2/3（宽 8.8 mm × 高 6.6 mm，对角线 11 mm）英寸、1 英寸（宽 12.7 mm× 高 9.6 mm，对角线 16 mm）等类型。传感器的尺寸越大，感光面积越大，成像效果就越好。

③按摄像机成像清晰度可以分为 480 电视线、540 电视线、800 电视线等类型，540 电视线比较常见，800 电视线及以上清晰度的产品也已大量出现。

网络摄像机的原理：图像信号经过镜头输入及声音信号经过拾音器输入后，由图像传感器以及声音传感器转化为电信号, 模 / 数转换器将模拟电信号转换为数字电信号, 再经过编码器按一定的编码标准(如 H.264)进行编码压缩, 在中央控制管理器的控制下, 由网络接口控制电路按一定的网络协议输出 IP 数据包, 控制器还可以接收报警信号及向外发送报警信号, 也可按要求发出控制信号。

拾音器和麦克风: 都用于把声音从声波转换为模拟电信号。两者的区别主要在于接口形式和接口的阻抗特性不同。

1.1.3 传输系统设备

常见的传输系统设备有视频光端机、介质转换器、网络设备(如交换机、路由器、防火墙等)、宽带接入设备等, 如图 1.4 所示。

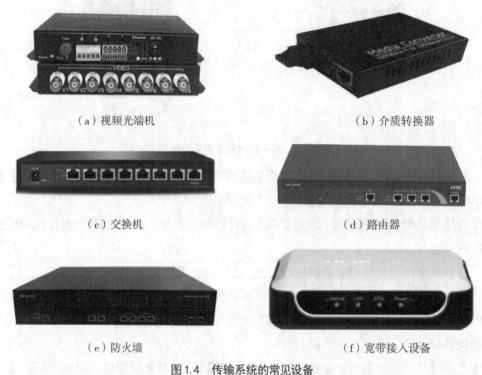

（a）视频光端机　　　　　　　　　　　　　　（b）介质转换器

（c）交换机　　　　　　　　　　　　　　（d）路由器

（e）防火墙　　　　　　　　　　　　　　（f）宽带接入设备

图 1.4　传输系统的常见设备

(1)视频光端机

视频光端机就是把 1 到多路的模拟视频信号通过各种编码转换成光信号并通过光纤介质传输的设备, 由于视频信号转换成光信号的过程会通过模拟转换和数字转换两种技术, 因此视频光端机又分为模拟光端机和数字光端机。光端机原理就是把信号调制到光上, 通过光纤进行视频传输。

(2)介质转换器

介质转换器是一种将短距离的双绞线电信号和长距离的光信号进行互换的以太网传输

媒体转换设备,产品一般应用在以太网电缆无法覆盖、必须使用光纤来延长传输距离的实际网络环境中。介质转换器常用于监控安全工程的高清视频图像传输。

(3)交换机

交换机是一种用于电(光)信号转发的网络设备。它可以为接入交换机的任意两个网络节点提供独享的电信号通路。最常见的交换机是以太网交换机。其他常见的还有电话语音交换机、光纤交换机等。

(4)路由器

路由器又称为网关设备。它完成网络层中继以及第三层中继任务,对不同网络之间的数据包进行存储、分组、转发处理,具有判断网络地址以及选择 IP 路径的作用,其可以在多个网络环境中构建灵活的链接系统,通过不同的数据分组以及介质访问方式对各个子网进行链接。

(5)防火墙

防火墙是通过有机结合各类用于安全管理与筛选的软件和硬件设备,帮助计算机网络在其内、外网之间构建一道相对隔绝的保护屏障,以保护用户资料与信息安全的一种技术。

(6)宽带接入设备

这里的宽带接入设备指调制解调器,它能把计算机的数字信号翻译成可沿普通电话线传送的脉冲信号,而这些脉冲信号又可被线路另一端的另一个调制解调器接收,并译成计算机可识别的数字信号。

1.1.4 视频管理控制设备

常见的视频管理控制设备包括多画面分割处理器、控制键盘、视频矩阵、视频管理服务器、云台解码器、控制码分配器等,如图 1.5 所示。

（a）多画面分割处理器

（b）控制键盘

（c）视频矩阵

（d）视频管理服务器

（e）云台解码器　　　　　　　　　　　　　　（f）控制码分配器

图1.5　视频管理控制的常见设备

多画面分割处理器：又称多画面控制器、多画面拼接器、显示墙处理器，它的主要功能是将一个完整的图像信号划分成 N 块后分配给 N 个视频显示单元（如背投单元），然后用多个普通视频单元组成一个超大屏幕动态图像的显示屏。它适用于指挥和控制中心、网络运营中心、视频会议、会议室以及其他许多需要同时显示视频和计算机信号的应用环境。

控制键盘：进行视频图像的切换、摄像机云台和镜头的控制。

视频矩阵：模拟监控系统的核心部件，包括矩阵切换箱和 CPU（控制处理器）。

视频管理服务器：基于网络监控系统的核心部件，只要在它上面安装了视频监控系统的管理软件，就可以对系统进行管理。在大规模视频监控系统中，视频管理服务器有设备管理、业务操作、参数配置、用户管理、日志管理等功能。

云台解码器：把控制摄像机镜头和云台等功能的数码信号转换成可控制电信号的设备。

控制码分配器：与矩阵系统配套使用的辅助设备之一，用于将 RS-485/RS-422 接口的解端设备控制码（Pelco-P、Pelco-D 等）分配到多个经缓冲输出的控制码端口，因此可以连接更多数量的 RS-485 终端。每个控制码输出口可用屏蔽双绞线最远传送 1 300 m，最多可连接 4~8 台前端设备。

1.1.5　视音频存储设备

早期的视频监控系统采用 VCR（Video Cassette Recorder, 视频磁带录像机）作为视音频存储设备；20 世纪 90 年代推出了 DVR（Digital Video Recorder, 数字硬盘录像机）作为视音频存储设备；目前最新形态的视音频存储设备是 NVR（Network Video Recorder, 网络视频录像机）。视音频存储系统的常见设备如图 1.6 所示。

（a）VCR　　　　　　　　　　（b）DVR　　　　　　　　　　（c）NVR

图1.6　视音频存储系统的常见设备

（1）VCR

VCR 的存储介质是磁带，如图 1.7 所示。

摄像机　　　　　　　　盒式磁带录像机　　　　　　CRT 视频监视器

图 1.7　视音频存储设备——VCR

VCR 的特点如下：

①录像会降低图像的清晰度。摄像机输出模拟图像的清晰度为 480 电视线，经过 VCR 录像之后，回放清晰度由 480 电视线降到 220 电视线，图像质量近似 CIF（352×288）。

②录像时间短。一盒录像带的标准录像时间最长为 270 min，慢录时可以达到 540 min，如果采用长延时录像方式，可以达到 48~96 h。长延时录像的本质是录像时进行磁鼓慢转丢帧录像，因此回放的图像质量下降（跳动），声音失真。

③容量小。视频监控用的磁带录像机一般只有一路输入视频接口，所以只能存储一路图像。

④维护工作量大。每隔几小时就要人工换带；录像带不易保存，容易发霉受潮；经常发生卡带、断带现象，磁带使用寿命短；无法远程操作或维护。

（2）DVR

DVR 是视频监控数字及 IP 时代最早的先行者，它首先实现了视频图像的数字化录像。

从产品形态上看，DVR 可以分为两种，一种为工控式 DVR，另一种为嵌入式 DVR。从出现时间上分，DVR 可分为第一代和第二代。第一代 DVR 为工控式 DVR，第二代 DVR 包括嵌入式 DVR 和第二代工控式 DVR（PC DVR），如图 1.8 所示。

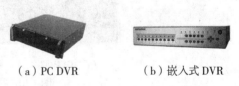

（a）PC DVR　　　　　（b）嵌入式 DVR

图 1.8　视音频存储设备——DVR

嵌入式 DVR 的特点是采用带图像压缩功能的专用硬件，专用的操作系统或者经过裁剪 / 优化的 Linux 系统，及专用的嵌入式图像处理软件。因为从硬件到软件都是定制的平台，所以稳定性和可维护性好，视频存储速度、分辨率及图像质量上都比第一代 DVR 有较大的改善。

DVR 除了可以进行数字化的录像之外还有网络接口，可以接入网络，从而实现远程维护、实时图像浏览、录像回放等功能，所以说 DVR 是 IP 监控的先行者。

（3）NVR

NVR 是视频监控系统中最新形态的视音频存储设备。

NVR 可以实现视频采集和视频存储的分离，从而提高设备的稳定性。

NVR 的设备和存储容量的可扩展性更好，表现在 NVR 主机可以扩展多个辅机或磁盘柜，NVR 主机、辅机和磁盘柜可以在线增加硬盘，在线扩大存储资源的存储空间。

（a）IP SAN 类型　　　（b）NAS 类型

图 1.9　视音频存储设备——NVR

NVR 按照采用的存储技术可以分为两种类型，一种基于 IP SAN（IP Storage Area Network，IP 存储局域网）技术，一种基于 NAS（Network Attached Storage，网络附属存储）技术，如图 1.9 所示。

NVR 采用了多种技术来提高视频数据存储的可靠性，如 RAID（Redundant Array of Independent Disks，独立冗余磁盘阵列）、热插拔、冗余电源等。

1.1.6　视频显示设备

在视频监控系统中常见的视频显示设备可分为 CRT（Cathode Ray Tube，阴极射线管）型、LCD（Liquid Crystal Display，液晶显示器）型、DLP（Digital Light Processing，数字光处理）型和 PDP（Plasma Display Panel，等离子显示屏）型 4 类，如图 1.10 所示。

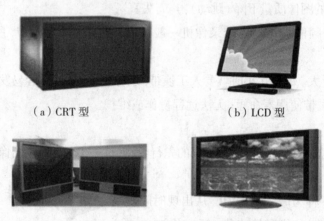

（a）CRT 型　　　　　　　　（b）LCD 型

（c）DLP 型　　　　　　　　（d）PDP 型

图 1.10　视频显示系统的常见设备

CRT 型显示设备：采用磁偏转驱动的方式（也称模拟驱动方式）实现信息显示。在视频监控系统中，常见的 CRT 型显示设备有监视器、普通电视机、普通显示器。CRT 型显示设备具有价格低廉、亮度高、视角宽、使用寿命较长的优点。

LCD 型显示设备：采用点阵驱动的方式（也称数字驱动方式）实现信息显示。在视频监控系统中，常见的 LCD 型显示设备有 LCD 型显示器、LCD 型电视机。LCD 型显示设备具有体积小（平板形）、重量轻、图像无闪动、无辐射的优点。

DLP 型显示设备：所谓的背投，是以 DMD（Digital Micromirror Device，数字微镜装置）芯片的光学半导体为基础，具有亮度衰减慢、图像细腻、可靠性高等特点。

PDP 型显示设备：采用的是一种利用气体放电的等离子显示技术，其工作原理与日光灯很相似。它采用了等离子管作为发光元件，屏幕上每一个等离子管对应一个像素。PDP 技术具有单屏均匀度高、像素点缝隙大、耗电高等特点。

1.1.7 视频监控系统常见接口

（1）CVBS 接口

CVBS 是 Composite Video Baseband Signal 的缩写，称为复合视频信号接口，如图 1.11 所示。

CVBS 接口可以在同一信道中同时传输亮度和色度信号，"复合视频"因此得名。由于亮度和色度信号在接口链路上没有实现分离，需要后续进一步解码分离，且这个处理过程会因为亮色串扰问题，导致图像质量的下降，因此 CVBS 信号的图像保真度一般。CVBS 接口在物理上通常采用 BNC 或 RCA 接口进行连接。需要注意的是，CVBS 不能同时传输视频和音频信号。CVBS 信号的图像品质受线材影响大，所以对线材的要求较高。

（2）VGA 接口

VGA 是 Video Graphics Array 的缩写，称为视频图形阵列，也称为 D-Sub 接口，如图 1.12 所示。

VGA 接口传输的信号是模拟信号，主要用于计算机的输出显示，是计算机显卡上应用最广泛的接口类型。

图 1.11　CVBS 接口　　　　　　　　　　图 1.12　VGA 接口

（3）DVI 接口

DVI 是 Digital Visual Interface 的缩写，称为数字视频接口。

DVI 基于 TMDS（Transition Minimized Differential Signaling，最小化传输差分信号）技术来传输数字信号。TMDS 是一种微分信号机制，可以将像素数据编码，并通过串行连接传递。显卡产生的数字信号由发送器按照 TMDS 协议编码后通过 TMDS 通道发送给接收器，再经过解码后发送给数字显示设备。一个 DVI 显示系统包括一个传送器和一个接收器。传送器是信号的来源，可以内建在显卡芯片中，也可以附加芯片的形式出现在显卡 PCB 上；而接收器则是显示器上的一块电路，它可以接收数字信号，将其解码并传递到数字显示电路中，通过这两者，显卡发出的信号便成为显示器上的图像。

目前的 DVI 接口分为两种：DVI-D 接口和 DVI-I 接口，如图 1.13 所示。

（a）DVI-D　　　　　　　　　　　　（b）DVI-I

图 1.13　DVI 接口

DVI 传输数字信号时，数字图像信息无须经过任何转换，就可以被直接传送到显示设备上进行显示，避免了烦琐的信号 A/D 和 D/A 转换过程，一方面大大降低了信号处理时延，因此传输速度更快；另一方面避免了 A/D 和 D/A 转换过程带来的信号衰减和信号损失，所以可以有效消除模糊、拖影、重影等现象，图像的色彩更纯净、更逼真，清晰度和细节表现力也得到了大大提高。

目前 DVI 接口在高清显示设备（高清显示器、高清电视、高清投影仪等）上大量应用，尤其是在 PC 显示领域，基本替代了 VGA 接口。

（4）HDMI 接口

HDMI 是 High Definition Multimedia Interface 的缩写，称为高清多媒体接口。目前 HDMI 接口已经成为消费电子领域发展最快的高清数字视频接口，如图 1.14 所示。

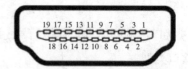

图 1.14　HDMI 接口

HDMI 接口是基于 DVI 标准而制定的，同样采用 TMDS 技术来传输数字信号。另外，HDMI 接口在针脚定义上可兼容 DVI 接口。HDMI 接口的传输带宽高，按照 HDMI1.3 可支持 10 Gb/s。接口在保持信号高品质的情况下能够同时传输未经压缩的高分辨率视频和多声道音频数据。

（5）SDI

图 1.15　SDI 接口

SDI 是 Serial Digital Interface 的缩写，称为串行数字接口。 SDI 是专业的视频传输接口，一般用于广播级视频设备中，如图 1.15 所示。

SDI 有两个接口标准：SD-SDI 和 HD-SDI。

SDI 接口可以支持很高的数据传输速率：SD-SDI 接口速率为 270 Mb/s，HD-SDI 接口速率为 1 485 Mb/s。

（6）音频接口

视频监控系统中的音频接口表现形式多样，常见的有：凤凰头接口、RCA 接口、BNC 接口和 MIC 接口。这些接口除了物理形态不同之外，对连接的外设要求以及支持的功能也有差异。

（7）传输设备上应用的光纤接头

在视频监控系统中，传输设备上（光端机、交换机、EPON 设备）应用多种光纤接头，常见的有以下 4 种。

ST 接口：圆形的卡接式接口，一般用于光纤的中继。

SC 接口：方形光纤接头，一般用于设备端接。

LC 接口：小方形光纤接头，一般用于设备端接。

FC 接口：圆形螺口，一般用于光纤的中继。

1.1.8 视频监控系统常见线缆

视频监控系统在局域网中常见的网线主要有双绞线、光纤、同轴电缆 3 种。

(1)双绞线

双绞线是由许多对线组成的数据传输线，是综合布线工程中常用的一种传输介质。双绞线采用一对绝缘的金属导线互相绞合的方式来抵御一部分外界电磁波干扰。将两根绝缘的铜导线按一定密度互相绞在一起，可以降低信号干扰的程度，每一根导线在传输中辐射的电波会被另一根线上发出的电波抵消，"双绞线"的名字也是由此而来。

双绞线按线径粗细可分为 5 类线、超 5 类线和 6 类线；按有无屏蔽层可分为非屏蔽双绞线（Unshielded Twisted Pair, UTP）和屏蔽双绞线（Shielded Twisted Pair, STP），如图 1.16 所示。

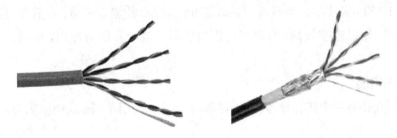

图 1.16　双绞线

屏蔽双绞线的外层由铝铂包裹，以减小辐射，但并不能完全消除辐射。屏蔽双绞线价格相对较高。

双绞线的做法有两种国际标准：EIA/TIA-568A 和 EIA/TIA-568B，而双绞线的连接方法也主要有两种：直通线缆和交叉线缆。直通线缆的连接头两端都遵循 568A 或 568B 标准，双绞线的每组线在两端是一一对应的，颜色相同的在两端连接头的相应槽中保持一致。而交叉线缆的连接头一端遵循 568A，而另一端则遵循 568B 标准。

(2)光纤

在视频监控系统中，需要进行长距传输时常用光纤作为介质。根据传输点模数的不同，光纤可分为多模光纤和单模光纤，光纤结构如图 1.17 所示。

所谓"模"是指以一定角度进入光纤的一束光。

多模光纤采用发光二极管作光源，允许多种模式的光在光纤中同时传播，从而形成模分散（因为每一个"模"的光进入光纤的角度不同，它们到达另一端点的时间也不同，这种特征称为模分散），模分散技术限制了多模光纤的带宽和距离。多模光纤的纤芯直径为 50~62.5 μm，包层外直径为 125 μm。多模光纤的工作波长为 850 nm 或 1 300 nm。因此，多模光

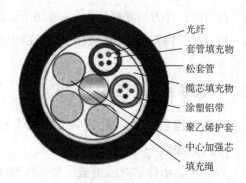

光纤
套管填充物
松套管
缆芯填充物
涂塑铝带
聚乙烯护套
中心加强芯
填充绳

图 1.17 光纤结构

纤的芯线粗,传输速度低、距离短(一般只有几千米),整体的传输性能差,但其成本比较低,一般用于建筑物内或地理位置相邻的环境下。多模光纤的颜色为橘红色。

单模光纤采用固体激光器作光源,在光纤中只能允许一种模式的光传播,所以单模光纤没有模分散特性。单模光纤的纤芯直径为 $8\sim10~\mu m$,包层外直径为 $125~\mu m$。工作波长为 $1\,310~nm$ 和 $1\,550~nm$。因此,单模光纤的纤芯相应较细,传输频带宽、容量大、距离长,但因其需要激光源,所以成本较高,通常在建筑物之间或地域分散时使用。单模光纤的颜色为黄色。

(3) 同轴电缆

同轴电缆是指有两个同心导体,而导体和屏蔽层又共用同一轴心的电缆,如图 1.18 所示。

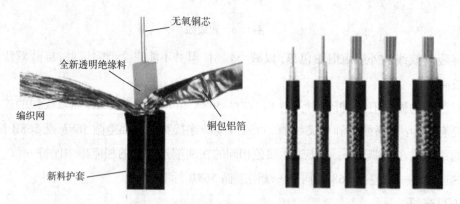

无氧铜芯
全新透明绝缘料
编织网
铜包铝箔
新料护套

图 1.18 同轴电缆

同轴电缆的得名与它的结构有关。同轴电缆的结构可以分为保护套、外导体屏蔽层、绝缘层、铜芯,其中外导体屏蔽层和铜芯构成回路。外导体屏蔽层和铜芯间用绝缘材料互相隔离。外层导体和中心轴芯线的圆心在同一个轴心上,所以称为同轴电缆。这种结构,使它具有高带宽和极好的噪声抑制特性。

同轴电缆有基带同轴电缆和宽带同轴电缆之分。

基带同轴电缆的阻抗特性为 $50~\Omega$,仅用于数字传输,速率最高可达到 $10~Mb/s$。基带同轴电缆根据线径可分为粗缆和细缆,粗缆的传输距离可达 $500~m$,细缆的传输距离可达 $180~m$。

宽带同轴的阻抗特性为 75 Ω，一般用于模拟传输，速率最高可达到 750 Mb/s。在视频监控系统中，摄像机所连的视频线为宽带同轴电缆。

1.1.9　成像技术基础

在监控系统中常用的镜头是 C 型安装镜头，这是一种国际公认的标准。这种镜头安装部位的口径是 25.4 mm，从镜头安装基准面到焦点的距离是 17.526 mm。大多数摄像机的镜头接口则做成 CS 型，因此将 C 型镜头安装到 CS 接口的摄像机时需增配一个 5 mm 厚的 CS/C 接口适配器（简称 CS/C 转接环），而将 CS 镜头安装到 CS 接口的摄像机就不需接转接环。

镜头的焦距决定了视野范围，焦距越大，监控距离越远，水平视角越小，监视范围越窄；焦距越小，监控距离越近，水平视角越大，监视范围越宽。成像场景的大小与成像物体的显示尺寸是互相矛盾的，例如，用同一个摄像机在同一个安装位置对走廊进行监视，选用短焦距镜头可以对整个走廊的全景进行监视并看到出入口的人员进出，但却不能看清 10 m 左右距离的人员面貌特征；而选用长焦距镜头虽可以看清 10 m 左右距离的人员面貌特征（人员占据了屏幕上的大部分面积），却又不能监视到整个走廊的全貌。

（1）镜头的分类

镜头的分类有很多种，常见的有以下 5 种。

固定光圈定焦镜头：是相对较为简单的一种镜头，该镜头上只有一个可手动调整的对焦调整环（环上标有若干距离参考值），左右旋转该环可使成在 CCD 靶面上的像最为清晰，此时在监视器屏幕上得到的图像也最为清晰。

手动光圈定焦镜头：比固定光圈定焦镜头增加了光圈调整环，其光圈调整范围一般可从 F1.2 或 F1.4 到全关闭，能很方便地适应被摄现场的光照度。然而由于光圈的调整是通过手动人为地进行的，一旦摄像机安装完毕，位置固定下来，再频繁地调整光圈就不那么容易了，因此，这种镜头一般也是应用于光照度比较均匀的场合，而在其他场合则也需与带有自动电子快门功能的 CCD 摄像机合用，如早晚与中午、晴天与阴天等光照度变化比较大的场合，需通过电子快门的调整来模拟光通量的改变。

自动光圈定焦镜头：在结构上有了比较大的改变，它相当于在手动光圈定焦镜头的光圈调整环上增加一个由齿轮啮合传动的微型电动机，并从其驱动电路上引出 3 芯或 4 芯线传送给自动光圈镜头，使镜头内的微型电动机做正向或反向转动，从而调节光圈的大小。自动光圈定焦镜头又分为视频驱动型与直流驱动型两种规格。

手动变焦镜头：顾名思义，手动变焦镜头的焦距是可变的，它有一个焦距调整环，可以在一定范围内调整镜头的焦距，其变焦一般为 2~3 倍，焦距一般在 3.6~8 mm。在实际工程应用中，通过手动调节镜头的变焦环，可以方便地选择监视的视场角，如可选择对整个房间的监视或是选择对房间内某个局部区域的监视。当对于监视现场的环境情况不十分了解时，采用这种镜头是非常重要的。

自动光圈电动变焦镜头：此种镜头与前述的自动光圈定焦镜头相比，增加了两个微型电动机，其中一个电动机与镜头的变焦环啮合，当其受控而转动时可改变镜头的焦距；另一个电动机与镜头的对焦环啮合，当其受控而转动时可完成镜头的对焦。由于该镜头增加了两个可遥控调整的功能，因此此种镜头也称作电动两可变镜头。

（2）摄像技术参数

摄像技术主要有以下相关参数：

最低照度：当被摄景物的光亮度低到一定程度而使摄像机输出的视频信号电平低到某一规定值时的景物光亮度值。

亮度：发光体（反光体）表面发光（反光）强弱的物理量。人眼从一个方向观察光源，在这个方向上的光强与人眼所"见到"的光源面积之比，定义为该光源单位的亮度，即单位投影面积上的发光强度。IP 网络摄像机的亮度一般可在 0~255 调节，通过调节亮度值来提高或降低画面整体亮度。

亮度是一个主观的量，现今尚无一套有效又公正的标准来衡量亮度，所以最好的辨识方式还是依靠使用者的眼睛。

色温：标识光源光谱质量最通用的指标，一般用 K 表示。色温是按绝对黑体来定义的。光源的辐射在可见区和绝对黑体的辐射完全相同时，黑体的温度就称为此光源的色温。低色温光源的特征是能量分布中，三种色温的荧光灯光谱红辐射相对说要多些，通常称为"暖光"；色温提高后，能量分布集中，蓝辐射的比例增加，通常称为"冷光"。

对比度：对视觉效果的影响非常关键，一般来说对比度越大，图像越清晰，醒目色彩也越鲜明艳丽；而对比度小，则会让整个画面都灰蒙蒙的。高对比度对图像的清晰度、细节表现、灰度层次表现都有很大帮助。在一些黑白反差较大的文本显示、CAD 显示和黑白照片显示等方面，高对比度产品在黑白反差、清晰度、完整性等方面都具有优势。相对而言，在色彩层次方面，高对比度对图像的影响并不明显。对比度对动态视频显示效果的影响要更大一些，由于动态图像中明暗转换比较快，对比度越高，人的眼睛越容易分辨出这样的转换过程。

饱和度：色彩的纯度。纯度越高，表现越鲜明；纯度越低，表现则越暗淡。

在摄像机实际应用的调节中，可调节范围为 0~255，数值越高表明该图像饱和度越高，也就是图像色彩越鲜艳。实际调节时应根据实际需要设置合适的饱和度值。

快门：一种让光线在一段精确的时间里照射传感器的装置。现在监控系统里使用的摄像机都是使用电子快门，可以选择如千分之一秒精确的时间间隔。快门速度的基本作用是控制光线照射图像传感器的持续时间。时间越短，光线越少，画面越暗，它们之间成正比。如果把时间缩短一半，那么光线也会减少一半。

在道路监控中，为了得到被拍摄的运动车辆清晰的照片，需要采用足够快的快门速度才能够看清楚快速运动的物体。因此，若想获取快速运动物体清晰的照片，应选用较小的快门值。

　　光圈：一个用来控制光线透过镜头进入机身内感光面光量的装置。它通常在镜头内，用 F 值表达光圈大小。对于已经制造好的镜头，不能随意改变镜头的直径，但是可以通过在镜头内部加入多边形或者圆形，并且面积可变的孔状光栅来达到控制镜头的通光量，这个装置就称为光圈。

　　常见的光圈值系列如下：　F11、F16、F22、F32、F45、F64。

　　宽动态技术：在非常强烈的亮度对比下让摄像机看到影像的特色而运用的一种技术。当强光源（日光、灯具或反光等）照射下的高亮度区域及阴影、逆光等相对亮度较低的区域在图像中同时存在时，摄像机输出的图像会出现明亮区域因曝光过度成为白色，而黑暗区域因曝光不足成为黑色，严重影响图像质量。摄像机在同一场景中对最亮区域及较暗区域的表现是存在局限的，这种局限就是通常所讲的"动态范围"。

　　宽动态技术是同一时间曝光两次，一次快，一次慢，再进行合成使得能够同时看清画面上亮与暗的物体。与背光补偿相比，虽然两者都是为了克服在强背光环境条件下看清目标而采取的措施，但背光补偿是以牺牲画面的对比度为代价的，所以从某种意义上说，宽动态技术是背光补偿的升级。

　　宽动态摄像机大多应用在明暗交替的地方，当监控摄像机还无法达到低照度监控时，则采用宽动态技术进行"补光"。常用的场景有银行自动门门口、ATM 玻璃门口、写字楼、收费站等。

　　光敏电阻器：利用半导体的光电效应制成的并随入射光的强弱而改变的电阻器。入射光强，电阻减小；入射光弱，电阻增大。

　　光敏电阻器一般用于光的测量、光的控制和光电转换（将光的变化转换为电的变化）。常用的光敏电阻器是硫化镉光敏电阻器，它是由半导体材料制成的。光敏电阻器的阻值随入射光线（可见光）的强弱变化而变化，在黑暗条件下，它的阻值（暗阻）可达 1~10 MΩ，在强光条件（100 lx）下，它阻值（亮阻）仅有几百至数千欧姆。光敏电阻器对光的敏感性（即光谱特性）与人眼对可见光（0.4~0.76 pm）的响应很接近，只要是人眼可感受的光，都会引起它的阻值变化。在监控系统中，光敏电阻被广泛运用于控制补光灯。

　　码率：数据传输时单位时间传送的数据位数，通常用的单位是 kb/s。针对多媒体系统，码率是指媒体流传输时单位时间传送的数据位数，如图 1.19 所示。

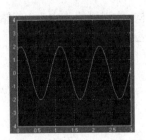 × 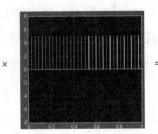 =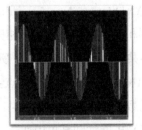

图 1.19　码率

15

一般地, 在相同的分辨率下, 清晰度要求越高, 视频图像的码率要求越大; 在相同的分辨率和清晰度要求下, 采用的编码协议的压缩率越高, 视频图像的码率越小。

在多媒体系统中, 存在两种码率模式: CBR 和 VBR, 其中 CBR 应用比较普遍, 如图 1.20 所示。

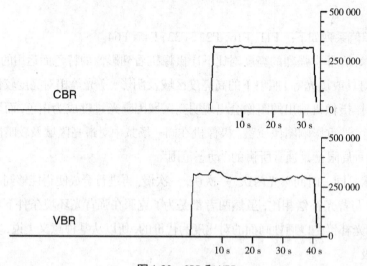

图 1.20　CBR 和 VBR

CBR 是 Constants Bit Rate 的缩写, 称为恒定比特率, 表示视音频媒体流单位时间内的数据量保持恒定。 CBR 是一种固定采样率的压缩方式, 优点是压缩快; 缺点是存储时占用空间大, 媒体流的视音频质量无法保持稳定。

VBR 是 Variable Bit Rate 的缩写, 称为可变比特率, 表示视音频媒体流单位时间内的数据量是变化的, 不能保持恒定。VBR 是一种全程动态调节技术的压缩方法, 其原理就是将音视频的复杂部分用高比特率编码, 简单部分用低比特率编码。

这里说的恒定和变化是指媒体流在 1 s 时长的平均数据量, 并非指瞬时的数据量。无论是 CBR 还是 VBR, 媒体流的瞬时数据量都是变化的。

1.1.10　存储相关技术基础

(1)SAN 存储

SAN (Storage Area Network, 存储局域网) 是一种存储架构, 它以网络为中心, 存储系统、服务器和客户端都通过网络相互连接。SAN 存储架构构建了一个独立的存储局域网, 和业务网络不共用承载网, 如图 1.21 所示。

SAN 存储架构有如下优点:

①数据集中, 易管理。

②高扩展性和高可用性。

③适用于存储量大的块级应用。

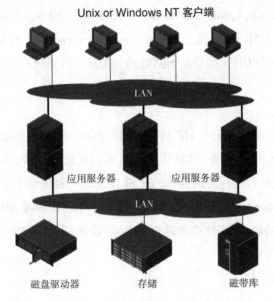

图 1.21 SAN 存储架构

(2) NAS 存储

NAS（Network Attached Storage，网络附属存储）是一种将分布、独立的数据整合为大型、集中化管理的数据中心，以便对不同主机和应用服务器进行访问的技术。简单来说，它是连接在网络上，具备资料存储功能的装置，因此也称为"网络存储器"，如图 1.22 所示。

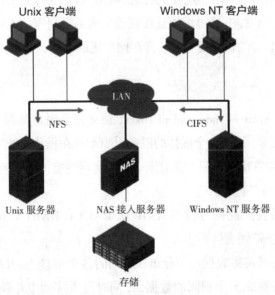

图 1.22 NAS 存储架构

NAS 以数据为中心，将存储设备与服务器彻底分离，集中管理数据，从而释放带宽、提高性能、降低总拥有成本、保护投资。其成本远远低于使用服务器存储，而效率却远远高于后者。

NAS 可提供跨平台文件共享功能，NAS 本身能够支持多种协议（NFS、CIFS、FTP、HTTP 等）

和操作系统（Windows、Unix、Linux、Solaris 等）。 NAS 通过 NFS （Network File System）协议支持各种 Linux、Unix 类操作系统，通过 CIFS（Common Internet File System）协议支持 Unix 和 Windows 操作系统。NFS 和 CIFS 都是基于网络的分布式文件系统，可以用来提供跨平台的信息存储与共享。

（3）iSCSI 存储

iSCSI 技术是一种由 IBM、Cisco、HP 共同发起的标准，是一个供硬件设备使用的可以在 IP 协议的上层运行的 SCSI 指令集，这种指令集合可以实现在 IP 网络上运行 SCSI 协议，使其能够在高速千兆以太网上进行路由选择。iSCSI 技术是一种新储存技术，该技术是将现有 SCSI 接口与以太网络（Ethernet）技术结合，使服务器可与使用 IP 网络的储装置互相交换资料。

iSCSI 基于 TCP/IP 协议，用来建立和管理 IP 存储设备、主机和客户机等之间的相互连接，并创建存储区域网络（SAN）。

iSCSI 存在以下技术优势：

①硬件成本低。

②操作简单，维护方便。

③扩充性强。

④带宽和性能不断提升。

（4）SAS 存储

SAS 是新一代的 SCSI 技术，和现在流行的 Serial ATA（SATA）硬盘相同，都是采用串行技术以获得更高的传输速度，并通过缩短连接线改善内部空间等。SAS 是并行 SCSI 接口之后开发出的全新接口。此接口的设计是为了改善存储系统的效能、可用性和扩充性，提供与串行 ATA 硬盘的兼容性。

（5）RAID 存储

RAID（Redundant Array of Independent Disks，独立冗余磁盘阵列）将多个独立的物理磁盘按照某种方式组合起来，形成一个虚拟的磁盘。 RAID 在操作系统下作为一个独立的存储设备出现，它可以充分发挥出多块磁盘的优势，提升读写性能，增大容量，提供容错功能以确保数据安全性，同时也易于管理。

RAID 等级中应用较广泛的等级有 RAID 0、RAID 1、RAID 5、RAID 10 和 RAID 50。RAID 0 定义为无容错条带硬盘阵列。

RAID 0：以条带的形式将数据均匀分布在阵列的各个磁盘上。RAID 0 在存储数据时由 RAID 控制器将数据分割成大小相同的数据条，同时写入阵列中并联的磁盘；在读取时，也是顺序从阵列磁盘中读取后再由 RAID 控制器进行组合。构成 RAID 0 至少需要 2 个磁盘。RAID 0 可以并行地执行读写操作，还可以充分利用总线的带宽。理论上讲，一个由 N 个磁盘组成的 RAID 0 系统，它的读写性能将是单个磁盘读取性能的 N 倍，且磁盘空间的存储效率最大（100%）。 RAID 0 的缺点是不提供数据冗余保护，一旦磁盘损坏，存储的数据将无法恢复，如图 1.23 所示。

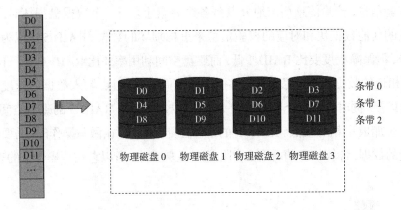

图 1.23　RAID 0

RAID 0 的特点使它特别适用于对存储性能要求较高，而对数据安全要求并不高的领域。

RAID 1：又称为 Mirror 或 Mirroring，中文称为镜像。RAID 1 将数据完全一致地分别写到两组成员磁盘，当一组包含的磁盘数为 N 时，RAID 1 阵列所需磁盘总数为 $2N$。通过两组磁盘存放同一份数据，RAID 1 实现了 100% 的数据冗余，如图 1.24 所示。

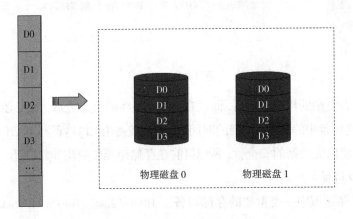

图 1.24　RAID 1

和 RAID 0 相比，RAID 1 的读写方式完全不同。例如，阵列包含两个磁盘，在写入时，RAID 控制器并不是将数据分成条带，而是将数据同时写入两个磁盘。在读取时，首先从其中一个磁盘读取数据，如果读取成功，就不用去读取另一个磁盘上的数据；如果其中任何一个磁盘的数据出现问题，则可以马上从另一个磁盘中进行读取，不会造成工作任务的间断。两个磁盘是相互镜像的关系，可以互相恢复。

RAID 1 阵列通过镜像冗余方式实现理论上两倍的读取速度，但它的写性能没有明显的改善，另外，RAID 1 的磁盘空间利用率低，只有 50%。RAID 1 技术的重点是在不影响性能的情况下最大限度地保证系统的可靠性和可修复性。RAID 1 在需要高可用性的数据存储环境（如财务、金融等用户）中得到广泛的应用。

RAID 5：在 RAID 0 的基础上增加了校验信息，不同磁盘上处在同一带区的数据做异或运算得到校验信息，校验信息均匀地分散到各个磁盘上。当一个数据盘损坏时，系统可以根据同一带区的其他数据块和对应的校验信息来重构损坏的数据。RAID 5 可以为系统提供数据安全保障，但保障程度要比 RAID 1 低，而磁盘空间利用率要比 RAID 1 高。 RAID 5 具有和 RAID 0 相近的数据读取速度，只是多了一个奇偶校验信息，写入数据的速度比对单个磁盘写入操作稍慢。同时由于多个数据对应一个奇偶校验信息，RAID 5 的磁盘空间利用率要比 RAID 1 高，存储成本相对较低。RAID 5 的整体性能良好，但在做写操作时，需要读取同一带区其他磁盘的数据，计算校验值并写入到相应的校验盘中，所以它在写操作上的表现中等，如图 1.25 所示。

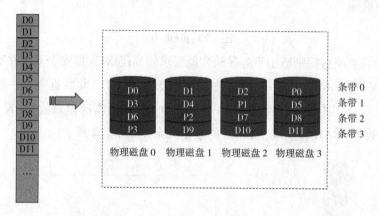

图 1.25　RAID 5

RAID 5 有着复杂的控制器设计，而且当更换了损坏的磁盘之后，系统必须一个数据块一个数据块地重建坏盘中的数据，耗费的时间长，也比较占用 CPU 资源。RAID 5 既能实现读性能上的提升，也能保证数据的安全性，所以目前在存储市场中应用非常广泛。

(6) JBOD 存储

JBOD 是存储领域中一类重要的存储设备。 JBOD（Just a Bunch Of Disks，磁盘簇）是在一个底板上安装的带有多个磁盘驱动器的存储设备，通常又称为 Span。和 RAID 阵列不同，JBOD 没有前端逻辑来管理磁盘上的数据分布，相反，每个磁盘进行单独寻址作为分开的存储资源，或者基于主机软件的一部分，或者是 RAID 组的一个适配器卡。

JBOD 阵列的总容量就是每个磁盘容量之和。JBOD 与 RAID 阵列相比较，它的成本低，且可以将多个磁盘合并到共享电源盒风扇的盒子里。市场上常见的 JBOD 经常安装在 19 in（1 in=2.54 cm）的机柜中，因此提供了一种经济的、节省空间的配置存储方式。

在视频监控系统中，一台存储设备可用的存储容量是指该存储设备的有效容量。存储设备的有效容量（单位为 GB）= 有效磁盘数 × 单磁盘有效容量（单位为 GB），有效磁盘数和 RAID 等级及启用热备盘情况有关，见表 1.1。

表 1.1 存储设备的有效容量

RAID 等级	有效磁盘数	RAID 等级	有效磁盘数
JBOD	物理磁盘数（不计热备盘）	RAID 1	物理磁盘数 ×0.5（不计热备盘）
RAID 0	物理磁盘数（不计热备盘）	RAID 5	物理磁盘数 −1（不计热备盘）

磁盘有效容量可参考表 1.2，不同存储设备可能磁盘有效容量不同。

一台 IP SAN 阵列，磁盘柜配满（16 块），采用 RAID 5 等级，规划热备盘 1 块，磁盘类型为 1 TB。则 IP SAN 阵列的有效容量可以计算如下：

$$\text{IP SAN 阵列有效容量} =14\times\frac{931.5}{1\,024}\text{ TB}=12.735\text{ TB}$$

表 1.2 不同存储设备的有效容量

磁盘类型	有效容量 /GB
1 TB SATA	930
750 GB SATA	698
500 GB SATA	465

1.2 视频监控技术的发展历程和典型组网

1.2.1 视频监控技术的发展历程

视频监控系统技术从 20 世纪 80 年代开始进入我国以来，发展速度很快，从技术层面上划分，经历了 4 个不同技术发展阶段：模拟监控、模数混合监控、IP 流媒体监控、IP 全交换监控。视频监控技术的发展历程如图 1.26 所示。

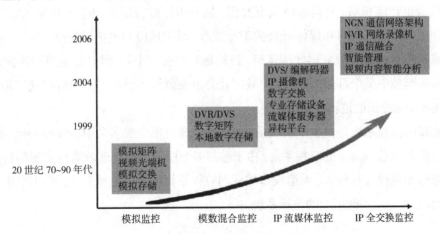

图 1.26 视频监控技术的发展历程

模拟监控系统：也称为闭路电视监控系统（CCTV）。十多年时间里闭路电视监控系统一直主导着安防市场，应用在公安、银行、军工、交通、酒店等重要单位和部门。模拟监控系统的核心切换控制设备为模拟视频矩阵，切换控制是基于电路模拟交换，传输设备为视频光端机，存储设备是 VHS 录像机。

模数混合监控系统：以数字硬盘录像机 DVR 为主替代了原来的长延时模拟录像机，将原来的磁带存储模式转变成数字存储录像，实现了将模拟视频转为数字录像。DVR 集合了录像机、画面分割器等功能，跨出了数字监控系统的第一步。

IP 流媒体监控系统：以流媒体服务器和 NVR 网络录像机为代表，解决了视频流在网络上的传输问题，从图像采集开始进行数字化处理、传输，这样使得传输线路的选择更加具有多样性，只要有网络的地方，就提供了图像传输的可能。但其网络传输的控制管理较为简单，不能适应大规模、多任务的复杂应用需求。

IP 全交换监控系统：目前正处在快速发展过程中，在这一发展阶段，视频监控系统将朝着全 IP、智能化、集成化、标准化、开放体系架构的方向发展，整个系统体现出控制与业务相分离架构、高可靠网络存储、统一平台、IP 通信融合、丰富的智能应用等特点。

1.2.2　视频监控系统的典型组网

联网监控解决方案存在两种典型拓扑：单域监控模型和多域监控模型。

域指的是一个独立的组织单元。在监控系统中，我们把域分为物理域和逻辑域。

物理域也称实体域、自治域，是有域内唯一的认证注册管理服务器，负责全域内设备统一注册、用户登录认证和管理，可以直接或间接管理前端设备。通常理解的监控域主要指的就是物理域。例如一个企业的园区监控系统、一个城市的社会治安监控系统，都可以称为一个物理域。

逻辑域也称虚拟域、非自治域或资源组，是一组针对特定组织业务对象的关联资源的组合，也可以是网络、存储和媒体处理的汇聚节点。逻辑域内的设备不能独立运行，域内资源需要依靠物理域的管理服务器才能运行。逻辑域可以在一个物理域内，也可以跨物理域。例如企业园区监控中某个部门的监控域、城市社会治安监控系统中的交警监控域，都可以认为是在物理域中划分出的逻辑域。

多域联网监控系统是由多个单域系统组成的，通过单个或多个中心管理平台，实现跨逻辑域或跨物理域监控资源的监控系统。由于涉及多个逻辑域或物理域监控资源的管理，因此这类系统监控规模往往较大。而组成多域联网监控系统的各个单域系统，可以是同一厂商的单域系统，也可以是不同厂商的单域系统。

1.3　视频监控系统的发展需求和解决之道

1.3.1　视频监控系统的发展需求

视频监控系统从模拟监控到模数混合监控、IP 流媒体监控，一直发展到现在的 IP 全交换监控系统，这个发展趋势不是偶然形成的，而是在客户需求和技术发展等多种因素的共同作用下形成的。我们可以把这些因素看成视频监控系统的发展推动力。

视频监控系统的发展推动力体现在以下几个方面：

①用户的本质业务需求。

②技术的发展和融合。

③视频监控系统的规模和范围。

④视频资源共享需求。

⑤智能应用需求。

视频监控系统的这些发展推动力并非同时出现，而是随着应用和技术的发展而逐步产生的，并将随着应用和技术的继续发展而提出新的需求，成为新的推动力。

视频监控系统的发展需求首先来自用户对视频监控系统的本质需求，这个本质需求体现在"看、控、存、管、用"等5个方面。

看：实时监视，要求图像实时性好，清晰度高。图像效果能达到动态图像清晰流畅，静态图像清晰鲜明。

控：控制。控制分为两个方面，一方面是对实时图像的切换和控制，要求控制灵活，响应迅速；另一方面是对监视现场的事态控制上，一旦出现异常情况，要能快速告警和告警联动。

存：视频存储和查询回放。视频的存储要求能够实现对海量视频数据的可靠存储；在必要的时候，能够实现对录像的可靠备份；视频录像的查询要求能够方便快速地查询到精确的结果；视频录像的回放要求图像清晰流畅。

管：系统的运维管理，包括配置和业务操作、故障维护、信息查找等方面内容。系统运维管理要求操作简便，自动化程度高，同时兼顾系统安全。

用：增值应用。"用"的要求是系统能够方便地叠加各种增值应用，开发成本低，能提升视频监控系统的整体价值。

视频监控系统从楼宇监控、区域监控发展为城域、广域监控系统，系统规模爆炸式增长以城市治安监控为例，摄像机数量从原来几十路发展到目前成千上万路，如图1.27所示。

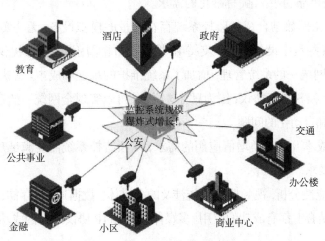

图 1.27　安防规模和覆盖范围

规模的扩大要求在技术上实现以下几点：

①体系架构支持大规模组网，能够支持上万路甚至更多摄像机。

②支持海量视音频数据的可靠存储。

③能够支持全网统一管理和业务管理。

④在系统的运行维护过程中，要能实现方便快捷和低成本的运维，准确高效的故障定位。

随着各部门及企事业单位业务和应用的发展，提出了不同单位之间的视频共享需求，例如交通管理部门、公安部门、水力航运部门需要共享彼此的视频监控系统的视频图像。通过物理介质交换实现视频图像共享的方式效率太低，成本太高。而通过私有协议实现各部门或各单位之间点对点的互通，虽然数据交换的效率有所提升，但是面临着重复开发、开发成本高、维护复杂等问题，也不会成为主流。只有基于公开的标准化技术之上实现互联互通的，才能够解决数据交换的效率、开发成本、维护效率的问题。具体来讲，就是实现通信协议、编解码协议和视频承载协议、互通信令的标准化，还有一点就是实现域间的复杂权限管理。

1.3.2 视频监控系统的解决之道

面对用户的本质需求以及新形势下的新挑战，解决思路就是整合视频监控系统涉及的各种标准技术，形成一个开放的、标准的、符合 NGN 架构思想的解决方案。

大型监控系统的规模已经达到要管理上万甚至十几万路摄像机的程度，传统的服务器架构（流媒体服务器、存储服务器、数据库服务器、Web 服务器等）已经不能满足需要。借鉴运营商的组网经验，新的架构应该是分层分模块的通信网络架构，并且符合 NGN 的三个分离思想（信令和媒体承载相分离、会话管理和业务控制相分离、系统功能和管理平面相分离）。

大规模视频监控系统产生的视频数据是海量的，第一需要实现对存储设备的统一管理；第二需要实现对存储设备存储空间的有效利用；第三需要实现对视频数据的可靠存储；第四需要实现存储设备的分布式和集中式部署。目前已经成熟的 IP SAN 和 NAS 存储设备可以满足大容量、高可靠、网络化、标准化的需求。

传统的模拟和模数结合视频监控系统存在大量的模拟设备，无法实现远程设备管理；另外，系统中的某些数字设备因为不支持 IP 协议，只能采用设备厂家提供的专用网管软件，导致无法实现全网统一的系统管理，增加了系统维护的难度和成本。解决办法是系统中的所有部件都支持 IP 和 SNMP 协议，因为只有这样，才可以实现全网统一的系统管理，从而解决系统管理的效率和自动化的问题。

为了满足低成本开发各类增值应用的需求，视频监控系统需要满足开放分层架构、完善智能软件接口的要求。

从实现的可能性分析，视频监控系统涉及的多媒体、数据通信、存储、信令 4 个方面的技术，与 IP 协议的结合上都有成功的应用。多媒体技术和 IP 协议结合的成功案例有视频会议、

VOIP 和 IPTV 等。存储和 IP 协议结合的成功案例有 IP SAN 和 NASO 等。信令和 IP 协议结合的成功案例有 SIP、H.323、SNMP 等。

综上所述，开放、标准、智能的 IP 监控系统是未来监控发展的必然方向。

第2章 | IP 监控系统概述

学习目标

熟悉 IP 监控系统的结构和特点；

熟悉 IP 监控系统的业务；

掌握 Uniview IVS 解决方案及其应用；

熟悉 Uniview IVS 解决方案中的产品。

IP 监控系统跟随着监控技术的发展趋势，以标准、开放、可靠的 IP 技术，有效地解决了大规模实时监控、高质量海量存储、快速方便的管理维护等问题，满足了网络监控市场蓬勃发展的要求，可广泛应用于城市、道路、机场、地铁、大型园区等领域的监控。

本章对 IP 监控系统进行介绍，并重点介绍 Uniview IMOS 平台的 IVS IP 监控的解决方案。

2.1 IP 监控系统概述

2.1.1 IP 监控系统组成结构

IP 监控系统包括视音频采集系统、传输系统、管理和控制系统、视频显示系统和音视频存储系统。

视音频采集系统：主要包括摄像机、编码器、拾音器或麦克风等。摄像机分为模拟摄像机、数字摄像机和 IP 网络摄像机，主要负责视频的采集，其中 IP 网络摄像机还集成了编码的功能，可以直接将音视频信号编码封装为 IP 包。拾音器或麦克风负责音频的采集；编码器主要负责音视频的模数转换、编码压缩、IP 封装并发送到 IP 网络。

传输系统：该系统由高品质的 IP 网络实现，通常由交换机和路由器组成，用于控制信令和音视频数据的传送。由于 IP 技术的标准化程度高，应用广泛，部署简单，因此使用 IP 网络代替传统的光端机传输是监控系统发展的必然趋势。

管理和控制系统：包括管理服务器和管理客户端，负责监控系统的设备管理、业务管理和用户管理。

视频显示系统：包括解码器（含软解码客户端）和电视墙、多媒体大屏幕、调音台、功放等模拟设备，负责音频流的解码、模数转换和输出显示。

音视频存储系统：常使用 IP SAN 或 NVR，负责音频流基于网络的存储。存储系统通过高磁盘阵列保存音视频数据便于用户查询回放。

2.1.2　IP 监控系统的技术集成

IP 监控系统整合了多媒体、存储、网络、信令控制 4 个方面的技术。标准、成熟的 IT 技术推动了 IP 智能监控的快速发展。

多媒体技术：主要包括 H.264、MPEG-2、MPEG-4、M-JPEG 等视频编解码技术和 G.711 等音频编解码技术。

存储技术：包括 IP SAN、iSCSI、RAID 等技术。

网络技术：涉及接入、管理、数据传送等技术，如以太网无源光网络接入（EPON）、无线接入（Wi-Fi）等。网络管理技术主要涉及 SNMP 协议，数据传送主要包括单播和组播两种方式。

信令控制技术：涉及的协议有 SIP、RTSP 等，用于实况、回放等业务的控制。设备接入及互联的 ONVIF、GB 28118 国标协议发展迅速。

IP 监控系统的技术集成如图 2.1 所示。

图 2.1　IP 监控系统的技术集成

2.1.3　IP 监控系统的特点

IP 监控系统借鉴 NGN（Next Generation Network，下一代网络）的架构，实现了业务相分离。将信令控制流（控制、认证、配置、报警）与媒体承载码流（实时视频、存储视频、回放视频）相分离，由网络本身来承载业务码流，而不是依靠性能及可靠性存在瓶颈的流媒体服务器。服务器只承担信令，不会成为系统扩容的瓶颈。将会话管理和业务控制相分离，由特定的服务器 / 软件模块实现会话管理，整个系统的逻辑层次非常清晰，当增加新业务或者业务规模扩大时，只需要添加新的业务管理模块，而会话管理模块 / 服务器的改动较少，保证了业务部署和业务扩展的方便性。管理配置和业务操作相分离，保证了业务和管理系统的独立部署。

统一架构、分层逻辑以 IP 协议作为核心的通信协议,构建端到端的统一通信机制;用标准的控制信令协议,如 SIP 协议,实现多媒体业务的控制。在软件接口架构上采用智能接口架构,实现便捷的新业务部署以及和第三方的对接,通过多级多域实现系统平滑扩展。

多业务融合,面向未来可以实现和第三方的 GIS 系统融合,可以和其他的安防系统,如报警、门禁系统实现互联。

丰富多样的应用多媒体业务智能化,如车牌识别、人脸识别、速度识别、入侵检测等智能识别业务都可以实现,并且还可以完成如流量分析、轨迹分析、滞留分析等各种智能分析业务。

2.2　IP 监控系统中的业务

2.2.1　IP 监控系统业务概述

监控系统从最初点到点模拟监控发展再到现在的 IP 监控,所承载的业务逐渐变得丰富和复杂,但究其根本,一个监控域内的业务仍然由"看、控、存、管、用"这 5 种基本业务元素组成。

IP 监控系统借鉴了 NGN 的架构,其所有的部件和资源,包括采集、存储、传输、显示、控制都可以实现全网全域的管理和调度,因此可以将"看、控、存、管、用"这 5 种基本业务从本地拓展到广域,并将"管、用"这两种业务推向智能化,如图 2.2 所示。

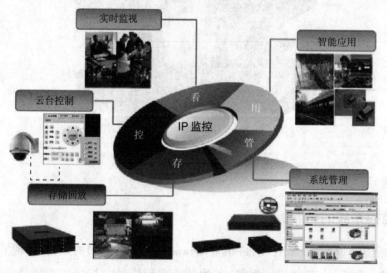

图 2.2　IP 监控系统业务概述

2.2.2　实时监视业务

实时监视是监控系统最基本的业务,主要包括客户端监视、监视器监视、轮切、组显示、组轮巡、场景、图像拼接等。

客户端监视：视频流由视频采集系统直接发往监控客户端，监控客户端通过软解码方式将视频进行解码播放。客户端监视具有部署灵活、功能丰富的优点，但是软件解码的延时较大，对 PC 机性能要求较高。

监视器监视：视频流由视频采集系统直接发往解码器，由解码器完成视频的硬件解码以及数模转换，然后将视频流发送到监视器播放。监视器监视由于采用解码器硬解码，因此性能较好，延时较小。但由于解码器和监视器通常位于监控中心，所以部署不够灵活。

轮切：在同一个视频窗格或监视器上分时段显示不同视频图像的功能。根据是在客户端轮切还是在监视器轮切，轮切业务可以分为软轮切和硬轮切。

组显示：将一组相关联的摄像机的视频同时显示在一组监视窗格或监视器上。通过组显示功能可以简化用户的操作，减少用户的工作量。

组轮巡：以轮切方式进行的组显示，组轮巡可以在窗格上进行也可以在监视器上进行。

场景：一组摄像机资源或者云台摄像机指定预置位资源的集合。可以将感兴趣或需关注的摄像机资源保存到一个场景中，然后在实况回放页面播放场景资源，即在现有空闲窗格上便捷地播放该场景中所有摄像机的实况，而不再需要一个个地启动摄像机实况或者一个个地转动到云台摄像机的指定预置位点。

图像拼接：通过三个枪机的画面拼接在一起，形成一个全局的监控画面，同时可以配一个球机看全景画面中的细节。当鼠标在拼接的画面中画一个框时，球机将会自动跟踪放大这块区域，使画面中的细节更加清晰。

2.2.3　云台控制业务

云台控制是指在进行实时监视时，用户通过专业键盘或视频管理客户端控制云台摄像机的操作，如转动、聚焦、变倍等。某些云台还可以控制雨刷、照明、红外，如图 2.3 所示。

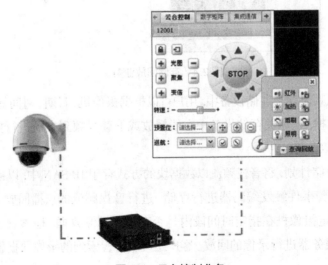

图 2.3　云台控制业务

云台摄像机可以实现大范围监视,但是在摄像机监控范围内往往存在某些地点是需要重点和长时间监视的,如园区大门、十字路口,所以通常需要预先为摄像机的云台设定几个固定的角度用于监视这些重要的地点,这些固定的角度或位置称为云台摄像机的预置位。当云台长时期没有操作时,会自动转到某个预置位,实现重点位置重点监视。

巡航业务是指摄像机云台按照预先设定的计划进行转动而不需要人为干预。在巡航计划制订时,可以设置按照预置位或轨迹巡航。

看守位是指云台控制权限被释放后,球机会自动回到使用者预先设置的某一重要预置位。

拉框放大是指通过对细节区域进行拉框操作,让球机放大到清晰的画面。拉框放大业务是针对实况画面中的某一兴趣区域进行拉框操作,使得球机自动放大到该区域,呈现出清晰画面,以使用户进行更细致的观察或执行其他业务。

2.2.4 存储回放业务

存储回放业务主要指将音视频进行回放,包括录像切片、秒级检索、即时回放、录像锁定等,如图 2.4 所示。

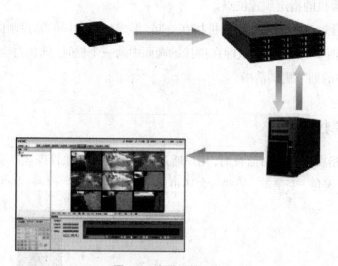

图 2.4 存储回放业务

编码器将音视频流存于存储设备中,用户可以根据摄像机、日期、时间等条件精确查询以及检索历史视频数据,从相关存储设备中在线播放或下载视频到本地进行播放,对于重要的音视频数据,还可以备份。

编码器根据存储计划,将音视频流以数据块的方式存于 IP SAN 中,以备将来回放使用,也可以由手工或告警事件触发编码器进行存储。进行音视频流的点播回放之前,首先需要进行数据检索,以确定摄像机在指定时间段内是否存储了录像数据。检索到录像数据后,客户端通过数据管理服务器进行录像的回放。客户还可以将检索到的录像数据下载到本地,进行本地播放。通过备份服务器可以实现将摄像机的录像文件备份到备份资源,备份方式有告警联动备份、手工备份和计划备份 3 种。通过备份服务器可以实现将摄像机的实况流转存到备份资源。

录像切片:对录像进行检索,每隔一段时间提取一张关键图片,根据图片上的信息快速定位录像的一种方法,单击图片可以查看对应时间段的录像。例如丢失物品后可以根据前一张图片物品还在,后一张图片物品丢失快速定位到大致丢失的时间段,再通过几次更细的切片定位到准确时间。

秒级检索:对录像检索的一种高质量体现,精确到秒。由于摄像机采集的录像是以数据块的方式存储,没有经过文件打包,因此可以精确定位到录像的任意一秒,不会存在偏差。如果是文件打包方式存储,检索几个月前的录像时容易造成时间偏差。

即时回放:在实况过程中实时对录像进行回放。由于摄像机采集的录像是以数据块的方式存储,没有经过文件打包,所以可以随时对任意一路摄像机的录像进行回溯,以查看刚刚发生的事件。如果采用文件打包方式,需要等文件打包完才能查看这段录像,不能立即查看(现在也有通过在客户端建立缓存的方式来达到即时回放效果,但有以下限制,即只能对播放实况的摄像机而不是任意一路摄像机进行即时回放,受限于缓存只能查看前几分钟的录像)。

录像锁定:针对某一重要录像所占的空间进行锁定,以防录像留存期到了之后被满覆盖,导致录像丢失。

2.2.5　系统管理业务

IP 监控系统中的系统管理业务包含设备管理,组织、用户管理,计划管理和告警管理,如图 2.5 所示。此外系统管理还包含平台本身的管理,如 License 升级管理、计划管理、模板管理等。

设备管理:包含域管理功能以及域中设备的注册上线、参数配置、状态保活等功能。添加设备时,可以添加设备相应所有人资产的相关信息,以便设备的管理。

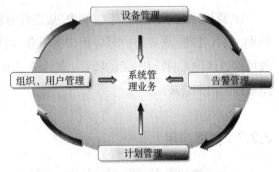

图 2.5　系统管理业务

组织、用户管理:可以实现基于不同组织、不同角色的用户管理。通过设定组织中用户所拥有的角色,可以灵活地控制用户所具有的实况、回放、配置等权限。组织管理还包含资源划归功能,可以实现将物理资源划归到多个组织。系统定制化可以将其他 Web 业务系统通过网络链接的方式显示出来。

计划管理:包含巡航计划、存储计划、轮切计划的管理。

告警管理：能够设置短信猫、短信服务器和邮件服务器的相关配置，将告警信息通过短信或邮件的方式发送给相关管理人员。告警管理还可实现对告警信息的查看和管理。

2.2.6 智能应用业务

IP监控系统基于开放式的平台，系统遵循 SOA（Service Oriented Architecture，服务体系架构），以标准接口来实现，可以很方便地实现和第三方的对接，从而在"看、控、存、管、用"的基础上实现多种多样的智能应用。例如，GIS 地图应用、运动检测告警联动、专业警讯、基于门禁系统的出入管理控制、语音对讲应用、车牌识别应用等，如图 2.6 所示。

GIS 地图　　　　　　专业警讯　　　　　　语音对讲

监控智能应用

运动检测　　　　　　门禁系统　　　　　　车牌识别

图 2.6　智能应用业务

IP监控系统承载的智能应用中，以图像分析为基础的应用发展很快，如车牌识别、人脸识别、禁区管理、周界防护等应用层出不穷。而且多对象组合的分析技术也在发展中，例如在机场跑道区将人的特征、货的特征、车的特征组合分析，可以基于图像分析全面地实现对机场跑道区的内部管理。

2.2.7 扩展应用

一个完整的实现"看、控、存、管、用"的 IP监控系统，可以视为一个逻辑区域。在实际应用中，一些大型的监控系统如平安城市、大型企业监控等，规模往往很大，如果通过扁平化的方式将所有的前端设备和管理平台置于同一个逻辑域中，势必会影响其可管理性和可扩展性。

通过多级多域的方式将监控系统由单域转变为多域，由扁平化结构转变为层次化结构，可以提升整个监控系统的综合管理能力并为系统提供良好的扩展性，如图 2.7 所示。

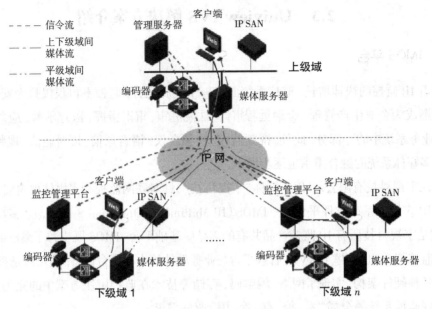

图 2.7　多级多域应用

在某些用户的监控系统中,使用了大量主流厂商的 DVR 或 IPC(IP Camera, IP 摄像机), 对于此类系统,可以使用设备代理服务器(DA, Device Agent 服务器)将 DVR 和 IPC 作为前端编码设备接入 IP 监控系统,从而保护用户已有投入,如图 2.8 所示。

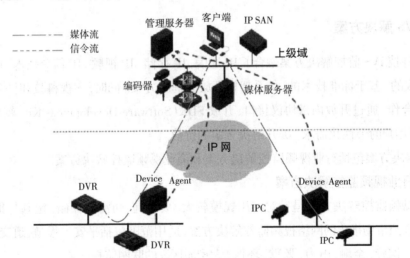

图 2.8　第三方设备接入应用

DA 作为监控平台中间件,用于连接第三方设备和 IMOS 监控平台,主要实现以下功能。

①信令代理服务器:实现设备接入、业务控制接入。

②媒体代理服务器:完成实时流、点播流封装接入。

③存储代理服务器:对前端设备实现 DA 侧存储。

④回放服务器:基于标准 RTSP 的流媒体点播。

2.3　Uniview IVS 解决方案介绍

2.3.1　IMOS 平台

随着 IP 监控的快速增长,监控系统面临一个发展趋势:监控不再仅仅只为安防服务,其已经逐渐成为企业生产管理、金融远程审计、法院庭审、审讯指挥、医疗示教、应急联动等领域日常业务系统中的一部分。此外,视频监控、视频会议、语音通信、即时通信、视频信息发布等各种多媒体系统的融合需求也逐步增多。

浙江宇视科技有限公司(以下简称"宇视科技")针对联网监控和多媒体融合管理的需求,推出了 IP 多媒体基础软件平台——IMOS(IP Multimedia Operation System, IP 多媒体操作系统),它是宇视科技所有 IP 监控产品共有的高品质基础平台。IMOS 既支撑了编解码器、IP 摄像机等监控终端,也支撑了 NVR、管理平台与业务软件等中心平台设备,还可以适配嵌入式、X86 等各种硬件架构,实现了网络、编解码、存储等技术在监控解决方案中的完美融合,满足各种联网监控系统的全局"看、控、存、管、用"业务需求。

IMOS 基于联网监控需求对整个监控系统的所有组件进行融合优化,满足多媒体业务的"看、控、存、管、用"等共性需求,同时可以更好地提供个性化增值应用解决方案,满足不同应用方式、不同业务呈现方式、不同市场定位、不同行业客户的需求。

2.3.2　IVS 解决方案

宇视科技 IVS 监控解决方案融合了 IP 通信、IP 存储、IP 视频、IP 信令技术,向用户提供了一个集成的、基于标准技术的、体系架构开放的解决方案。同时,宇视科技和许多增值业务厂商进行合作,通过开放内部协议接口、开放 SDK(Software Development Kit,软件开发包)接口,实现用户的个性化需求,提升解决方案的价值。

IVS 解决方案包括行业视频监控解决方案和商业视频监控解决方案。

(1)行业视频监控解决方案

行业视频监控解决方案是针对应用规模较大、要求高、可海量存储、定制与集成需求繁多的行业监控市场推出的网络视频监控解决方案,适用范围包括平安工程、轨道交通、机场、公路、教育、医疗、金融、电力、监狱、环保、大型园区等的联网监控。

行业视频监控解决方案包括了 IPC、编解码器、存储系统、网络系统和管理平台 5 大基础组件。行业视频监控解决方案的核心是 VM 视频管理平台。行业视频监控解决方案可以适应局域网、广域网、VPN 和多级多域扩容联网等多种组网方式,满足不同客户灵活组网的需求。

(2)商业视频监控解决方案

商业视频监控解决方案是针对监控规模相对较小的商业(企业)市场推出的基础网络视频监控解决方案,如楼宇、小型园区、普通学校、住宅小区等的联网监控。NVR(网络视频录像机)

是商业监控解决方案的核心组件。

商业监控解决方案可以作为下级域与行业视频监控解决方案配合使用,满足客户灵活组网的需求。

在规模较大的应用场合中,监控中心考虑到系统的扩展能力和大容量的处理能力需求,推荐采用管理平台与网络存储设备的分体式 NVR 设计,将存储与信令处理、媒体转发处理相分离,通过分布式部署,提高了系统的性能和可靠性。管理平台主要包括 VM 视频管理服务器、DM 数据管理服务器和 MS 媒体交换服务器。其中 VM8500 用于整个系统的认证注册管理、系统设备管理并提供 Web 服务,是整个系统的核心信令服务器,可以通过双机热备和 N+1 备份等方式进行保护。DM 主要是管理存储在 IP SAN 设备中的视频数据。MS 主要是进行实时视频流的转发、分发。

在实际应用中,实际需求可能是以上多种应用模型的混合组网,通过多级 NVR 及管理平台软件构建最大 7 级的多级多域应用。顶级域采用管理平台与业务软件产品,每个都可以定义为下级域,此时管理平台最大可以管理 1 024 个下级域,跨域管理可以提供全局的"看、控、存、管、用"业务,可以为上级域用户分配灵活的资源访问权限。资源访问的能力可以跨越下级域物理设备的限制,形成灵活的虚拟域。

道路交通管理系统中的"电子警察"是随着科技的发展而产生的,是一个时代的产物。它作为现代道路交通安全管理的有效手段,为公安交通管理部门加强交通违法车辆抓拍、实现道路实时视频监控、实时采集交通数据提供了重要的科技依据,也为综合利用管理信息平台、全方位加强交通信息诱导提供了保障。电子警察能有效遏制交通违法行为,规范路面行车秩序,缓解警力不足与交通需求迅速增长的交通矛盾、交通拥堵及交通事故高发等问题,它已成为道路交通管理队伍中必不可少的重要一员,以充分发挥其准确、公正的执法作用。

2.3.3 IVS 解决方案的特点

IVS 解决方案涵盖了 IPC、编解码器、网络存储设备、网络系统和管理平台 5 大基础组件,通过 5 个组件的相互融合,优化了系统架构,提高了系统整体效能、可靠性和性价比,同时可以有效满足用户的定制需求。

在构建 IP 监控解决方案整体架构时,首先要考虑的就是从架构上解决网络监控带来的海量视频实时数据和存储数据的问题。为此,业界的普遍做法是借助高性能的服务器,安装流媒体服务器软件,由软件来对海量视频数据进行实时访问地转发及转存到存储设备中,借此来规避高清监控终端自身的性能瓶颈及网络带宽的瓶颈。这种被称为"IP 流媒体"的方案对网络和设备本身没有特别要求,只要开放接口就可以实现异构厂商的 IPC、NVR 及管理平台软件互联互通,目前国际上通行的 ONVIF 标准也是采用这种架构。

IP 流媒体架构对前端设备及网络要求相对要低,但是反过来对流媒体服务器架构下的软件、服务器设计提出了很高的要求,特别是在海量视频监控联网环境下,大容量视频访问和存储要求流媒体服务器具备高可靠集群设计,实现负载均衡,并能够在单台设备出现故障时,快速地通过冗余设计将其流量切换到其他服务器上,并具备良好的还原机制,一般的软件厂商很难处理好这种设计。

同时,针对视频网络存储需求,融合了端到端的 IP SAN 技术,前端高清 IPC 和编码器与后端的 NVR 网络存储设备采用 IP SAN 架构建立 iSCSI 连接,然后将存储视频流进行 iSCSI 协议封装,直接采用数据块的方式将视频数据写入 IP SAN 存储设备中。通过这种方式,监控视频数据的存储不需要转换为视频文件,自然也不需要流媒体转存服务器,从而有效避免引发 "哑铃效应" 的文件系统问题和流媒体服务器性能瓶颈问题。具备良好的可扩展性,无论监控规模有多大,整个系统都不会存在性能瓶颈。

相对于传统的视频解决方案,IVS 实现了编码方式的创新,实现了编码终端的双码流机制,如图 2.9 所示。

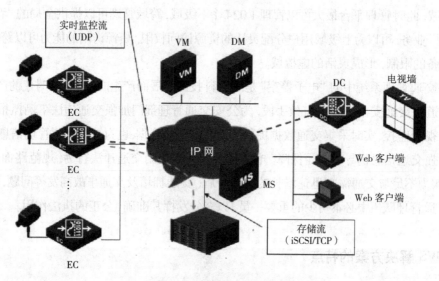

图 2.9 创新的双码流机制

双码流机制是指编码终端通过发送单播或者组播实时视频流到解码终端,实现了对实时视频图像的监视;同时,编码终端和存储设备之间建立直接连接,将视频流存于 IP SAN 中,实现了对实时视频图像的存储。

编码终端的双码流机制存在如下好处:

①存储流和实时视频流的码率及编解码协议可以不同,增加了系统设置的灵活性和对网络环境的适应性。

②相对于传统监控系统,视频存储不再需要通过流媒体服务器实现存储,从而免除了性能瓶颈,提高了系统的可扩展性。

③简化了系统结构,提高了系统稳定性,方便管理和维护。

Uniview EC 编码器 /IPC 网络摄像机完全符合 MPEG2/MPEG4/H.264 等国际标准的图像压缩技术，可提供 1 080P/720P/FUII D1 高清晰图像分辨率，对于大动态图像，支持可以提供更多的图像细节和高清图像质量。同时采用更先进的算法能够在更低的带宽下提供更高的图像质量。

(1) 高清回放图像质量

EC 编码器实时视频流和历史回放视频流采用双流方式实现。实时流需要呈现出连贯的视频图像，一般采用 UDP 的方式传送；而回放流需要对每一个图像细节都表现得很好，作为事后追查的依据，要求可靠，但对实时性要求不高，Uniview 的 EC 编码器采用基于 iSCSI 的 TCP 方式传送，保证了回放图像可以达到甚至超过实时图像的图像质量。

(2) 高实时性

通过组播交换机分发视频流，无流媒体服务器瓶颈，性能可靠性要高于服务器方式，全系统具备低于 300 ms 的实时性能，满足专业客户视频监控的要求。组播流平时是不存在的，只有实时监控时才有，因此可减小对网络的压力，无须流媒体服务器转发视频流，无服务器瓶颈。结合宇视科技管理平台，可以实现安全可控的组播。网络转发相对流媒体转发延时更低，效率更高。

Uniview 监控解决方案支持网络存储和本地缓存两种高可靠存储模式。平常情况下，网络存储采用支持 IP SAN 架构的 NVR 网络视频录像系统，前端 EC 编码器支持实时流和存储流的双流输出，其中存储流支持 iSCSI 协议，将存储数据以块方式存储到 IP SAN 盘阵上，相比传统的 DAS 存储方式（服务器加磁盘阵列），不需要中间的流媒体服务器转换，没有流媒体服务器的瓶颈，存储更加可靠。

由于实现了基于 IP SAN 架构的存储资源统一管理，检索时只要输入相关描述，就能自动找到相关摄像机资源，块存储允许检索时间可以精确到秒；检索的记录只有一个而不是一堆文件。相对于文件系统管理和检索的低效率，块管理更加方便高效。由于没有文件打包的限制，允许实现实时回放的功能，迅速查找定位几秒钟前的图像，因此实时回放对快速报警处理和降低损失具有实用价值。

通过 DM 数据管理服务器可以对分布式部署在各级中心的 IP SAN 设备的存储资源进行全局统一的存储设备及空间管理，实现存储资源的虚拟化，即与物理位置无关，可实现分布式部署，同时集中管理。

(3) 最丰富的全光网组网能力

系统无缝整合 SFP 光纤星形组网、EPON 无源光网络总线 / 树形组网、RRPP 光环网组网技术，从而提供业界最全面丰富的全光网组网能力，适应各种光纤组网环境，如图 2.10 所示。

(4) 最安全的网络冗余能力

源于长期对稳定性的极致追求，IP 监控产品支持 RRPP 环网冗余、双链路冗余、多端口 Bond 冗余，从而实现最安全的网络冗余架构。统一网管，统一监控设备流量情况，统一监控设

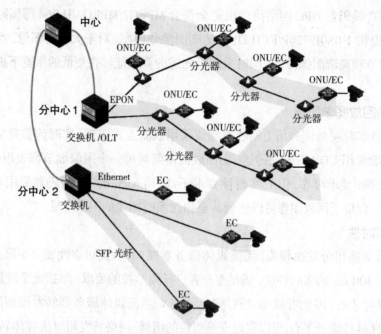

图 2.10　灵活方便的接入方式

备故障情况；网络出现问题，可根据数据服务等级对图像流量进行调整。

（5）全流程的 QOS 保障

可以针对实况、回放、报警等各业务设置不同的 DSCP 优先级，与网络设备的 QOS 功能配合，在网络拥塞时保证高优先级的业务得到充分带宽保障，实现业界领先的多业务 QOS 保障能力，保证 IMOS 监控平台在异构网络环境下的高适应性。

（6）经过优化的组播组网分发机制

对于新建的 IP 监控网络，通过组播技术组网，利用交换机的组播能力复制分发视频流，满足海量用户并发访问，可以提供全系列针对监控需求组播优化的高性能交换机，组播转发能力和容量突出，如图 2.11 所示。

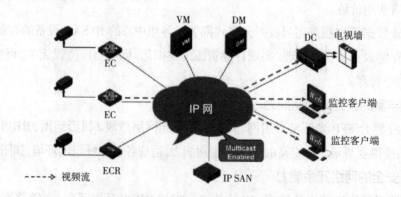

图 2.11　创新媒体分发机制

(7) 创新的高性能单播媒体交换机

对于一些社会单位接入, 在不支持组播的环境下, IVS8000 解决方案引入了基于高性能路由交换平台的 S75E 系列交换机, 通过交换机的高性能分发能力完成单播媒体流的大容量、高性能、低时延分发。S75E 系列交换机最大支持 3.84 Tb/s 的分发转发能力, 可以实现监控视频流的无阻塞交换, 如可以保证监控图像的跨域查看响应时间在 300 ms 以内, 满足专业监控的需求。

IVS 解决方案可以实现和专业报警、门禁、SCADA (Supervisory Control and Data Acquisition, 数据采集和监视控制系统)、三台合一、审讯指挥、智能视频分析等系统的融合和联动, 大大丰富了系统的各种增值应用, 如图 2.12 所示。

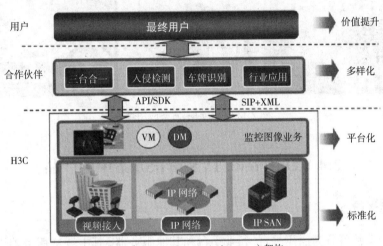

H3C OAA (Open Application Architecture) 架构

图 2.12 开放平台

宇视科技向认证的增值应用合作伙伴 (SVAP) 提供各种开发接口, 而不只是前端设备的开发接口。其中包括符合 SOA 架构的 SIP+XMI 协议、API 函数、解码插件 SDK 开发包等各种方式, 让合作伙伴专注于业务开发, 快速可靠地向最终用户提供解决方案。

2.3.4 IVS 解决方案应用场景

IVS 解决方案, 基于 IP 架构, 采用标准、开放的 IP 协议, 融合网络、存储、多媒体和信令技术, 可以解决不同厂家之间设备不能互联互通的问题。IVS 方案不仅为用户节省了投资, 还为用户提供清晰、稳定、可靠的整体 IP 监控解决方案。

基于 IVS 解决方案的优点和特点, 方案已经成功应用于各行各业, 包括平安城市监控、企业园区监控、运动会场馆监控、著名景区监控、银行中心及网点监控、地铁轻轨监控、医疗示教、快速公交和道路监控、数字城管、应急指挥、监狱监控等, 如图 2.13 所示。

图 2.13　IVS 解决方案应用场景

2.4　Uniview　IVS 解决方案中的产品

2.4.1　管理平台

管理平台大致可分为通用平台、行业平台和其他服务器。其中,VM 服务器用于视频接入管理等,DM 服务器主要用于存储配置录像检索等,MS 服务器主要用于媒体流复制转发以及组播转单播等业务,TMS 服务器主要用于卡口电警抓拍单元的接入及图片合成等业务。

2.4.2　业务软件

(1)VM 服务器

VM 服务器是监控系统业务控制和管理的核心,负责业务的信令交互和调度,管理整个系统的设备信息和用户信息,是整个监控系统的指挥中心。

VM 主要功能特点如下:

①提供 Web Server 功能,方便用户通过 Web 客户端的方式管理和操作整个系统。

②分布式服务器的管理,支持对 DM、MS、VX500 等设备的管理,同时支持设备分组; VM 可以管理 128 个 DM、128 台 VX500 以及 16 个 MS。

③采用组织结构形式,方便用户在规划的组织结构下设置和管理业务。

④支持对用户分组,创建具备各类权限的角色,灵活方便地给用户设置权限。

⑤支持告警联动和布防。

（2）DM 服务器

DM 的主要功能是管理存储在 IP SAN 设备中的视频数据，包括定时巡检存储设备并记录数据存储状态、协助 EC 建立与存储资源的连接、协助 Web 客户端检索回放视频数据、存储资源状态监控、历史数据的 VOD 点播等功能。

DM 提供 Web 管理界面，进行通信协议参数管理、日志管理等操作，方便用户对系统的日常管理和维护。

（3）MS 服务器

MS 的主要功能是进行实时音视频流的转发、分发。MS 可接收编码器发送的单播媒体流，以单播的方式进行转发，发送给解码客户端进行解码播放；也可接收编码器发送的组播媒体流，以单播的方式进行转发和分发。当存在单播环境下大规模访问需求时，可以选配安装 MS 软件的媒体变换服务器，实现视频复制分发。

MS 的特点：

①灵活部署，网络适应能力强。

②MS 提供 Web 管理界面，进行通信协议参数管理、日志管理等操作，方便用户对系统的日常管理和维护。

（4）TMS 服务器

TMS 是专门针对安防监控应用开发的交通媒体转发服务软件。TMS（交通媒体交换服务器）为卡口方案中的专属软件，它接收卡口相机上报的车辆信息和车辆照片，完成车辆信息的比对，将车辆信息、车辆告警信息保存到数据库，将车辆照片保存到存储设备。

（5）IMP 软件

IMP 是针对智能网管开发的服务软件。支持物理拓扑、视频质量诊断、录像诊断、批量配置等功能。

（6）TS 软件

TS 是转码服务软件，主要功能是进行转码业务。支持手机客户端以及采集客户端的接入。可以将 TS 流转成标准的国标码流 PS。转码性能：D12M16 路、720P4M6 路、1080P6M2 路。

（7）IA 软件

IA 是智能分析软件，支持进行视频浓缩（绊线、禁区、人脸检测）、周界检测（绊线、禁区、人脸检测），支持实时视频、录像、标准 AVI/MP4 文件。

（8）DA3.0

DA3.0 的主要功能是作为信令网关设备接入第三方 DVR 和 IPC，作为数据管理设备管理 DVR 和 IPC，作为媒体服务器转发媒体流到 Web 客户端。

DA3.0 的特点：

①集信令代理服务、媒体代理服务以及媒体流的复制分发功能于一体，并提供易操作的客户端。

②为友商 DVR 和 IPC 提供录像转存服务, DA3.0 可以接收媒体流并转存到 IP SAN 设备上。

③支持 VOD 点播服务, 可通过标准的 RTSP 协议对存储的数据进行回放和控制。

④可接收友商 DVR 和 IPC 发出的实时音视频流, 复制分发给解码客户端进行解码播放。

(9) SOC3-0 软件

SOC3-0 是为了应多功能解码上墙的需求而基于 IMOS 开发的万能解码软件, 为客户提供高性能的第三方码流解码上墙功能, 是 Unview 公司视频监控系统整体解决方案中的兼容性解码组件, 能够支持业界所有主流厂商的码流解码, 解码的最高分辨率 1 080 P。

IVS 解决方案通过 Web 客户端进行系统的配置以及业务的操作。Web 客户端要求 Windows 操作系统, 2 G 以上内存, 独立显卡, 高主频的 CPU 以满足业务需求。

2.4.3　终端类产品

IPC 因其成本低、布置灵活、维护方便、应用广泛等优点, 近年来在监控领域发展迅速。IVS 解决方案可以接入 HIC (High Definition IP Camera) 以及 SIC (Standard Definition IP Camera) 型号的 IPC, 也可通过 DA 服务器接入第三方厂商的 IPC。

宇视科技 IP 摄像机根据所支持分辨率的不同, 可以分为 D1 IPC、720 P IPC 和 1 080 P IPC; 根据形态可以分为枪式摄像机、筒形摄像机、半球摄像机和球形摄像机。

(1) 选择摄像机

部署 IPC 网络摄像机, 需从应用角度考虑以下几点。

①根据部署 IPC 的地点选用合适形态的摄像机。

枪式摄像机: 能自由搭配各种型号镜头, 安装方式多样, 室外安装一般要配护罩, 可内外安装, 日夜均可使用, 适应性好。

半球摄像机: 自带镜头, 一般焦距不超过 20 mm, 监控距离较短, 因其美观的外形和较好的隐蔽性广泛应用在银行、酒店、写字楼、地铁、电梯等需要监控、讲究美观、注意隐蔽的场所。

球形摄像机: 属于高端产品, 根据安装方式可划分为吊装、壁装、嵌入式安装等, 根据使用环境划分为室内球机和室外球机。这是一种集成度比较高的产品, 集成了云台系统、通信系统和摄像机系统, 多用于对监控系统要求较高的场所。

②根据环境选择合适防护等级的护罩或摄像机。

IP 是 Ingress Protection 的缩写, IP 等级是针对电气设备外壳对异物侵入的防护等级, 如防暴电器、防水防尘电器, 来源是国际电工委员会的标准 IEC 60529, 这个标准在 2004 年也被采用为美国国家标准。IP 等级的格式为 IP××, 其中 ×× 为两个阿拉伯数字, 第一标记数字表示接触保护和外来物保护等级, 第二标记数字表示防水保护等级, 具体的防护等级可以参考下面的说明:

- 防尘等级(第一个 × 表示)。

5: 不可能完全阻止灰尘进入,但灰尘进入的数量不会对设备造成伤害。

6: 灰尘封闭,柜体内在 2 kPa 的低压时不应进入灰尘。

- 防水等级(第二个 × 表示)。

5: 防护射水,从每个方向对准柜体的射水都不应引起损害。

6: 防护强射水,从每个方向对准柜体的强射水都不应引起损害。

7: 防护短时浸水,柜体在标准压力下短时浸入水中时,不应有能引起损害的水量浸入。

③根据监控场景选择合适的镜头或自带镜头的摄像机。

广角镜头:可视角度大,可提供宽广的视野,一般在 90° 以上,适合监控大范围、短距离的场所,如电梯等。

标准镜头:可视角度一般在 30° 左右,适合应用在楼道、小区、道路、广场周界等环境。

长焦镜头:可视角度在 20° 以内,镜头体积一般很大,主要用于大范围超远距离监视的环境,如森林、体育馆、海港等。

变焦镜头:焦距范围可调节,工作状态灵活,主要可应用于景深大和视角广的场合。

定焦镜头:焦距不可调,工作状态固定,主要应用于监视场所比较恒定的地方。

手动 / 自动光圈:手动光圈的镜头适合应用在固定光源或者光线不大的环境,如封闭的走廊,有固定灯光的房间等。自动光圈的镜头则适合使用在光线经常变化的环境。

④根据监控场景夜间光线选择合适的摄像机及镜头。

如果夜间环境光线充足,可以不增加补光外设,选用一般的镜头即可。

如果夜间环境光线不足,需要考虑增加白光补光灯或红外补光灯。白光补光灯亮度充足时,摄像机可以拍摄出彩色图像,隐蔽性差;红外补光灯补光时,摄像机一般拍摄出黑白图像,隐蔽性强。若使用红外补光灯,由于红外光线和自然光线的波长不一样,容易造成夜间虚焦问题,建议选用日夜型镜头。

(2)网络摄像机的类别

网络摄像机的名称由产品类别和产品编号两部分组成。

①HIC。

HIC 是高清网络摄像机的简称。

产品编号由 4 个数字、可选连字号加多个可选字符等组成,即 A1A2A3A4-@1@2。其中第 1 个数字表示产品的形态;第 2 个数字表示产品的传感器类型;第 3 个数字表示产品的最大分辨率和帧率;第 4 个数字表示产品的编号。可选字符 @1 代表主要功能属性,可有多个字母或数字;可选字符 @2 代表结构属性,可有多个字母或数字。

- A1: 1—9 表示产品的形态。

  1: 盒式摄像机。

  2: 筒形摄像机。

  3：半球摄像机。

  5：枪式摄像机。

  6：球形摄像机。

  7：云台摄像机。

  其他：预留。

- A2：0—9 表示产品的传感器类型。

  偶数代表 CMOS 产品。

  奇数代表 CCD 产品。

- A3 表示产品的最大分辨率和帧率。

  0：720 P30。

  1：1 600×1 200。

  2：1 080 P30。

  3：3MP。

  5：5MP。

  6—9：预留。

- A4 表示产品的编号。

  1：初始规格。

  其他：预留。

- @1 字符代表网络摄像机的主要功能属性，可有多个字母或数字。

  D：宽动态。

  E：增强款。

  S：标准款。

  X??：变倍数，如 X18 表示 18 倍。

- @2 字符代表网络摄像机的结构属性，可有多个字母或数字。

  5：5 英寸外形（仅用于球形摄像机）。

  6：6 英寸外形（仅用于球形摄像机）。

  7：7 英寸外形（仅用于球形摄像机）。

  I：室内机型（仅用于球形摄像机）。

  V：防暴设计。

  P：EPON 光口。

  I：光纤网络尾线。

  C：电口网络尾线。

  T：宽温设计。

  R：长距离以太网。

　　IR: 红外随镜头焦距可变。

　　IR1: 红外 10~20 m。

　　IR3: 红外 30~50 m。

② SIC。

SIC 是标清网络摄像机的简称。

产品编号由 3 个数字、可选连字号加多个可选字符等组成, 即 A1A2A3-@1@2。其中第 1 个数字表示产品的形态; 第 2 个数字表示产品的传感器类型; 第 3 个数字表示产品 TVI 指标。可选字符 @1 代表主要功能属性, 可有多个字母或数字; 可选字符 @2 代表结构属性, 可有多个字母或数字。

- A1: 1—9 表示产品的形态。

　　1: 盒式摄像机。

　　2: 筒形摄像机。

　　3: 半球摄像机。

　　5: 枪式摄像机。

　　6: 球形摄像机。

　　7: 云台摄像机。

　　其他: 预留

- A2: 0—9 表示产品的传感器类型。

　　偶数代表 CMOS 产品。

　　奇数代表 CCD 产品。

- A3 表示产品的 TVI 指标。

　　1: 420TVI。

　　3: 480TVI。

　　5: 540TVI。

　　其他: 预留。

- @1 字符代表网络摄像机的主要功能属性, 可有多个字母或数字。

　　D: 宽动态。

　　E: 增强款。

　　S: 标准款。

　　X??: 变倍数, 如 X18 表示 18 倍。

- @2 字符代表网络摄像机的结构属性, 可有多个字母或数字。

　　5: 5 英寸外形 (仅用于球形摄像机)。

　　6: 6 英寸外形 (仅用于球形摄像机)。

　　7: 7 英寸外形 (仅用于球形摄像机)。

1: 室内机型（仅用于球形摄像机）。

V: 防暴设计。

P: EPON 光口。

I: 光纤网络尾线。

C: 电口网络尾线。

T: 宽温设计。

R: 长距离以太网。

IR1: 红外 10~20 m。

IR3: 红外 30~40 m。

IR5: 红外 50~60 m。

IR: 表示变焦镜头支持红外。

③ HAC。

HAC 是模拟摄像机的简称。

产品编号由 4 个数字、可选连字号加多个 @ 选字符等组成，即 A1A2A3A4-@1@2。其中第 1 个数字表示产品形态；第 2 个数字表示产品定位；第 3 个数字表示产品 TVI 指标；第 4 个数字表示产品子形态。可选字符 @1 代表内部功能属性，可有多个字母或数字；可选字符 @2 代表外表功能描述，可有多个字母或数字。

④ 4K 高清网络摄像机。

4K 高清网络摄像机的功能和特点：

支持 4K（3 840×2 160）图像格式，画面更清晰。AAC-IC 宽频音频编码，高清晰音质。先进的 High Profile 级 H.264 编码算法，编码压缩效率更高。定制化 OSD，提供描边、空心等多种字体。同时提供以太网电口和 SFP 光口，并支持光电串接。网络自适应，丢包环境下提供有效监控。AC24V/OC12V/POE 三种供电方式，满足不同场景供电需求。

⑤ 智能球形网络摄像机。

智能球形网络摄像机的功能和特点：

对焦快速精准，便于高效快速定位跟踪目标。高透高清光学玻璃视窗，更适合低照环境监控应用。先进的 H.264 High Profile 编码算法，比普通编码方式提升 40% 压缩效率。三码流套餐能力，可以满足不同带宽及帧率的实时流、存储流需求。定制化 SOD，可以灵活标注监控画面的各种辅助信息。自动智能 PTZ 跟踪，可以动态跟踪监控目标，监控范围更广。智能温控技术，整机功耗更小，寿命更长。

⑥ 模拟摄像机 AC337S-IR-P5。

模拟摄像机 AC337S-IR-P5 的特点和功能：

960 H 高清流畅画质；更加均匀的智能红外补光；IK10 防暴等级；IP66 防护等级；电源 / 视频口 6 kV 防雷能力；多种焦段镜头供灵活选择。

⑦卡口摄像机。

卡口摄像机按照应用的场景分为 400 万像素单车道前拍相机、400 万像素双车道前拍相机、400 万像素入口前拍相机和 500 万像素路段单车道前拍相机。同时还有用于自动抓拍的违停抓拍球。配合卡口电警使用的还有车检器、红绿灯检测器等相应的组件。

卡口相机的功能和特点：

高性能硬件平台，双核处理器、机身散热片及超低功耗设计。1 600 像素 ×1 200 像素工业级相机高清记录、专业 DSP 成像控制、多模式一体化成像技术。软硬一体化设计。硬件嵌入式设计，结构简单，安装更便捷、软件高度集成灵活性高。同步提供图拍、录像，平台软件自动匹配整合。关键技术双冗余设计，系统检测、处理、传输及存储都分别采用双冗余设计，确保稳定。专业解决方案，前端采集，传输，管理全自主研发，提供全面的 IP 监控解决方案。

卡口摄像机的名称由产品类别和产品编号两部分组成。

产品编号由 3 个数字、可选连字号加多个可选字符等组成，即 A1A2A3-@1。其中第 1 个数字表示产品定位；第 2 个数字表示产品性能，主要标示产品的清晰度；第 3 个数字表示产品的序号，主要标示产品视野覆盖范围。可选字符 @1 代表主要功能属性。

• A1：1—5 表示产品定位。

　　1—3：路段前拍卡口抓拍单元。

　　5：闯红灯电子警察抓拍单元。

• A2：0—9 表示产品性能。

　　0：D1/1 MP 像素。

　　2：2 MP 像素。

　　5：5 MP 像素。

　　其他：预留。

• A3：1—9 表示产品序号。

　　1：单车道。

　　2：双车道。

　　其他：预留。

• @1 字符代表卡口摄像机的主要功能属性。

　　E：增强功能，支持视频流。

　　F：性能提升。

　　P：EPON。

⑧1 080 P 高清全天候智能球机。

1 080 P 高清全天候智能球机的特点和功能：

对焦快速精准，便于高效快速定位违章目标。高透高清光学玻璃视窗，更适合低照环境监控应用。先进的 H.264 High Profile 编码算法，比普通编码方式提升 40% 压缩率。三码流套餐能力,可以满足不同带宽及帧率的实时流、存储流需求。先进机器学习算法,超10万海量机动车与非机动车辆样本进行学习,提升机动车捕获率并降低非机动车误拍率。先进的标定算法,提高违停车辆取证速度。3D重建车牌识别技术,提升大角度车牌拍摄能力。双路iSCSI数据块直存,让录像存储、检索、回放更加高效、快捷。

IVS8000解决方案支持多种型号的媒体终端包括EC1000系列、EC2000系列、DC1000系列、DC2000系列。

EC1000系列: 1U高度的盒式编码器,根据分辨率可以分为标清编码器EC1101-HF、EC1102-HF、EC1501-HF、EC1504-HF和高清编码器EC1801-HH。EC1801-HH提供HD-SDI、HDMI、DVI高清数字视频输入接口。

EC2000系列: 1U高度的机架式编码器,可安装在19 in标准机柜中。EC2000系列有EC2004-HF、EC2508-HF、EC2016-HC、EC2516-HF四个型号。

DC1000系列: 1U高度的盒式解码器。根据分辨率可以分为标清解码器和高清解码器。标清解码器为DC1001-FF,高清解码器为DC1801-FH。DC1801-FH提供HDMI、VGA高清视频输出接口。

DC2000系列: 1U高度的机架式解码器。DC2000系列有DC2004-FF、DC2804-FH、DC2808-FH三款型号。

媒体终端设备的名称由产品类别和产品编号两部分组成。产品类别包含EC和DC。EC是Encoder的缩写,表示编码器; DC是Decoder的缩写,表示解码器。

产品编号由4个数字、可选连字号加两个可选字符等组成,即A1A2A3A4-@1@2。其中第1个数字表示产品外观; 第2个数字表示产品系列; 第3、4个数字表示单个设备处理的编解码路数。第1个可选字符@1代表主要编解码格式; 第2个可选字符@2代表可支持的最大分辨率。

- A1: 1—9 表示产品外观,必选。

  1: 盒式产品或插框式产品,不支持直接机架安装。

  2: 支持标准19 in机架安装方式或桌面安装,1U高度。

  3—9: 保留。

- A2: 0—9 表示不同产品系列。

  0—4: 低端产品系列,支持有限的双流。

  对于EC、DC、A2代表原有型号上的特性变化,不作明确定义。例如EC1101-HF,是在EC1001-HF基础上,增加对EPON插卡的支持。

  5—6: 中端产品系列,支持真双流或智能分析功能。

  7—9: 高端产品系列,支持高清编解码。

- A3A4: 0—99 代表单个设备处理的编解码路数,必选。

  一般取1, 2, 4, 8, 16, 32。

- @1 字符：A—Z 代表编解码器主要支持的编解码格式，可选。

  F-Full，表示支持所有的编码格式（MPEG2、MPEG4、H.264、AVS、MJPFG），通常用于解码器。

  A：支持 AVS/MJPEG/MPEG2/MPEG4，但是在应用上以 AVS 为主。

  H：支持 H.264/MJPEG/MPEG2/MPEG4，但是在应用上以 H.264 为主。

  M：支持 MPEG2/MPEG4。

  本字符代表编解码器支持的主打编解码格式，如编码器支持 H.264/MPEG4 以及 MJPEG 辅流，则主打编码格式为 H.264，@1 取值为 H；如编码器支持 AVS/MPEG4 以及 MJPEG 辅流，则主打编码格式为 AVS，@1 取值为 A。若 @1 不选，则缺省认为是 M，即编解码器为 MPEG2/MPEG4 格式。

- @2 字符：A—Z 代表编解码器在所有通道全部使用的情况下支持的最大分辨率，可选。

  C：最大分辨率支持 CIF。

  D：最大分辨率支持 D1、4CIF、2CIF。

  F：最大分辨率支持 FUII D1。

  H：最大分辨率支持 720 P、1 080 P。

  其他根据产品规划待扩展。若 @2 不选，则缺省认为是 F，即编解码器为 FUII D1 格式。

（3）视频编码器

① EC1801-HH 视频编码器。

EC1801-HH 视频编码器是新一代高清网络媒体终端，集音视频编码压缩和数据传输为一体，主要为远程视频监控设计，有丰富的音视频接入和告警输入接口，能方便地满足各类室内外监控组网的需求。

EC1801-HH 视频编码器的主要功能和特点：

高品质图像、高清晰音质、强大的集中管理、丰富的计划管理功能，以及强大的第三方支撑能力、全 IP 网络传输。

② DC1801-FH 视频解码器。

DC1801-FH 视频解码器是新一代高清网络视频解码终端，主要是为远程视频监控设计，适用于监视远端实时图像、监听远端现场声音，可以广泛应用于各种实时监控环境。

DC1801-FH 视频编码器的主要功能和特点：

高品质图像，高清晰音质，强大的集中管理，丰富的计划管理功能，强大的第三方支撑能力，全 IP 网络传输，丰富的接口，高可靠性，高防护性能。

媒体终端处于 IP 网络的边缘，它除了通过网络接口连接 IP 网络，还需要和其他外设进行连接，如摄像机、显示器、麦克风、音响等，现以编码器 EC1101-HF 的线缆连接为例进行介绍，其他编码器以及解码器和 EC1101-HF 的线缆连接相似，如图 2.14 所示。

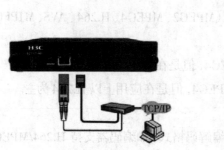 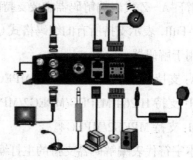

（a）前面板线缆连接 　　　　　　　　　　（b）后面板线缆连接

图 2.14　媒体终端典型接口连接

EC1101-HF 前面板有两个以太网接口和一个 EPON 子卡槽。两个以太网口一个是电口，另一个是光口，分别可以通过网线和光纤连接到网络。EPON 子卡槽可以插入 EPON 子卡，使得 EC1101-HF 作为 ONU 设备接入 EPON 网络。

EC1101-HF 后面板有视频输入、输出接口，音频输入、输出接口，告警输入、输出接口，串口以及 12 V 直流电源输入端口。其中视频输出接口可以连接监视器等模拟信号显示设备，输出的视频是不经过编码的本地回路输出，用于模拟输入信号的本地检测。串口包含 RS485 接口和 RS232 接口，RS485 接口用于摄像机的云台控制，RS232 接口通过串口线连接到 PC 机的串口，用于本地配置管理。

2.4.4　ECR 产品和 NVR 产品介绍

ECR/DVR 产品中有 2200 系列、3300 系列以及 DVR1 系列。NVR 产品中有 3500 系列、5000 系列、6000 系列、NVR1 系列以及 NVR2 系列。

（1）ECR 类产品

ECR 类的名称由产品类别和产品编号两部分组成。

产品编号由 4 个数字、可选连字号加多个可选字符等组成，即 A1A2A3A4-@1@2@3@4@5。其中第 1 个数字表示产品定位；第 2 个数字表示硬盘盘位，主要标示产品的硬盘盘位数；第 3、4 个数字表示产品的模拟视频输入通道数。可选字符 @1 代表编码格式；可选字符 @2 代表模拟通道编码最大分辨率；可选字符 @3 代表功能扩展；可选字符 @4 代表产品形态补充说明；可选字符 @5 代表细分行业款型扩展。

- A1：1—9 表示产品定位。

　　　　1—2：中低端产品。

　　　　3—5：中高端产品。

　　　　6—9：预留。

- A2：0—9 表示硬盘盘位。

0: 1 盘位。

1: 2 盘位。

2: 4 盘位。

3: 8 盘位。

4—9: 预留。

- A3A4: 01—99 表示模拟视频输入通道数。

01: 1 路。

02: 2 路。

04: 4 路。

08: 8 路。

16: 16 路。

其他: 预留。

- @1 字符代表编码格式。

F: FUII, 支持常见的编码格式。

H: 以 H.264 为主。

其他: 预留。

- @2 字符代表模拟通道编码最大分辨率。

C: CIF 及以下。

D: D1 及以下。

F: FUII D1 及以下。

W: 960 H 及以下。

H: 720 P、1 080 I、1 080 P 及以下。

其他: 预留。

- @3 字符代表产品功能扩展。

S: 标准款。

E: 增强款。

I: 经济款。

缺省: 标准款。

其他: 预留。

- @4 字符代表产品形态补充说明。

C: 盒式设备。

I: 智能分析。

I: 环通输出。

其他: 预留。

●@5 字符代表细分行业款型扩展。

    F: 金融行业款。

    缺省: 通用款。

ECR3308(16)-HF-E 是宇视科技自主研发的新一代混合式数字硬盘录像机, 集成音码压缩、数据传输、存储等多种技术为一体, 主要为远程视频监控设计, 适用于各类室内外应用环境, 有丰富的音视频接入和告警输入输出接口, 能方便地满足各类室内外监控组网的需求。

(2) NVR 类产品

NVR 类的名称由产品类别和产品编号两部分组成。

产品编号由 4 个数字、可选连字号加多个可选字符等组成, 即 A1A2A3A4-@1@2@3。其中第 1 个数字表示产品定位; 第 2 个数字表示产品硬件平台; 第 3、4 个数字表示预留。可选字符 @1 代表功能扩展; 可选字符 @2 代表产品形态补充说明; 可选字符 @3 代表细分行业款型扩展。

●A1: 1—9 表示产品定位。

    1—2: 中低端产品。

    3—5: 中高端产品。

    6—9: 高端产品。

●A2: 0—9 表示产品硬件平台。

    0: 第一代。

    5: 第二代。

    6: 第三代。

    其他: 预留。

●A3A4: 1—99, 预留。

    00: 缺省值。

●@1 字符代表功能扩展。

    S: 标准款。

    E: 增强款。

    I: 经济款。

    缺省: 标准款。

    其他: 预留。

●@2 字符代表产品形态补充说明。

    I: 外围接口裁剪。

    T: 外围接口满配。

    P: POE 供电。

C: 盒式设备。

I: 智能分析。

缺省: 外围接口满配。

其他: 预留。

- @3 字符代表细分行业款型扩展。

F: 金融行业款。

G: 电力行业款。

T: 智能款。

缺省: 通用款。

其他: 预留。

ISC3500-E(S): 针对中小型场所全数字监控有人值守应用场景推出的一款经济型一体化高清 NVR(网络视频录像机), 集视频管理、数据管理、iSCSI 存储以及媒体交换功能一体, 能够接入高清 IPC/ 编码器, 且能够作为下级域被 IMOS 平台统一管理, 适用于金融、电力、商业楼宇等行业。

ISC5000-E(S): 面向行业和商业用户推出的新一代高性能、高可靠性、大容量网络视频录像机, 集视频管理、数据管理、iSCSI 存储、媒体交换等功能于一体, 关键部件均采用健壮冗余设计, 可灵活扩展多种类型业务接口, 适用于智能楼宇、教育、医疗、金融、电力等场所的监控项目。

ISC5000-E(S): 采用嵌入式操作系统, 结构紧凑, 功能强大, 具有完善的音视频处理能力, 支持 CIF、D1、720 P、1 080 P 等多种分辨率的网络视频接入。

ISC6000: 面向行业和商业用户推出的一款高性能、高可靠性的全数字一体化 NVR, 集视频管理、数据管理、iSCSI 存储以及媒体交换功能于一体, 可同高清 IPC/ 编码器。直接组网, 且能够作为下级域被 IMOS 平台统一管理, 最大支持 512 路, 适用于企业、园区、监狱监区等中等规模的监控解决方案。

ISC6500: 面向行业和商业用户推出的第二代高性能、高可靠性、大容量、一体化 NVR(网络视频存储主机), 集视频管理、数据管理、iSCSI 存储以及媒体交换功能于一体, 能够接入高清 IPC/ 编码器, 且能够作为下级域被 IMOS 平台统一管理。

2.4.5　监控网络存储产品介绍

在网络存储主机系列产品中, 大致可以分为普通磁盘阵列产品和云存储产品。其中磁盘阵列产品中有 VX1500 系列、VX1600 系列以及 VX3000 系列。从低端到高端的全系列存储产品, 为数据中心、监控中心构建高可靠、高性能、智能化的存储平台。云存储产品中主要有 CDS 视频云存储系列以及 NAS 集群系列。面向大数据和云存储应用需求, 宇视科技提供高性能的云存储系列: 基于文件的集群 NAS 系统、视频基存储 CDS 系列的海量存储系统。

(1)监控网络存储主机

监控网络存储主机的名称由产品类别和产品编号两部分组成。产品编号由 4 个数字、可选连字号加多个可选字符等组成, 即 A1A2A3A4-@1。其中第 1 个数字表示产品定位; 第 2 个数字表示产品系列; 第 3、4 个数字表示预留。可选字符 @1 代表可选。

- A1: 1—9 表示产品定位。

    0: 低端产品, 第 1 位数字为 0, 则位长缩减为 3 位。

    1—2: 中端产品。

    3: 高端双控产品。

    其他: 预留。

- A2: 0—9 表示产品系列。

    0: 0 系列产品。

    5: 5 系列产品。

    6: 6 系列产品。

    其他: 预留。

- A3A4: 1—99 表示预留。

    00: 缺省值。

- @1 字符代表可选。

    E: 增强款。

    其他: 预留。

(2)监控网络存储扩展柜

监控网络存储扩展柜的名称由产品类别和产品编号两部分组成。

产品编号由 4 个数字、可选连字号加多个可选字符等组成, 即 A1A2A3A4-@1。其中第 1 个数字表示产品定位; 第 2 个数字表示配套主机类型; 第 3、4 个数字表示支持硬盘的槽位数。可选字符 @1 代表支持的磁盘类型。

- A1: 1—9 表示产品定位。

    1—2: 中端产品。

    3: 高端双控产品。

    其他: 预留。

- A2: 0—9 表示配套主机类型。

    0: 配套网络视频录像机系列产品使用。

    1: 配套中高端网络存储主机系列产品使用。

    其他: 预留。

- A3A4: 1—99 表示支持硬盘的槽位数。

　　16: 支持 16 盘位。

　　24: 支持 24 盘位。

　　其他以此类推。

- @1 字符代表支持的磁盘类型。

　　S: 支持 2.5 in 磁盘。

　　缺省: 不写时, 表示支持普通的 3.5 in 磁盘。

　　其他: 预留。

（3）普通磁盘阵列产品

VX1600 系列: 为监控解决方案量身定制的具备极高性价比的 IP 存储产品, 是一款高性能、高可靠、灵活扩展、高密度、简单易用、管理方便的专业视频网络存储设备, 是集视频数据管理、iSCSI 存储、RAID 5 计算、数据的永久保护技术及业界顶级的磁盘管理技术于一体的新一代网络存储。

VX3000 系列: 面向监控市场的专用磁盘存储设备, 具有如下特点:

智能双控, 当控制器检测到另一台控制器故障时, 自动进行故障切换, 接管故障控制器业务; 当故障控制器的故障排除后, 系统自动进行故障恢复。高速镜像, 写缓存通过 PCIE2.0 进行控制器之间的镜像, 保证故障切换后数据的完整性。虚拟 IP 动态迁移, 当控制器故障发生切换时, 故障控制器上的业务 IP 自动迁移到另一台控制器上, 保证业务的连续性。支持 iSCSI 块直存技术, 解决文件存储固有的碎片问题。SD Cache, 对热点数据进行缓存, 大幅提升热点数据的访问性能。动态调整重建速度, 根据当前系统繁忙情况自动调整重建的速度。快速重建, 通过拷贝方式重建数据, 在较短时间内将数据迁移至热备盘。

除此之外, 图形化多设备统一管理、监控存储配置一键操作、全面的实时环控监测、强大全面的告警机制, 支持指示灯告警、邮件告警、蜂鸣告警、短信告警、数码管告警、SNMP 告警等, 而且绿色环保节能, 能对没有数据流量的硬盘进行休眠, 减少硬盘功耗, 提高磁盘的使用寿命。采用风扇多级调速技术, 智能温控风扇转速, 降低系统能耗。

2.4.6　显控单元介绍

宇视科技的显控产品主要可分为 4 类: 拼接单元、液晶显示器、控制键盘和拼接控制器。

拼接单元: 主要用于电视墙拼接屏, 采用三星工业级面板, 高可靠性一体化设计, 具备丰富的视频输入输出接口和业务功能, 适用于应急指挥中心、视频监控、媒体娱乐等多种行业。

液晶显示器: 面向行业和商业用户推出, 产品是全金属机身, 采用专业面板, 具备丰富的输入输出接口, 适用于应急指挥中心、视频监控、媒体娱乐等多种行业。

控制键盘: 新一代键盘, 通过网络或者串口可以直接控制 DVR/NVR 的业务功能、模拟球机的云台、综合视频平台。

拼接控制器：用于电视墙拼接屏显示切换的设备，全硬件嵌入式架构，全天候不间断运行，全模块化可热插拔，分辨率全兼容处理，支持超高分辨率显示，支持强大的拼接、分割、漫游图像处理，高可靠一体化设计，全可视化综合安防媒体平台。

2.4.7 网络设备介绍

宇视科技提供全系列的网络设备，满足 IVS 解决方案对网络的各种要求，包括接入交换机、汇聚交换机、核心交换机和路由器。这些设备内嵌，丰富了安全特性并针对监控的需求，对组播等应用进行了优化，同时还可以为广域网组网提供完善的 VPN 解决方案，从而为监控系统提供一个安全、可靠、灵活和高性能的基础网络平台，如图 2.15 所示。

（a）H3C S95 系列核心交换机

（b）S7500E 系列核心 / 汇聚交换机（EPON OLT 主机）

（c）H3C 系列接入交换机

图 2.15　网络设备

①选择核心交换机时需要考虑交换机的性能和对组播的支持能力。在大型 IP 监控系统中可以作为核心交换机的有 9500 系列交换机。它支持冗余引擎、冗余电源，支持 RPR 和万兆以太网技术。

②选择汇聚交换机时除需要考虑交换机的性能和对组播的支持能力外，还需要考虑对接入类型的支持。在大型 IP 监控系统中可以作为汇聚交换机的有 7500E 系列交换机，它支持冗余引擎、冗余电源，还支持 EPON 和万兆以太网技术。

③选择接入交换机时需要考虑端口隔离、IGMP Snooping 的支持。在大型 IP 监控系统中可以作为接入交换机的有 S5600、S5500、S3600、S3100 系列交换机。

第3章 | IP 监控系统之协议基础

学习目标

熟悉 IP 监控系统中的协议；

掌握 SIP、SNMP 等协议的原理和运行机制。

IP 监控系统以开放的平台、标准的协议顺应了监控系统的发展方向。IP 监控系统在设备管理、会话管理、数据发送、编解码等各环节均采用了业界标准的协议，因而具备良好的开放性和扩展性。

本章对 IP 监控系统中使用到的 SIP、SNMP、iSCSI、RTP、TS、RTSP、ONVIF 等协议进行介绍。

3.1 IP 监控系统协议概述

IP 监控系统基于 NGN 的架构，实现了控制和业务相分离的功能，其中控制协议包含 SIP（Session Initiation Protocol, 会话初始化协议）、SNMP（Simple Network Management Protocol, 简单网络管理协议）和 RTSP（Real Time Streaming Protocol, 实时流媒体协议）；业务相关协议包含 RTP（Real-Time Transport Protocol, 实时传输协议）、RTCP（Real-Time Transport Control Protocol, 实时传输控制协议）、iSCSI（Internet Small Computer System Interface, Internet 小型计算机系统接口）和音视频编解码协议，如图 3.1 所示。

SIP 协议：用于媒体终端的注册、业务调度、告警上报等过程。

SNMP 协议：中心管理平台对媒体终端的管理统一采用 SNMP 协议，用于参数设置、巡航业务下发以及媒体终端自动上报温度告警等。

RTP 和 RTCP：用于实时音视频流的封装发送，和 RTP 配合使用的 RTCP 用于控制传输过程中的服务质量。当前，IVS 解决方案中音视频流封装采用 TS。

iSCSI 协议：应用于编码终端和 IP SAN 存储之间，用于将标准的 SCSI 信令和存储数据封装在 TCP/IP 包中传输，提升了存储和回放应用的灵活性。

RTSP 协议：应用于回放客户端和回放服务器之间，定义了如何有效地通过 IP 网络传递多媒体数据。

ONVIF 协议：用于网络摄像机与服务器之间通信，定义了如何有效地简化媒体协商、实

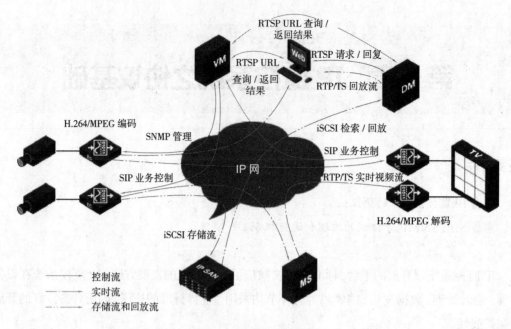

图 3.1 IP 监控系统协议

时流传输等网络视频协商。

音视频编解码协议：用于对音视频数据进行压缩、编码，便于音视频数据的传输和使用。

3.2 SIP 与 SDP

3.2.1 SIP 与 SDP 简介

SIP 是一个应用层的信令控制协议，用于创建、修改和释放一个或多个参与者的会话。这些会话可以是 Internet 多媒体会议、IP 电话或多媒体分发。会话的参与者可以通过组播、单播进行通信。

SIP 协议采用基于文本格式的 Client/Server 模式，以文本的形式表示消息的语法、语义和编码。

SIP 的基本功能：

①用户定位：确定参加通信的终端位置。

②用户能力协商：确定通信采用的媒体类型以及参数。

③用户可用性确定：确定被叫方是否愿意加入通信过程。

④会话建立：包含被叫方"振铃"、确定主叫方和被叫方连接参数等。

⑤会话管理：包含呼叫重定向、呼叫转移、呼叫终止等。

SIP 不负责描述会话也不进行会议控制，会话描述由 SDP（Session Description Protocol 会话描述协议）完成。

SDP 用于定义消息的内容和特点。SDP 文本信息包含会话的名称和 ID、组成会话的媒体信息、带宽信息等。

SDP 仅用于会话描述,通常和 SIP、RTSP 以及 HTTP 配合使用,如图 3.2 所示。

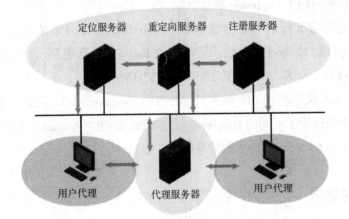

图 3.2　SIP 网络组件

SIP 主要包含两类网络组件: 用户代理(User Agent)和网络服务器(Network Server)。用户代理用于代理终端用户发送或接收请求和响应。用户代理又可以分为 UAC(User Agent Client,用户代理客户端)和 UAS(User Agent Server,用户代理服务器),发起 SIP 呼叫请求的逻辑实体被称为 UAC,对呼叫请求做出响应的逻辑实体被称为 UAS。在 IP 监控系统中,媒体终端既具有 UAC 的功能也具有 UAS 的功能。

SIP 网络服务器主要为用户代理提供注册、认证、鉴权、路由等服务。SIP 网络服务器分为代理服务器(Proxy Server)、注册服务器(Register Server)、重定向服务器(Redirect Server)和定位服务器(Location Server)。

代理服务器: 用于代理其他终端发起的请求,请求可以由本地服务器响应或传送给其他服务器。代理服务器为终端提供了路由服务,可以保证请求被发送到更加"靠近"目标用户的地方。

注册服务器: 用于接收终端的注册请求,通常终端在启用后都需要注册和记录。注册服务器接收的 SIP 请求,将请求的地址映射为新的目的地址并将地址返回给请求者。

重定向服务器: 不会像代理服务器一样代理用户发起 SIP 请求。

定位服务器: 提供定位服务,为重定向服务器和代理服务器提供被叫方的可能位置信息。定位服务器可以和其他 SIP 网络服务器结合在一起使用。

3.2.2　SIP 消息

SIP 消息是 SIP 客户端和服务器之间通信的基本信息单元,默认使用 UDP 协议。SIP 消息可以分为 Request 消息和 Response 消息。

SIP 消息由一个起始行（Start-Line）、一个或多个字段组成的消息头（Message Header）、一个标志消息头结束的空行（CRLF）以及作为可选项的消息体（Message Body）组成。其中起始行按消息类型的不同分为请求行（Request-Line）和状态行（Status-Line）。请求行用于 Request 消息中，状态行用于 Response 消息中。

Request 消息的请求行由一个方法标识词（Method）、目的地址（Request-URL）、SIP 版本号和结束符组成。Method 字段标识了不同的 Request 消息类型，常用的 Request 消息有 REGISTER、INVITE、ACK、NOTIFY、INFO、OPTIONS 等。

Response 消息的状态行由 SIP 版本号、状态码（Status-Code）、状态码描述、结束符组成。Status-Code 字段标识了不同的 Response 消息类型，常用的 Response 消息有 1××、2××、3××、4××、5×× 和 6××，×× 为不同的号码值。

3.2.3　SIP 消息举例

① REGISTER 消息用于终端向 Register Server 注册列在 To 字段中的地址信息，如图 3.3 所示。

```
⊟ Session Initiation Protocol
  ⊟ Request-Line: REGISTER sip:1001$iccsid@192.168.30.205:5060 SIP/2.0
      Method: REGISTER
      [Resent Packet: False]
  ⊟ Message Header
      Via: SIP/2.0/UDP 192.168.30.80:5060;branch=z9hG4bKc6917c6382917c631d917c63e5917c63
      Call-ID: c3c17c6387c17c6318c17c63e0c17c6328c17c63@0.0.0.0
    ⊞ From: <sip:1001$36947#20100301134037+XP@192.168.30.80:5060>;tag=4ce57c6308e57c63
    ⊞ To: <sip:1001$36947#20100301134037+XP@192.168.30.80>
      CSeq: 1 REGISTER
      RegMode: XP;Describe=defaultType;Register;Devver=XP-1.0
    ⊞ Contact: <sip:1001$36947#20100301134037+XP@192.168.30.80:5060>
      Max-Forwards: 70
      Content-Length: 0
```

图 3.3　请求消息 REGISTER

在 SIP 协议字段的 Request-Line 中有携带目的的业务地址，本例中注册的目的地址为 192.168.30.205，端口号为 5060。

From 和 Contact 头域中携带的是源业务号和源设备 ID，在本例中源业务号为注册业务 1001，源设备 ID 为 EC1801-HH-1，该 ID 是系统配置的，唯一标识该设备注册的 ID 号。

RegMode 头域中的第一个字段用于区别是终端设备（Device）、Web 客户端（XP）还是平台（PLAT）的注册；第二个字段用于区别具体的设备类型，Web 客户端和平台为默认的 DefaultType；第三个字段标识该消息用于注册（Register）还是保活（Keepalive）；第四个字段标识设备的版本号，Web 客户端或者平台版本号可以为 Default。本例中为编码器的设备版本号 IMQS110-R3117P05。

② INVITE 方法用于邀请终端参加一个会话（图 3.4）。

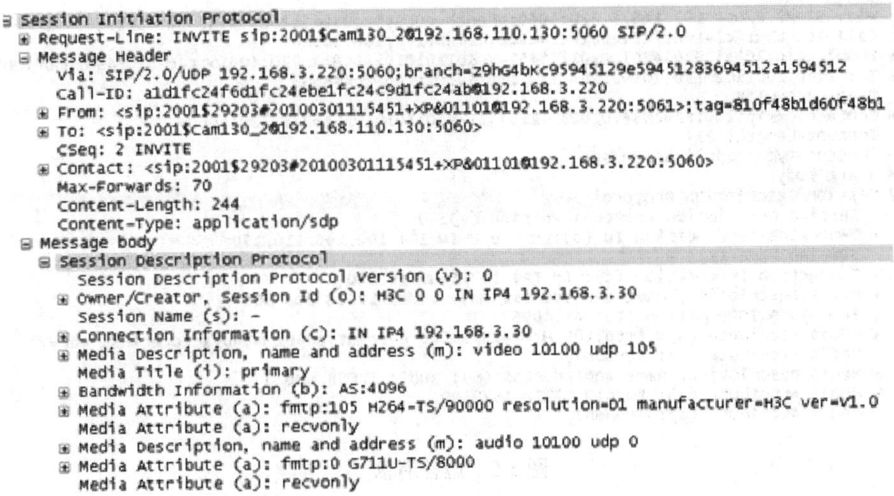

```
Session Initiation Protocol
  Request-Line: INVITE sip:2001$Cam130_2@192.168.110.130:5060 SIP/2.0
  Message Header
    Via: SIP/2.0/UDP 192.168.3.220:5060;branch=z9hG4bKc95945129e59451283694512a1594512
    Call-ID: a1d1fc24f6d1fc24ebe1fc24c9d1fc24ab@192.168.3.220
    From: <sip:2001$29203#20100301115451+XP&011010@192.168.3.220:5061>;tag=810f48b1d60f48b1
    To: <sip:2001$Cam130_2@192.168.110.130:5060>
    CSeq: 2 INVITE
    Contact: <sip:2001$29203#20100301115451+XP&011010@192.168.3.220:5060>
    Max-Forwards: 70
    Content-Length: 244
    Content-Type: application/sdp
  Message body
    Session Description Protocol
      Session Description Protocol Version (v): 0
      Owner/Creator, Session Id (o): H3C 0 0 IN IP4 192.168.3.30
      Session Name (s): -
      Connection Information (c): IN IP4 192.168.3.30
      Media Description, name and address (m): video 10100 udp 105
      Media Title (i): primary
      Bandwidth Information (b): AS:4096
      Media Attribute (a): fmtp:105 H264-TS/90000 resolution=D1 manufacturer=H3C ver=V1.0
      Media Attribute (a): recvonly
      Media Description, name and address (m): audio 10100 udp 0
      Media Attribute (a): fmtp:0 G711U-TS/8000
      Media Attribute (a): recvonly
```

图 3.4　请求消息 INVITE

在该请求的消息体中可对邀请被叫方参加的会话加以描述，如主叫方能接收的媒体类型。发送的媒体类型和其他一些参数对该请求的成功响应必须在响应的消息体中说明被叫方愿意接受哪种媒体，或者说明被叫方发送的媒体类型。

INVITE 消息的 Request-Line 中的 Request-URL 表示该请求当前的目的地址，如果该请求将由 Proxy Server 转发时，Request-URL 即为 Proxy Server 的地址。当 Proxy Server 转发消息时，会将 Request-URL 改写。最终的被叫方地址在 Message Header 的 To 字段中表示。本例中被叫方的目的 URL 为 192.168.3.30。

SDP 字段中所携带的媒体信息如音视频编码信息和编码信息用于和被叫方进行能力协商。如本例中协商后的视频分辨率为 1 080 P，解码插件标签为 h3c-v3，视音频发送端口都为37320，视频的接收者地址为 192.168.3.30。

被叫方可以响应消息 200 OK 来响应会话邀请。

主叫方收到 200 OK 消息后，使用 ACK 消息向被叫方证实它已经收到了对 INVITE 请求的最终响应。ACK 只和 INVITE 一起使用。ACK 消息的 To，From，Call-ID，Cseq 字段的值由对应的 INVITE 消息中的相应字段的值复制而来，如图 3.5 所示。

200 OK 消息表示成功消息，表示请求已经被成功确认、接收或执行。用于对 REGISTER，INVITE，BYE，NOTIFY，INFO 等请求消息的响应。

INVITE 消息的响应，通常 200 OK 中会携带被叫方愿意接收的媒体信息、参数。如本例中接收者的端口号为 105 音视频的编码参数与 INVITE 消息中的 SDP 一致。

BYE 方法用于释放与会者之间的会话。由 UAC 向 UAS 退出呼叫。在本例中，消息头 From 和 To 字段分别携带了发起者地址，分别为 Web 客户端以及设备终端 EC1801，用于结束客户

```
⊟ Session Initiation Protocol
  ⊞ Status-Line: SIP/2.0 200 OK
  ⊟ Message Header
      Via: SIP/2.0/UDP 192.168.3.220:5060;branch=29hG4bKc95945129e59451283694512a1594512
      Call-ID: a1d1fc24f6d1fc24ebe1fc24c9d1fc24ab@192.168.3.220
    ⊞ From: <sip:2001$29203#20100301115451+XP$011010192.168.3.220:5061>;tag=810f48b1d60f48b1
    ⊞ To: <sip:2001$Cam130_20192.168.110.130:5060>;tag=8b446583
      CSeq: 2 INVITE
    ⊞ Contact: <sip:2001$29203#20100301115451+XP$011010192.168.3.220:5060>
      Content-Length: 237
      Content-Type: application/sdp
  ⊟ Message body
    ⊟ Session Description Protocol
        Session Description Protocol Version (v): 0
      ⊞ Owner/Creator, Session Id (o): H3C 0 0 IN IP4 192.168.110.130
        Session Name (s): -
      ⊞ Connection Information (c): IN IP4 192.168.110.130
      ⊞ Media Description, name and address (m): video 10008 udp 105
      ⊞ Bandwidth Information (b): AS:4096
      ⊞ Media Attribute (a): fmtp:105 H264-TS/90000 resolution=D1 manufacturer=H3C ver=V1
        Media Attribute (a): sendonly
      ⊞ Media Description, name and address (m): audio 10008 udp 0
      ⊞ Media Attribute (a): fmtp:0 G711U-TS/8000
        Media Attribute (a): sendonly
```

图 3.5　应答消息

端的实况流解码会话。

③ NOTIFY 方法为 SIP 消息较为特殊的封装, 可用于很多业务的请求, 比如告警信息的上报等。本例中在 SIP 的格式中加入事件描述 EVENT:ALARM NOTIFY, 表明为事件告警, 同时在 SIP 的消息体 Message Body 中封装了相应的告警消息类型。同时相应的告警 ID 号 Alarm ID 对应了相应的告警内容, 本例中的告警 201, 表示为视频丢失告警。

NOTIFY 在域间视频单元联网时也有较多的应用, 如多级多域平台之间的目录、摄像机以及告警源联网单元的共享。本例中消息体 Message Body 携带了共享时的一些信息, 如 Parent 字段: xjy, 表示该摄像机所属的节点单元为 xjy 这个节点。共享资源的名称和编码, Name 字段: cam-1,Address 字段 :1504-1, 表示该摄像机的名字和 ID 号为 cam-1 以及 1504-1; Privilege 字段表示共享摄像机的操作权限, 包括了实况、回放、云台控制等权限; 组播字段 Muticast, 经纬度字段 Longtitude,Latitude 分别标明了摄像机是否支持域间组播以及相关摄像机点位的经纬度信息; 解码插件字段 DecoderTag:h3c-v3, 表示摄像机所对应的解码插件, 其取值由标委会统一管理, h3c-v3 即为解码插件标签; 推送动作 OperateType 字段 :add, 表示推送的动作, 该字段还可以是 del 或 mod, 分别表示删除或者修改操作等。其他字段消息值可以参考标准协议 DB33 等。

④ INFO 消息用于 SIP 服务器 UAS 向 UAC下发通知消息, 用于视频监控中的业务开始通知, 如服务器开始控制云台, 开启手工录像等。本例中为 UAS VM 通知编码器 UAC 开启手工存储的一个消息请求。请求内容 Camand= "CMD_STOREJCONTROL"。

⑤ Message 消息为 SIP 消息的扩展封装格式, 多用于视频监控联网国家标准 GB 28181 里面的消息请求, 如摄像机单元的名称和 ID 的查询清求、摄像机录像文件的查询等。本例中为一个查询摄像机 ID 的报文, 命令类型 Cmdtype: Catlog。

3.2.4　SIP 工作原理

SIP 协议主要的工作流程包含注册流程和呼叫流程。注册流程可以分为不鉴权的注册流程和鉴权的注册流程，如图 3.6 所示。

不鉴权的注册流程中，UA 发送 REGISTER 消息给 Register Server，Register Server 直接回复 200 OK 完成注册过程。

鉴权的注册过程中，当 UA 发送 REGISTER 消息给 Register Server 后，Register Server 先回应 401 unauthorized 消息，其中包含参与鉴权的字段以及验证字。UA 收到 401 unauthorized 响应后，重新计算验证字并将验证字放在新的 REGISTER 消息中发送给 Register Server。Register Server 比较两次的验证字是否相同，用于确认 UA 的合法性。如果验证通过，则 Register Server 返回 200 OK。

SIP 呼叫流程包含 3 种模式：直接呼叫模式、代理呼叫模式和重定向呼叫模式。

（1）直接呼叫模式

直接呼叫模式主叫方 UAC 直接向被叫方 UAS 发起呼叫，发送 INVITE 消息并在消息中携带自己的 SDP。被叫方在成功处理请求消息期间，可以回应 100 Trying 消息和 180 Ringing 消息，当请求消息处理完毕，被叫方回应 200 OK 并携带自己的 SDP。

主叫方收到 200 OK 后，向被叫方回应 ACK。此后，根据之前交互中协商的参数，主被叫方即可以建立媒体传输通道，建立会话，开始数据传输，如图 3.7 所示。

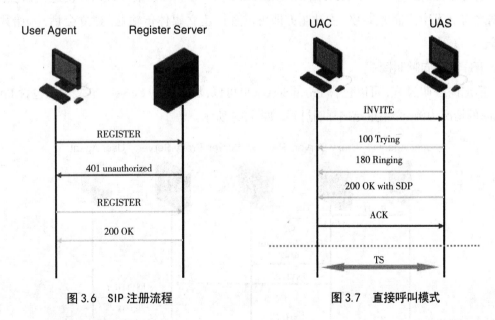

图 3.6　SIP 注册流程　　　　　　　图 3.7　直接呼叫模式

（2）代理呼叫模式

在代理呼叫模式下，代理服务器会接收主叫方发送的 INVITE 消息，并向最终被叫方发送 INVITE 消息，如图 3.8 所示。

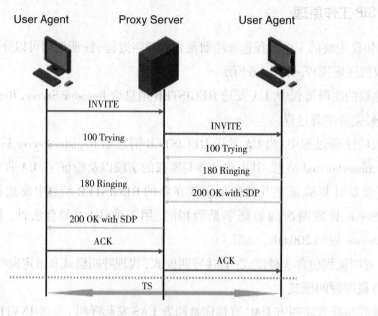

图 3.8　代理呼叫模式

被叫方在处理请求消息期间,可以回应 100 Trying 消息和 180 Ringing 消息,当请求消息处理完毕,被叫方回应 200 OK 并携带自己的 SDP。当 Proxy Server 收到 100 Trying、180 Ringing、 200 OK 后也向主叫方发送对应的 100 Trying、180 Ringing、200 OK。

主叫方收到回应后发送 ACK 给 Proxy Server,Proxy Server 向最终被叫方发送 ACK,此后,根据之前交互中协商的参数,主被叫方即可以直接建立媒体传输通,建立会话,开始数据传输。

（3）重定向呼叫模式

重定向呼叫过程,可以包含 Proxy Server 也可以没有 Proxy Server。本文中以包含 Proxy Server 的情况为例,介绍重定向呼叫过程,如图 3.9 所示。

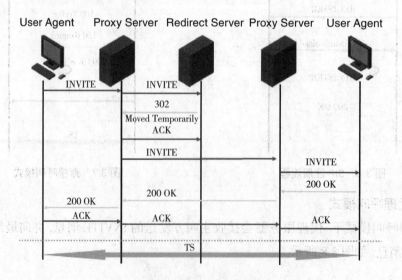

图 3.9　重定向呼叫模式

①首先 Proxy Server 会接收主叫方发送的 INVITE 消息，然后向 Redirect Server 发送 INVITE 请求。

② Redirect Server 接收 INVITE 请求，联系 Location Server（此处假设 Location Server 和 Redirect Server 在一台服务器上），得到被叫方的 Proxy Server 地址。

③得到被叫方的 Proxy Server 地址后，Redirect Server 不是直接去联系该 Proxy Server，而是将该地址返回给主叫侧的 Proxy Server，主叫侧的 Proxy Server 回应 ACK 消息。

④随后主叫侧 Proxy Server 向被叫侧 Proxy Server 发送 INVITE 消息，被叫侧 Proxy Server 向被叫方发送 INVITE 消息。

⑤被叫侧回应 200 OK。

⑥主叫侧回应 ACK。

⑦此后，根据之前交互中协商的参数，主被叫方即可直接建立媒体传输通道，建立会话，开始数据传输。

3.3　SNMP

3.3.1　SNMP 简介

SNMP 是使用 TCP/IP 协议族对互联网上的设备进行管理的一个框架，它使用 UDP 作为传输层协议。SNMP 提供了一组基本的操作来监视和维护互联网，其具有以下优势：

①自动化网络管理。网络管理员可以利用 SNMP 平台在网络上的节点检索信息、修改信息、发现故障、完成故障诊断、进行容量规划和生成报告。

②屏蔽不同设备的物理差异，实现对不同厂商品牌的自动化管理。SNMP 只提供最基本的功能集，使管理任务分别与被管设备的物理特性和下层的联网技术相对独立，从而实现对不同厂商设备的管理，特别适合在小型、快速和低成本的环境中使用。

SNMP 包含 SNMPv1、SNMPv2c 和 SNMPv3 三个版本。

SNMPv1：采用团体名（Community Name）认证。如果 SNMP 报文携带团体名没有得到设备的认可，该报文会被丢弃。团体名起到了类似密码的作用，用来限制 SNMP 管理站对 SNMP 设备的访问。

SNMPv2c：也采用团体名认证。它在兼容 SNMPv1 的同时又扩充了 SNMPv1 的功能。它提供了更多的操作类型，并支持更多的数据类型，同时还提供了更丰富的错误代码，能够更细致地区分错误。

SNMPv3：提供了基于用户安全模型（USM,User-Based Security Model）的认证机制。用户可以设置认证和加密功能，认证用于验证报文发送方的合法性，避免非法用户的访问；加密则是对管理站和设备之间的传输报文进行加密，以免被窃听。

在 SNMP 运行时，管理站和被管理设备的 SNMP 版本必须相同。

SNMP 网络元素分为管理站 NMS 和被管理设备 Agent 两种, 如图 3.10 所示。

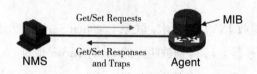

图 3.10　SNMP 网络管理模型

NMS（Network Management Station, 网络管理站）: 运行 SNMP 客户端程序的工作站, 能够提供非常友好的人机交互界面, 方便网络管理员完成绝大多数的网络管理工作。

Agent: 驻留在设备上的一个进程, 负责接收、处理来自 NMS 的请求报文。在一些紧急情况下, 如端口状态发生改变等, Agent 也会通知 NMS。NMS 是 SNMP 网络的管理者, Agent 是 SNMP 网络的被管理者。NMS 和 Agent 之间通过协议来交互管理信息。

SNMP 提供以下 4 种基本操作。

Get 操作: NMS 使用该操作查询 Agent 的一个或多个对象的值。

Set 操作: NMS 使用该操作重新设置 Agent 数据库中的一个或多个对象的值。

Trap 操作: Agent 使用该操作向 NMS 发送报警信息。

Inform 操作: NMS 使用该操作向其他 NMS 发送报警信息。

SNMP 中, 任何一个被管理的资源都表示成一个对象, 称为被管理的对象。MIB（Management Information Base, 管理信息库）是被管理对象的集合。它定义了被管理对象的一系列属性: 对象的名字、对象的访问权限和对象的数据类型等。

每个 Agent 都有自己的 MIB。NMS 根据权限可以对 MIB 中的对象进行读 / 写操作。MIB 是以树状结构进行存储的。树的节点表示被管理对象, 它可以用从根开始的一条路径唯一地识别, 如图 3.11 所示。

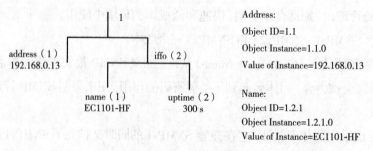

图 3.11　MIB 结构

例如编码器 EC1101-HF 有一系列属性: IP 地址、名称、保活时间, 等等。IP 地址可以用一串数字 {1.1} 唯一确定, 这串数字即为被管理对象的 OID（Object Identifier, 对象标识符）。同理, EC1101-HF 的名称属性可以由 {1.2.1} 唯一确定。

3.3.2 SNMP 操作

在 SNMP 运行中，NMS 通过 SNMP 协议向被管理单元发送信息，被管理单元通过 SNMP 协议返回结果。其中 Get 操作和 Set 操作均有 Request 和 Response 两种类型的协议报文。

当 NMS 需要获取被管理设备信息时，可以使用 Get/GetNext/GetBulk 操作。Get 操作用于获取一个或多个变量的值。Get 操作时，由 NMS 生成 GetRequest 报文，当 Agent 收到请求报文并且通过安全认证检查后，Agent 会去获取相应的值并填充到 GetResponse 报文中发给 NMS。如果被请求的变量不存在或者它不是一个叶子节点时，返回错误码 no Such Name。

GetNext 操作用于获取下一 MIB 节点的实例名称和取值。

SNMPv2c 中定义了 GetBulk 操作，GetBulk 操作等价于多次执行 GetNext 操作，如图 3.12 所示。

SNMP 的 Set 操作用于给一个已经存在的变量赋值或者创建一个新的实例。Set 操作时，由 NMS 生成 Set Request 报文，当 Agent 收到请求报文并且通过安全认证检查后，Agent 会获取报文中的值，并将对应变量的取值设置为该值。如果被请求的变量不存在或者它不是一个叶子节点时，返回错误码 no Such Name。

Trap 操作用于被管理设备向指定管理站报告某个事件的发生，Trap 操作不需要确认。例如在 IP 监控系统，当媒体终端设备温度超过上限或低于下限时，会通过 Trap 方式向管理平台上报温度告警，如图 3.13 所示。

Get 操作用于获取一个或多个变量的值

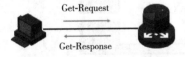

GetNext 操作用于获取下一 MIB 节点的实例名称和取值

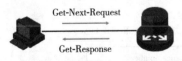

GetBulk 操作等价于多次执行 GetNext 操作

图 3.12　SNMP 操作

Set 操作用于给一个已经存在的变量赋值或者在表中创建一个新的实例

Trap 操作用于向指定的管理站报告某个事件的发生，Trap 不需要确认

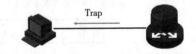

图 3.13　SNMP 操作

3.4　RTP、RTCP 和 PS 协议

3.4.1　RTP 协议

RTP 是一个传输层的、基于 UDP 的协议，被用来为音视频等实时数据提供端到端的网络传输，传输的模型是单点传送或多点传送，也就是支持单播和多播。在 IVS 视频监控系统中，

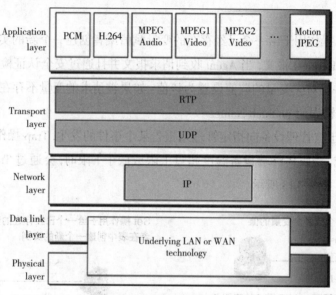

同时支持单播和组播,满足了组网多样性。

RTP 协议是为支持实时业务而设计的,保证业务的接收和发送在很短时间内完成,但并不保证服务质量,也没有提供资源预留。可以通过控制协议 RTCP 的补充来实现大规模业务时对传输数据的监视功能,并通过 RTCP 提供一些控制和识别流的功能。

RTP 协议位于 TCP/IP 协议中的传输层,接收通过 H.264、MPEG2、G.711 等视音频编码协议产生的实时视音频数据,打上 RTP 报文头后,然后传给 UDP、IP 层封装处理,如图 3.14 所示。RTP 协议通过头部的时间戳和序列号等信息来监控和管理数据通过 IP 网络传输后产生的丢包、延时、抖动问题。由于 TCP 协议的丢包重传以及端到端传输控制特点,无法满足实时传输协议要求的实时性和多点传输特性,因此 RTP 协议采用 UDP 的方式进行传输。

图 3.14   RTP 报文结构

RTP 协议的分组格式如图 3.15 所示。

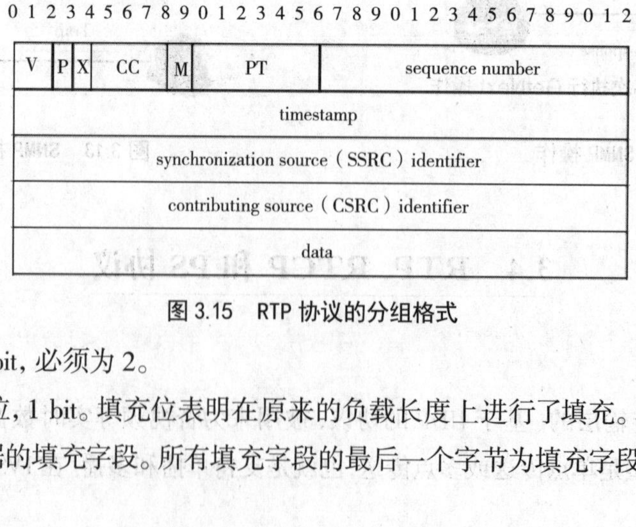

图 3.15   RTP 协议的分组格式

V: 版本号, 2 bit, 必须为 2。

P: 填充标志位, 1 bit。填充位表明在原来的负载长度上进行了填充。填充位置 1 时表明包的末尾有非数据的填充字段。所有填充字段的最后一个字节为填充字段长度。填充位较少使用, 有时用于一些需加密的场合。

X: 扩展标志位, 1 bit。如果 RTP 头中的 X 字段置 1, 则在 RTP 头部的 CSRC 列表后 (如果有这个列表的话), 产生一个 16 位的 DEFINED BY PROFILE 字段和一个 16 位的 LENGTH 字段。前者由特定的配置文件定义, 后者的值为 LENGTH 字段后扩展定义位所需字节数, 其长度不包括 LENGTH 和 DEFINED BY PROFILE 所占的 4 个字节, 所以长度 0 也是允许的。

CC: 贡献者计数, 4 bit。表明通过混合器的源的数目, 最多 15 个。

M: 标记位, 1 bit。标记位用来标志一个媒体流中的关键事情, 它的确切定义由使用的 RTP 配置和媒体类型文件给出。根据 RTP 音频和视频的配置文件定义, 对音频流标志位置 1 表示一段静音后的第一个包, 反之标志位置 0。当标志位置 1 时, 接收者可以在这个时刻进行播放时机的调整, 因为在长时间的静音后, 接听者是通常注意不到短暂的停顿的。对于视频流, 标志位置 1 表示最后一个视频帧, 反之置 0。当标志位置 1 时, 可以使接收者开始对视频帧进行解码, 而不是继续等待带有不同时间戳的报文。

PT: 载荷类型, 7 bit。表明视音频数据的编码类型。

sequence number: 序列号, 16 bits。表示该分组的发送顺序, 当存在丢包或乱序时, 序列号可用来给接收方提供信息。每发送一个 RTP 包, 该项加 1, 达到最大值后再从 0 开始。其初始数值随机产生, 以防止别人破译加密。序列号的主要作用是丢包检测和乱序重建。

timestamp: 时间戳, 32 bits。时间戳字段是 RTP 首部中说明数据包时间的同步信息, 是数据能以正确的时间顺序恢复的关键。时间戳给出了分组数据中首字节的采样时间 (Sampling Instant); 该项用于时间同步计算和抖动控制。时间戳是 RTP 报文头中比较重要的域, 接收端在重组数据时会根据该项进行时间上同步; 和序号一样, 时间戳的初值也是随机数, 其每次增加的值是由会议中终端的媒体采样频率和媒体数据采样时间来决定的, 达到最大值后再从 0 开始。

SSRC: 同步源标识, 32 bits。该字段用于标识信号的同步源, 其值应随机选择, 以保证同一个 RTP 会话中任意两个同步源的 SSRC 都不相同。接收端将根据其区别来分辨数据是哪一个终端发送的。不同类型的媒体流其 SSRC 是不同的。

CSRC: 贡献源标识, 0 to 15 items, 32 bits each。CSRC 列表标识数据包负载的贡献源。标识符的个数由 CC 字段提供, 如果有超过 15 个贡献源, 仅标识 15 个。CSRC 标识符由混合器使用贡献源的 SSRC 标识符插入, 用于标识各个参与者的信源。当包通过混合器时由混合器将原来包中的 SSRC 标识符作为 CSRC 插入, 而将混合器自己的 SSRC 作为新的 SSRC 项。例如, 多个音频包被混合产生一个包, 所有的 SSRC 标识符都列出来, 以便接收者显示正确的说话者。

其中前 12 个字节是每个 RTP 头都有的, CSRC 字段只有当 MIXER 插入时才产生。

3.4.2　RTCP 协议

RTCP 主要用于监控 RTP 的服务质量和网络拥塞程度, 收集在一个 RTP 会话中参与者的状态,同步不同的媒体流。RTCP 协议使用与数据包相同的分发机制,周期性地向会话中的所有参加者发送控制包。RTCP 协议使用和 RTP 不同的端口号,随着与会者的增加,每个与会者减少 RTCP 包的发送以限制流量,如图 3.16 所示。

RTCP 协议规定,源和目的之间需交换多媒体信息的报告报文,报告包含包发送的数目、丢失的数目、抖动间隔时间等信息,用来修正发送者的发送速率以及信息诊断。

RTCP 协议的反馈功能主要通过 SR(Sender Report,接收者报告)和 RR(Receiver Report,发送者报告)来实现。接收者报告提供当前非活动的发送者的收 / 发数据包的统计报告,发送者报告提供当前活动的发送者的收 / 发数据包的统计报告。在某些时候,第三方也可以通过 RTCP 包实现对网络的监控,如图 3.17 所示。

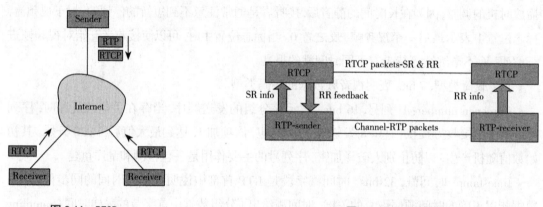

图 3.16　RTCP　　　　　　　　　　图 3.17　RTCP 功能

RTCP 协议通过反馈功能,达到监控 RTP 的服务质量和网络拥塞程度,并收集一个 RTP 会话中参与者的状态,同步不同的媒体流的目的。RTCP 协议还提供了 RTP 规范名,用来对同一源的不同的 SSRC 进行关联。目前 RTCP 协议建议传输间隔最小为 5 s,且 RTCP 占用的会话带宽固定为 5%;此外为了避免所有的终端在同一时间发送 RTCP 包,终端在加入会议后,其第一个 RTCP 会随机延迟 0~1/2 传输间隔。

为了将一个或更多的音频、视频或其他的基本数据流合成单个或多个数据流,以适应存储和传送,MPEG-2 part1 中定义了传送流 TS 和节目流 PS。

可以将 TS 视为一个 AVI/MP4/ASF 的封装容器,其应用比较广泛,如视音频资料的保存、电视节目的非线性编辑系统等。IVS 解决方案中实时音视频流和录像回放流为 TS,TS 和 PS 的生成如图 3.18 所示。

经过视音频压缩得到的码流称为 ES(Elementary Stream,基本流),ES 经过打包器输出 PES(Packet Elementary Stream,打包基本流)。

PES 包是非定长的,音频 PES 包小超过 64 kB,视频一般一帧一个 PES 包。为实现解码的同步,还需插入相关的标志信息,多个打包后的码流再经过 TS 复用器即可成为 TS。此时的 TS 为单节目的 TS,多个单节目的 TS 还可以合成多节目的 TS。

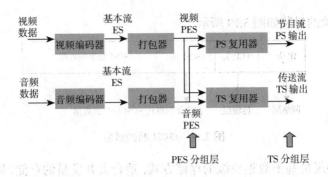

PES 分组层　　　　　TS 分组层

图 3.18　TS 和 PS 的生成

TS 包的长度是固定的,为 188 B。TS 流与 PS 流的区别在于 TS 流的包结构是固定长度的,而 PS 流的包结构是可变长度的。

PS 流对误码率适应性比 TS 流低,因此,在信道环境较为恶劣,传输误码率较高时,一般采用 TS 码流;而在信道环境较好,传输误码率较低时,一般采用 PS 码流。

对 PS 流而言,每个 PES 包都含有 PTS 和 DTS 流识别码,用于区别不同性质的 ES。

3.5　iSCSI 标准

2003 年 2 月 11 日,IETF(Internet Engineering Task Force, 互联网工程任务组)通过了 iSCSI 标准,这项由 IBM、Cisco、HP 共同发起的技术标准,经过三年 20 个版本的不断完善,终于成为正式的 IETF 标准,主要由 RFC3720 描述。

在 iSCSI 的发展过程中,除了正式标准化具有重大意义外,微软紧接着在 2003 年 5 月宣布在 Windows Server 2003 中,正式支持 iSCSI 技术,并提供 iSCSI Initiator 驱动程序的下载。微软这项做法,带动了整个 iSCSI 业界的发展。

iSCSI 技术最重要的贡献在于:

①对 SCSI(Small Computer Systems Interface, 小型计算机系统接口)技术的继承,SCSI 技术是被磁盘、磁带等设备广泛采用的存储标准,从 1986 年诞生起至今仍然保持着良好的发展势头。

②沿用 TCP/IP 协议,TCP/IP 在网络方面是最通用、最成熟的协议。

以上两点为 iSCSI 的无限扩展夯实了基础。

iSCSI 协议定义了在 TCP/IP 网络发送、接收 block(数据块)级的存储数据的规则和方法。发送端将 SCSI 命令和数据封装到 TCP/IP 包中再通过网络转发,接收端接收到 TCP/IP 包之后,将其还原为 SCSI 命令和数据并执行,完成之后将返回的 SCSI 命令和数据再封装到 TCP/IP 包中然后传送回发送端。整个过程在用户看来,使用远端的存储设备就像访问本地的 SCSI 设备一样简单。支持 iSCSI 技术的服务器和存储设备能够直接连接到现有的 IP 交换机和路由器上,因此 iSCSI 技术具有易于安装、成本低廉、不受地理限制、良好的互操作性、管理方便等优势。iSCSI 帧的封装如图 3.19 所示。

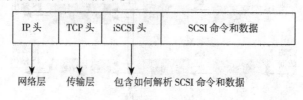

图 3.19　iSCSI 帧的封装

由于 iSCSI 协议是基于数据块级的存储方式,适合大并发量的存储,因此在中大型的视频监控系统中,一般都使用了 iSCSI 协议。

编码器和 IP SAN 存储设备发起 iSCSI 连接,往 IP SAN 存储设备中写入数据,为写服务器。DM 数据管理服务器需要对存储录像进行定期巡检,建立索引库,并负责为读服务器回放流转发。

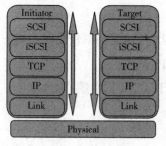

图 3.20　iSCSI 协议栈

在数据存储时,由 VM 分配录像计划后将 EC 的 Initiator 和对应的 Target 以及相关的逻辑资源下发给编码器,编码器则发起根据自身的 iSCSI Initiator 和远端 IP SAN 的 Target 连接,将裸数据码流封装 iSCSI 报文头和 SCSI 读写操作命令后,进行远端数据存储。iSCSI 协议栈如图 3.20 所示。

3.6　RTSP 和 ONVIF 协议

3.6.1　RTSP 协议

RTSP(Real Time Stream Protocol,实时流媒体协议)是 TCP/IP 协议体系中的应用层协议,位于传输层协议 RTCP 和 RTP 之上。它使用 TCP 或 RTP 协议完成数据的传输,定义了如何有效地通过 IP 网络传送流媒体数据。

流媒体又称流式媒体,指通过视频传送服务器把节目当成数据包发出,并传送到网络上。用户通过解压设备对这些数据进行解压后,节目就会像发送前那样显示出来。

流媒体传输采用边下载边播放的流式传输方式,启动延时大幅度地缩短,而且对系统缓存容量的需求也大大降低。

在 IP 监控系统中,当客户端通过数据管理服务器点播回放 IP SAN 存储设备中的存储录像时,将会使用 RTSP 协议,如图 3.21 所示,协议流程如下:

①客户端向视频管理平台发起数据检索请求,该请求中携带有编码器通道号、起始和终止时间。视频管理平台发送该请求给数据管理服务器后,数据管理服务器按照编码器通道号、起始和终止时间检索,将该编码器通道的存储计划以及实际存储的时间段信息返回给视频管理平台,视频管理平台通知客户端在界面上显示出来。

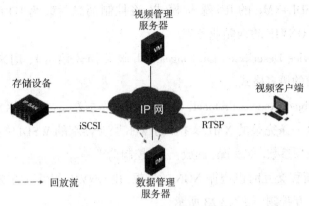

图 3.21　RTSP 协议应用

②用户根据客户端界面检索到的数据向视频管理平台发送相关视频录像的回放请求。视频管理平台向数据管理服务器发送 Query（Initiator）消息，查询相应编码器对应的存储资源和存储设备管理员账号，数据管理服务器在此时不需要为客户端绑定存储资源的读权限。

③视频管理平台发送给客户端的回放请求响应消息中，带有 RTSP 回放服务器的地址。客户端获得相关响应后，可直接向数据管理服务器发起 RTSP 连接，启动回放。

视频客户端和 DM 之间交互的 RTSP 命令包括 Setup、Play、Options、Teardown、Pause。通过这些 RTSP 命令实现点播回放过程中的播放进度控制等功能。

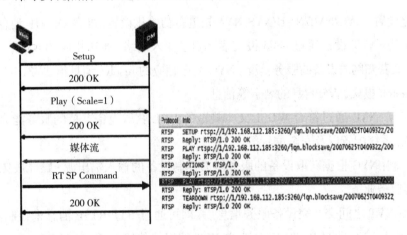

图 3.22　视频客户端和 DM 交互

3.6.2　ONVIF 协议

2008 年 5 月，由安讯士（AXIS）、博世（BOSCH）、索尼（SONY）公司三方宣布将携手共同成立一个国际开放型网络视频产品标准网络接口开发论坛，取名为 ONVIF（Open Network Video Interface Forum），并以公开、开放的原则共同制订开放性行业标准，是一个提供开放网络视频接口的论坛组织。

ONVIF 采用 WSDL+XML 的 B/S 架构模式，将控制消息封装为 HTTP 请求，同时通过 RTP/RTSP 协议控制 ONVIF 的视频业务流。

WSDL（Web Service Description Languages，Web 服务描述语言），用来描述如何终端向 Web 服务器进行通信的语言格式。

SOAP（Simple Object Access Protocol，简单对象访问协议），是基于 XML 的一种协议。每一条 SOAP 消息就是一条完整的 XML 文档，与 Web 服务器端的 WSDL 格式相对应。用来描述网络视频的相关视频参数，如实况、回放、云台控制请求等。

ONVIF 协议在流程交互时也遵循 NGN 的思想，由 ONVIF 组件双方交互视频信令后，再对媒体流信息进行交互控制，如图 3.23 所示。

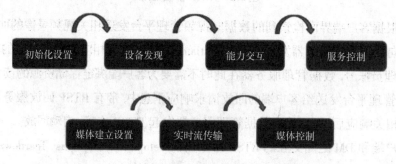

图 3.23　ONVIF 协议

初始化设置：NVC/NVT/NVD/NVS/NVA 先进行初始化设置，准备 ONVIF 消息交互。

设备发现：NVT 设备通过 hello 报文表示自己加入网络，通知相应的 NVC，NVC 通过探知 scobe 报文获知网内设备的服务情况。NVC 发送相应的 resolve 消息给 NVT，NVT 回应相应的 resolve match 报文，告知自身的名字等信息。

能力交互：NVC 通过符合 WDSL 文本规范的 URL 获取设备支持的服务能力，包括设备的网络配置、系统配置以及安全配置等。

服务控制：NVC 根据获取设备的服务能力控制设备的输入输出源、媒体成像、实况回放以及云台等服务业务。

NVC 和 NVT 之间交互完设备服务信息后，即可通过 RTP/RTSP 消息来控制实况流的建立和传输，其中 NVC 发起 RSTP URL 建立 NVT 的媒体传输通道，通过 RTP/RTCP 协议传输实时媒体流，通过 RSTP OPTIONS 等消息来控制媒体流的传输。

3.7　音视频编解码协议

3.7.1　音视频编解码协议简介

音视频编解码协议用于对音视频数据进行压缩、编码，便于音视频数据的传输和使用，如图 3.24 所示。

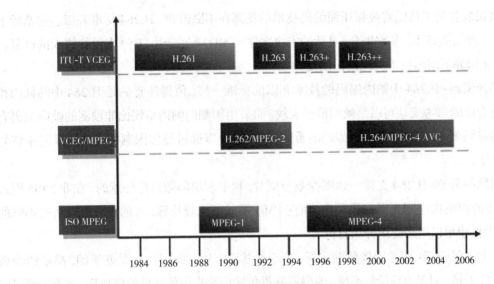

图 3.24　音视频编解码协议

ITU-T（ITU-Telecommunication Standardization Sector, 国际电信联盟远程通信标准化组）下属的视频编码工作组（Video Coding Experts Group, VCEG）的视频编码研究主要是面向视频通信,如会议电视、可视电话等视频通信应用,推出的视频压缩标准为 H.26× 系列,包括 H.261、H.263、H.263+、H.263++、H.264。

ISO（International Standardization Organization, 国际标准化组织）下属的运动图像工作组（Motion Picture Expert Group, MPEG）也对视频编码进行研究,推出的标准为 MPEG 系列,主要针对消费类数字视频应用,如广播电视、VCD/DVD 等视频存储,已经针对运动图像压缩定义了的 MPEG 标准包括 MPEG-1、MPEG-2、MPEG-4 等。

这两个标准组织的工作并非完全独立,有时会相互合作进行联合研究。H.262 和 H.264 就是两个组织联合开发的。

除了 ITU 与 ISO 两个主要的标准组织以外,还有很多厂商和组织也进行视频编码技术研究,并提出了相应的技术标准,如微软提出 WMV9、中国数字音视频编解码技术标准工作组提出 AVS 标准等。

3.7.2　H.264 标准

H.264 是 ITU-T VCEG 和 ISO MPEG 的联合视频组（Joint Video Team, JVT）联合开发的数字视频编码标准。ITU-T VCEG 取名为 H.264,ISO MPEG 取名为 MPEG-4 Part 10 或 MPEG-4 AVC。

H.264 分两层结构,包括视频编码层和网络适配层。视频编码层处理的是块、宏块和片的数据,并尽量做到与网络层独立,这是视频编码的核心,其中包含许多实现错误恢复的工具;网络适配层处理的是片结构以上的数据,能够使 H.264 协议兼容不同的网络。

错误恢复的工具随着视频压缩编码技术的提高在不断改进。H.264 标准在以前的基础上提出了 3 种关键技术：参数集合、灵活的宏块次序（FMO）、冗余片（RS）来进行错误的恢复。H.264 采用如下编码技术实现错误恢复。

帧内编码：H.264 中帧内编码的技术和以前标准一样。值得注意的是 H.264 中的帧内预测编码宏块的参考宏块可以是帧间编码宏块，而采用预测的帧内编码比非预测的帧内编码有更好的编码效率，但减少了帧内编码的重同步性能，可以通过设置限制帧内预测标记来恢复这一性能。

图像的分割：H.264 支持一幅图像划分成片，片中宏块的数目是任意的。在非 FMO 模式下，片中的宏块次序同光栅扫描顺序，而在 FMO 模式下比较特殊，片的划分可以适配不同的 MTU 尺寸，也可以用来交织分组打包。

参考图像选择：参考图像数据选择，不论是基于宏块、基于片，还是基于帧，都是错误恢复的有效工具。对于有反馈的系统，编码器获得传输中丢失图像区域的信息后，参考图像可以选择解码已经正确接收的图像对应的原图像区域作参考。在没有反馈的系统中，将会使用冗余的编码来增加错误恢复性能。

数据的划分：通常情况下，一个宏块的数据是存放在一起而组成片的，数据划分使一个片中的宏块数据重新组合，把宏块语义相关的数据组成一个划分，由划分来组装片。

参数集的使用：序列的参数集（SPS）包括了一个图像序列的所有信息，图像的参数集（PPS）包括了一个图像所有片的信息。多个不同的序列和图像参数集经排序存放在解码器内。编码器参考序列参数集设置图像参数集，依据每一个已编码片的片头的存储地址选择合适的图像参数集来使用。对序列的参数和图像的参数进行重点保护才能很好地增强 H.264 错误恢复性能。在差错信道中使用参数集的关键是保证参数集及时、可靠地到达解码端。

灵活的宏块次序（FMO）：灵活的宏块次序是 H.264 的一大特色，通过设置宏块次序映射表（MBAmap）来任意地指配宏块到不同的片组，FMO 模式打乱了原宏块顺序，降低了编码效率，增加了时延，但增强了抗误码性能。FMO 模式划分图像的模式各种各样，重要的有棋盘模式、矩形模式等。经过 FMO 模式分割后的图像数据分开进行传输，以棋盘模式为例，当一个片组的数据丢失时可用另一个片组的数据（包含丢失宏块的相邻宏块信息）进行错误掩盖。

冗余片方法：当使用无反馈的系统时，就不能使用参考帧选择的方法来进行错误恢复，应该在编码时增加冗余的片来增强抗误码性能。要注意的是这些冗余片的编码参数与非冗余片的编码参数不同，也就是用一个模糊的冗余片附加在这个清晰的片之后。在解码时先解清晰的片，如果其可用就丢弃冗余片；否则使用冗余模糊片来重构图像。

MPEG 标准主要有 MPEG-1,MPEG-2,MPEG-4 等。该专家组建于 1988 年，专门负责为 CD 建立视频和音频标准，而成员都是视频、音频及系统领域的技术专家。MPEG 标准的视频压缩编码技术主要利用了具有运动补偿的帧间压缩编码技术以减小时间冗余度，利用 DCT 技术以减小图像的空间冗余度,利用熵编码则在信息表示方面减小了统计冗余度。这几种技术的综合运用,大大增强了压缩性能。

MPEG-1: 1992 年正式出版,标准的编号为 ISO/IEC 11172,目前已使用不多。

MPEG-2: 1994 年公布,包括编号为 13818-1 系统部分、编号为 13818-2 的视频部分、编号为 13818-3 的音频部分及编号为 13818-4 的符合性测试部分。MPEG-2 可提供一个较广的范围改变压缩比,以适应不同画面质量、存储容量,以及带宽的要求。

MPEG-4: 1998 年 11 月被 ISO 批准为正式标准,正式标准编号是 ISO/IEC 14496。MPEG-4 特别针对低带宽等条件设计算法,因而 MPEG-4 的压缩比更高,使低码率的视频传输成为可能。MPEG-4 算法较 MPEG-1、MPEG-2 更为优化,压缩效率更高。MPEG-4 采用基于对象的识别编码模式,最高图像清晰度可以达到或接近 DVD 的画面效果。

M-JPEG(Motion-Joint Photographic Experts Group,运动联合图像专家组)和 MPEG 不同,不使用帧间编码,因此用一个非线性编辑器就很容易编辑。MJPEG 的压缩算法与 MPEG 一脉相承,功能很强大,能发送高质量的图片,生成完全动画的视频等。但相应地,MJPEG 对带宽的要求也很高,MJPEG 信息是存储在数字媒体中的庞然大物,需要大量的存储空间以满足用户的需求,因此 MJPEG 是效率最低的编解码格式之一。

视频压缩技术比较如图 3.25 所示。

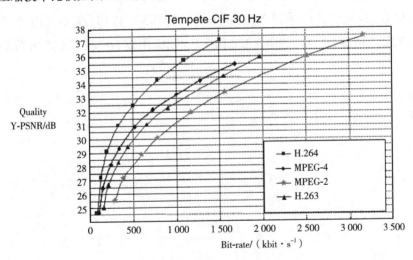

图 3.25　视频压缩技术比较

H.264 协议是 2003 年发布的新的编码协议,相对其他协议,大幅度提高了在低带宽和网络质量比较差的情况下的图像效果,目前已经成为视频编码协议的发展趋势。在相同的图像质量下,H.264 所需带宽约为 MPEG-2 的 36%,H.263 的 51%,MPEG-4 的 61%。

自然界中的声音波形极其复杂,通常采用的是脉冲编码调制,即 PCM 编码。PCM 通过抽样、量化、编码 3 个步骤将连续变化的模拟信号转换为数字编码。通过数字编码大大节省了带宽。从最初的 PCM 64 kB 编码到现在标准语音压缩协议,如 G.723、G.729,还有未形成协议标准但更低的编码速率也有成熟的算法可以实现, 如 AMBE、CELP、RELP、VSELP、MELP、MP-MLQ、LPC-10 等多种语音压缩算法, 最低编码速率达到 2.4 kbit/s, 有些算法已在包括第三代移动通信系统(3G)的多个领域得到应用。

为了实现与 IP 的融合, 分组语音将分组交换的概念与语音传输相结合, 使语音信息更易于接入 IP 网。而分组语音的关键技术之一就是语音编码技术, 低速率的语音编码技术对语音信息的实时性有更好的保证。采用分组语音传输技术, 传输的语音信息本身就是分组数据包常见的音频编码技术, 其采用如下模型。

波形编码器(Wave form Coder): 尽可能重构包括背景噪声在内的模拟波形。目前采用波形编码器的标准有 G.711、G.726。G.711 采用 PCM 的编码方法, 以 64 kbit/s 数据位速率提供无压缩(无损)传输功能, 以及最高质量语音的保证; G.726 采用 ADPCM 的编码方法, 提供适合在较低数据位速率(16, 24, 32 或 40 kbit/s)时, 传输中高级质量的语音。

声音合成器(Vocoder): 预先定义、分析好一个话音模型, 把要进行编码的话音与模型对比分析。目前采用声音合成器的标准有 G.728、G.729、G.723.1。G.728 描述了 CELP 语音压缩, 要求在 16 kbit/s 带宽中使用; G.729 描述了 ACELP 可以把语音压缩至 8 kbit/s, 并且能够提供与 32 kbit/s 的 ADPCM 音质相当的语音流; G.723.1 隶属于 H.323 协议族标准, 它拥有 5.3 kbit/s 和 6.3 kbit/s 两种数据位速率。

宽频带语音(宽频语音): 采样率在 8 kHz 外的音频都可以称为宽频带语音。目前宽频带语音中的 G.722.1(16 kHz)、G.722.1C(32 kHz)编码, 应用较为广泛, 其将 16 位数据压缩为 24~32 kbit/s。

第4章 | IP 监控系统之系统管理

学习目标

了解监控系统中的管理模块；

理解各功能模块的作用和意义；

理解各功能模块的处理流程。

系统管理是进行业务操作的前提，也是业务稳定运行的保证。IP 监控系统的管理包含平台管理、组织管理、设备管理、业务管理以及系统维护管理。正确的系统管理是 IP 监控系统运行的基础。

本章对 IP 监控系统的管理功能进行介绍，并在功能介绍的基础上对系统管理所涉及的流程进行详细讲解。

4.1 系统管理概述

IP 系统管理的主要功能是协调管理整个监控系统，主要包括平台管理、组织管理、设备管理、业务管理以及系统维护管理 5 部分。

平台管理：对 Web 客户端本地运行参数的管理、License 管理、模板管理、资产管理、告警配置管理、终端设备版本的管理。

组织管理：对使用和操作 IP 监控系统的组织、角色和用户的管理，以及组织间互用资源的管理。

设备管理：对系统中所包含的服务器、媒体终端、存储以及域的管理。

业务管理：包含轮切、场景、组显示、组轮巡、巡航、告警、存储、备份、转存等常用监控业务及业务计划的管理，此外还包含图像拼接、广播组、预案、干线、虚拟电视墙、电子地图等系统业务的管理。

系统维护管理：包含查看或导出用户操作历史记录，备份导出系统信息，查看导出设备状态、摄像机存储报表、在线用户列表、设备故障报表、资产统计等报表，查看系统网络拓扑结构图及节点属性等。

4.2　平台管理

4.2.1　平台管理概述

平台管理是针对系统层面功能的管理, 主要包含以下几部分内容。

本地配置: 配置 Web 客户端运行的相关参数, 如本地录像保存路径、录像回放传输协议、组播支持情况等的管理。

License 管理: 根据项目实际信息和授权码生成 License 申请文件, 同时将授权文件导入系统。

升级管理: 查看终端设备当前软件版本, 如果版本未配套, 可以上传 "版本配套表" 和 "升级文件", 终端设备根据相应计划自动升级。

模板管理: 自定义编解码器通道或业务的计划模板, 配置设备时可以应用已定义的模板, 简化配置工作, 提高工作效率。

资产管理: 帮助企业提高设备资产的记录跟踪, 详细的资产信息和丰富的查询条件让资产管理便捷高效。

告警订阅: 通过配置告警订阅规则对指定用户定制需接收的告警, 当发生某告警时, 系统会把该告警推给相应告警订阅规则中的所有在线用户, 使用户能够对收到的告警做精细控制管理。

告警参数配置: 实时告警参数配置控制告警提示框和告警声音的启用关闭; 告警联动到监视器恢复原码流配置控制恢复原码流的开启关闭和恢复时间; 短信服务器和邮件服务器的配置让告警发生时可有短信和邮件及时通知用户。

告警自定义: 根据实际需要, 可以对系统告警类型进行自定义, 包括增加删除告警类型、自定义告警级别、对系统预定义告警进行全局自定义。

4.2.2　本地配置

本地配置定义的是当前 Web 客户端的相关运行参数。用户可以在 [配置] → [系统配置] → [本地配置] 界面进行相关参数的设定, 该参数属于客户端本地的参数, 不同的客户端可以设置不同的参数, 如图 4.1 所示。

本地路径: 配置本地抓拍或录像下载时的保存路径和格式。

录像和图片格式: 配置本地录像、录像下载、抓拍图片的格式。

实况和回放: 配置实况和回放时采用的协议与本地 Web 客户端解码时的图像质量。

媒体流服务选择策略: 配置直连优先时 EC/IPC/ECR 等前端设备可以直接发送实况媒体流到 Web 客户端, 配置自适应则该策略由系统自动协商。

是否支持组播: 客户端通过此配置开启组播与否。

图 4.1　本地录像参数配置

云台快捷键：选择是否启用云台快捷键，默认不启用，启用云台快捷键后，可以自定义使用云台的快捷键。

外接键盘参数：当 Web 客户端通过串口连接键盘时，可以设置串口的参数，包括端口、波特率、数据位、键盘协议，如图 4.2 所示。

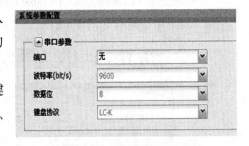

图 4.2　外接键盘参数配置

4.2.3　License 管理

在 IP 监控系统中可以添加和管理多种设备，如摄像机、IP SAN、DM、MS 等。在添加设备或使用相应功能前需要首先添加授权许可文件即 License 文件，如果系统没有相应 License 文件，则将无法进行设备添加或功能的使用，如图 4.3 所示。

图 4.3　License 管理

License 的申请文件及 License 的分类如下。

License 文件: 系统管理的设备和资源的授权许可信息,需在[配置]—[License 管理]中导入 License 文件。

授权码: 随项目一同发布给最终用户的许可申请序号,用户在宇视科技官网上激活授权需要上传该授权码,用于生成最终的 License 文件。

License 申请文件: 由项目用户信息生成的用于申请最终 License 的文件,通常文件名称为 hostid.id。

摄像机接入许可 License: 该 License 用于控制本域中可以同时在线的摄像机的数量。

IP SAN 接入许可 License: 该 License 用于控制本域能够添加并正常使用的 IP SAN 的数量。

DM 软件接入许可 License: 该 License 用于控制在本域内可以添加并正常使用的 DM 的数量。

MS 软件接入许可 License: 该 License 用于控制在本域内可以添加并正常使用的 MS 的数量。

SDC 接入许可 License: 该 License 用于控制在本域内可以添加并正常使用的 SDC 的数量。

License 申请流程如图 4.4 所示。

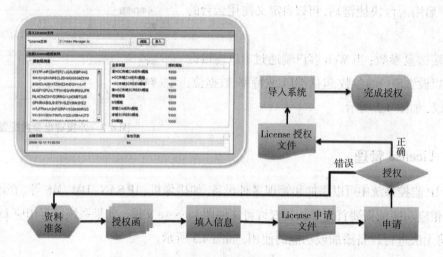

图 4.4 License 申请流程

①准备项目的情况资料,如合同号、公司名称、联系方式等。

②在 Web 客户端[配置]—[license 管理]中如实填写用户和联系人信息,生成 License 申请文件即 hostid.id。

③将 License 申请文件和授权码在宇视科技网站激活,并获取 License 文件。

④用户在系统中导入获取的 License 文件。

⑤导入成功,系统完成授权,用户可通过 Web 页面登录系统并进行操作。

License 的使用中会遇到很多问题,常见问题处理的相关策略如下。

•系统使用中如果授权数量不足。

购买正式授权，获取授权码时按 License 申请流程进行扩容激活。

•系统使用中如果服务器需要更换。

需要提供新服务器的 hostid.id 和原授权文件信息反馈给相关技术人员，做服务器授权变更。

•系统使用中如果 License 丢失。

需要提供生成 hostid.id 时填写的合同编号或客户名称、hostid.id、授权码信息给相关技术人员，以上三种信息任一种均可进行授权文件的找回。

•License 在服务器上的保存路径及保存方式。

路径 "/usr/local/svconfig/server/license/" 下保存的是 *.dat，可直接导出备份。授权导入可以把授权文件（.lic 文件）直接改名为 *.dat 文件放到该目录下使用，该导入授权的方法需手动重启 VM 服务器。

•多级多域组网时授权策略。

下级域是 VM 服务器时，推送给上级域的摄像机不占用上级域摄像机授权数量；下级域是 DA 服务器、第三方平台、NVR、混合式 DVR 时，推送给上级域的摄像机占用上级域摄像机授权数量。

4.2.4　升级管理

IP 监控系统可以通过平台对编码器的版本进行管理，用户可以很方便地查看编解码器的版本，也可以通过平台对编解码器进行统一升级，从而可以降低终端版本的维护工作量，如图4.5 所示。

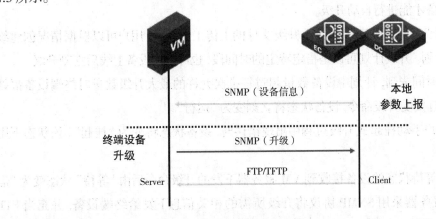

图 4.5　编码器升级管理

设备注册上线后通过 SNMP 协议将版本信息反馈给监控管理平台。制订终端设备的升级计划，设备注册上线后自动或手动升级。

编解码器在注册报文中包含设备当前的版本信息,当服务器收到注册报文后,会将本版信息和版本配套表中的版本信息进行对比,如果设备需要升级,则按照升级计划进行升级。升级计划分为在线立即升级和按计划升级两种。

在线立即升级:当编解码器在线后,如果服务器判断解码器需要升级则马上执行升级操作。

按计划升级:提前制订编解码器的升级计划,当升级时刻到时,再执行升级操作,如图4.6所示。

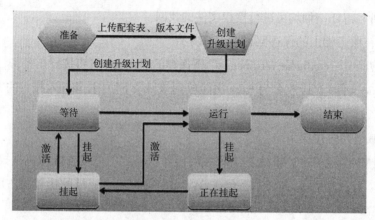

图4.6 升级计划流程

VM 服务器采用 SNMP 协议将升级所需的相关信息下发给终端设备,终端设备采用 FTP 协议,下载 VM 服务器内建 FTP Server 中的版本升级文件,完成上述步骤后,终端设备按照升级指定进行升级。在升级过程中的状态变化如下。

准备状态:上传版本配套表和对应的版本升级文件。只有在完成上述工作且服务器检查通过后,终端设备才能进行自动升级。

创建升级计划:完成配套表和版本升级文件的上传工作以后,用户可以根据情况创建终端设备的升级计划。升级计划可以是指定特定的时间段,也可以在设备上线后立刻升级。

等待:计划时间未到,计划中设备数量超过每批次允许的最大升级数量时终端设备都处于等待状态,一旦接受升级命令,设备状态将立刻变为"运行"。

挂起:在用户手动挂起或升级过程中出现错误时,设备状态将变为"挂起",该状态下用户必须手动激活。

运行:处于等待状态的设备接收到 VM 服务器下发的升级命令后由"等待"状态变为"运行"状态。VM 服务器采用 SNMP 协议将升级所需的相关信息下发给终端设备,并充当 FTP server,终端设备作为 FTP client,下载 VM 服务器中的版本升级文件,并进行升级。

正在挂起:该状态为运行和挂起状态中的过渡状态。

结束:设备升级成功后升级过程结束,用户可以在升级管理中查询当前设备的版本。

4.2.5 模板管理

IP 视频监控系统规模通常较大, 终端设备繁多, 计划复杂, 这就给配置设备和管理计划带来很大的难度。模板管理就是为了解决在大型 IP 监控系统中快速、高效、正确地配置业务数据, 从而简化重复的操作, 如图 4.7 所示。

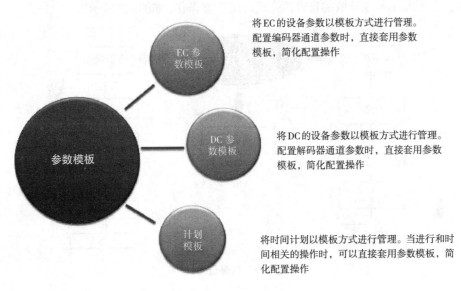

图 4.7 模板管理

4.2.6 资产管理

资产管理帮助用户跟踪资产, 提高资产利用率, 实现资产的全生命周期管理, 将资产的使用、维护和处置的管理与折旧、估值等财务处理实现账实一体化的管理。IP 监控系统通过资产管理功能强化了用户对设备资产的管理, 如图 4.8 所示。

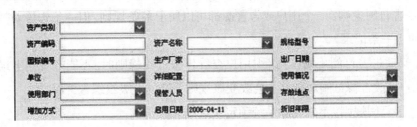

图 4.8 资产管理

(1)同步资产

变更资产同步 : 只对变更的资产信息进行同步刷新。

全部资产同步 : 对所有的资产信息进行同步刷新。

(2)导出资产信息

可以把资产信息导出至 Excel 表格, 保存到本地。

4.2.7　告警订阅

可以通过配置告警订阅规则对指定用户定制需接收的告警。告警订阅规则中明确了告警源、告警级别和需订阅的用户,其中系统预定义规则订阅所有告警源和所有告警级别。当发生某告警时,系统会把该告警推送给相应告警订阅规则中的所有在线用户。若要订阅 DA 或外域的告警,需对该 DA 或外域的告警源完成订阅告警操作,如图 4.9 所示。

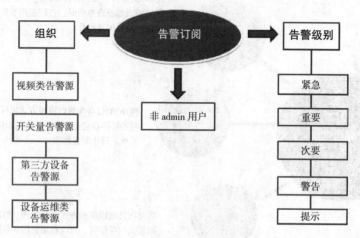

图 4.9　告警订阅

在配置告警订阅时需要理解如下概念。

告警订阅规则:应先选择属于某个组织,完整的告警订阅规则应包含组织、用户、告警源及告警级别四个方面。

告警源类型:告警源包括视频类告警源、开关量告警源、第三方设备告警源、设备运维类告警源(也包括当前已登录的用户无权限查看的设备)。

告警级别:包括紧急、重要、次要、警告、提示。告警级别可以通过告警自定义进行增加。

增加告警订阅规则:一个用户或告警源都可以属于多条规则,但一条告警对一个在线用户最多只推送一条记录。

查看、修改告警订阅规则:子组织用户查看告警订阅规则时,不能查看到上级组织的告警源,若用户修改告警订阅规则并不会改变该规则关联的上级组织告警源。

删除告警订阅规则:不能删除系统预定义规则。

4.2.8　告警参数配置

(1)实时告警参数配置

启用告警提示框:选择是否启用告警提示框,即发生告警时页面右下方是否弹出告警信息的提示框。

全屏播放免打扰:启用告警提示框后,全屏播放免打扰功能才生效。勾选该选项,则在全屏播放时不再弹出告警提示框;不勾选时,弹出告警提示框后系统会退出全屏播放。

启用告警声音:选择是否启用告警声音输出,即发生告警时是否需要声音提示。

(2)告警联动到监视器恢复原码流配置

在建立实况带宽较敏感或对联动个性化较高的场合下,用户可以根据需要改变联动实况到监视器的码流。在联动成功并设定时间后,监视器上恢复为原码流。启动恢复原码流功能后,如果联动前监视器上是手动播放实况业务,则联动成功且经过设置的恢复时间后,监视器上将恢复原手动播放实况的码流,否则监视器将恢复为空闲状态。仅 admin 用户才能配置告警联动到监视器恢复原码流功能。

(3)短信服务器配置

通过短信服务器配置,系统能在发生告警时以短信的方式向用户发送一些重要的告警信息。目前系统支持通过短信猫或者短信网关服务器来发送短信息,若还未部署短信服务,建议使用短信猫。在使用短信服务前,请确保短信猫串口已连接和电源已开启;若已部署短信网关服务器,请确保外部提供的短信接口可用。

(4)邮件服务器配置

通过邮件服务器配置,系统能在发生告警时以邮件方式向用户发送一些重要的告警信息,确保邮件服务器正常运行。

4.2.9 告警自定义

系统预定义了紧急、重要、次要、警告、提示 5 种告警级别。可根据需求,修改系统预定义的告警级别,或添加告警级别。系统最多可以添加 25 种告警级别。告警级别类型 ID 为 5~30 的数字,且确保该 ID 在本域内的唯一性。

(1)配置告警类型

如果系统预定义的告警类型不能满足需求,则可以根据实际需要添加告警类型。添加告警类型有两个典型场景:

场景 1:为第三方设备类型添加告警类型,以便系统能够接收第三方设备的告警信息,实现其告警上报、告警联动。

场景 2:为 DA 接入的设备类型添加告警类型,若 DA 接入的设备类型所支持的告警类型系统尚未对其预定义,则可以在系统中添加该告警类型,以便系统能够接收 DA 接入的设备的告警信息,实现其告警上报、告警联动。

(2)对系统预定义的告警类型进行全局自定义

对系统预定义告警类型,可以根据实际需要修改其告警名称、级别。该修改对全系统有效,即告警全局自定义。此外,还可以针对特定告警源的告警类型,修改其名称、级别,即告警局部自定义,如图 4.10 所示。

图 4.10　告警自定义

4.3　组织管理

4.3.1　组织管理概述

组织是 IP 监控系统中资源的集合,组织管理的主要目的就是管理和配置组织,以及组织内的用户和角色,并且通过资源划归管理实现组织之间资源的共享。

组织管理可以细分为如下几个管理模块。

组织管理:组织是 IP 监控系统中资源的集合,组织管理用于添加、删除系统中的组织。

角色管理:角色是组织中权限的虚拟承载体,用户加入某个角色后即可拥有该角色对应的权限。同一个用户加入多个角色时用户的权限取所有角色的最大集合。

用户管理:用户是登录 VM 服务器的实体,用户必须被赋予某一个或多个角色后才能拥有相关权限。

资源划归:将用户可用资源,如摄像机、告警资源、轮切资源等进行分配,使不同组织内的用户可以根据实际情况共享对应的资源。

4.3.2　组织管理

组织是 IP 监控系统中用户可用资源的集合,用户可以通过组织的划分在本域环境内构造一个组织树,进而对资源进行划归,方便用户查询和使用。

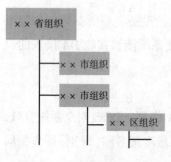

图 4.11　组织管理基本结构

组织管理包含添加组织、修改组织和删除组织。组织是角色、用户管理的基础。用户需要在完成组织配置后,才可以进行资源划归、角色管理和用户管理。在一个监控系统中可以根据实际用户的组织结构创建组织体系,例如可以创建 ×× 省组织,并在该省组织下创建若干 ×× 市组织,在市组织下创建 ×× 区组织。层级的组织划分可以方便用户及用户权限的管理,如图 4.11 所示。

在 IP 监控系统中,组织是一切业务处理操作的基础。资源和角色必须隶属于某一个组织。

4.3.3 角色管理

角色是 IP 监控系统当中系统管理和业务功能操作权限的虚拟承载体。它是一个权限的集合,用户作为系统使用的实体必须被赋予到某个角色后才能具备相应的权限。

角色管理包含添加角色、删除角色、为角色分配权限。角色可以视为组织中的岗位,例如可以在 ×× 省组织中创建厅长角色,在市组织中创建局长角色,在区组织中创建所长角色,如图 4.12 所示。

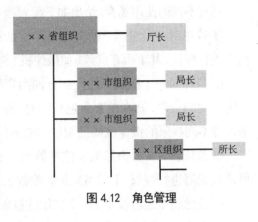

图 4.12 角色管理

角色创建后,可以为角色赋予权限。IP 监控系统默认以下 6 种角色权限供选择。

Loadmin:既是角色又是用户,具有所有权限。

高级管理员:具有所有权限。

网络管理员:拥有组织管理、设备管理、系统维护、计划任务的权限。

高级操作员:拥有业务管理、实况回放、计划任务、系统维护、告警的权限。

业务操作员:实况回放、计划任务、系统维护、告警的权限。

普通操作员:仅拥有实况回放权限。

每一种权限仅在本组织有效。在给某个角色分配权限时,可以直接使用默认的角色权限,简化配置操作,用户也可以根据需求个性化定制角色的权限。

(1)角色权限的分类

全局权限:对整个系统生效,不依赖特定的组织和资源。

资源权限:针对组织、摄像机、监视器进行配置。当给角色授予一个组织权限时,表示该角色权限是针对该组织内所有未单独授权的资源。当给角色授予示一个摄像机或监视器拥有特定权限时,表示该角色对摄像机或监视器拥有特定权限。

(2)角色权限的配置原则

角色权限的配置应遵循以下原则:

①深度优先原则。若同时对一个组织和其上级组织配置了权限,对该组织进行鉴权时,以该组织授予的权限为准。若同时对一个组织和该组织内的摄像机 / 监视器配置了权限,对这些摄像机 / 监视器鉴权时,以摄像机 / 监视器单独授予权限为准。

②继承原则。若父组织配置了权限,子组织未配置权限时,则子组织继承父组织的权限。若一个组织配置了权限,该组织内未单独授权的摄像机 / 监视器将继承所属组织的权限。

③并集原则。若同时对划归在多个组织下的一个摄像机/监视器配置权限,则对该摄像机/监视器的权限为所有授权的并集。若某用户被授予多个角色权限,则该用户权限是这些角色权限的并集,其权限优先级以这些角色中最高的为准。

针对不同的使用场合,给出如下配置指导,供实际项目实施参考。

①若想对一个组织下的所有同类资源分配相同的权限,则在配置角色权限时,只需对该组织进行授权,其下所有资源(如摄像机)将继续所属组织的权限。

②若想对一个组织下的大部分同类资源分配相同的权限,对其他少数摄像机或监视器分配不同的权限,则在配置角色权限时,先对该组织配置大部分资源所需的权限,然后选中需配置不同权限的摄像机或监视器,进行单独授权。

③若只想对少数摄像机或监视器授予业务权限,则在配置角色权限时,只需对这些摄像机或监视器进行授权,不对组织进行授权。此时,对未授权的摄像机或监视器没有任何权限。

④若已经给角色授予了一个组织的权限,并且对该组织下的某个摄像机或监视器单独授权。此时,如果想让该摄像机或监视器继承组织的权限,则在权限查看页面删除对该摄像机的授权即可。

(3)角色关联权限

在 IP 监控系统中,赋予角色某种权限时系统会自动关联其他权限,如图 4.13 所示。具体关联情况如下:

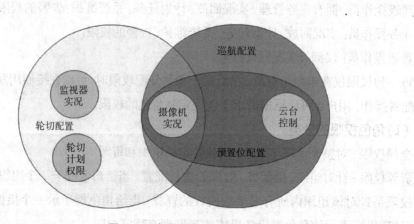

图 4.13　权限的相互关联

云台并制权限关联:当为用户配置了云台控制权限时,将自动添加摄像机实况权限。

业务管理权限关联:当为用户配置了轮切配置权限时,将自动添加摄像机实况、监视器实况及轮切计划权限。当为用户配置了巡航配置权限时,将自动添加摄像机实况及云台控制权限。

其他权限关联:当为用户配置了告警配置权限时,将自动添加布防计划权限。

4.3.4　用户管理

用户是 IP 监控系统登录、管理、配置、操作、维护的实体。用户必须属于某一个组织，并且具有某一些角色。

用户管理的操作包含添加用户、删除用户、为用户分配角色、锁定 / 解锁用户等。用户可以视为组织中的具体工作人员，例如 ×× 省组织中的厅长为张三，则可以创建用户名为张三的用户。IP 监控系统中，默认超级用户名为 admin，admin 用户具备最高的权限，admin 用户可以进行系统平台管理工作。

用户创建后，需要为用户分配角色。一个用户可以为其分配本组织以及本组织之下的所有子组织中的角色，这是因为本组织用户可能会兼备子组织中的一个或某些角色权限。例如，张三为 ×× 省组织中的厅长，并且还主管 ×× 市组织，则可以为张三分配 ×× 市局长的角色，如图 4.14 所示。

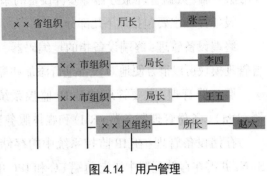

图 4.14　用户管理

在 IP 监控系统中，除 admin 用户以外，其他用户可以实现多点登录功能，即同一个用户账号在不同客户端或者同一个客户端的不同浏览器可以进行同时登录。

4.3.5　资源划归

资源划归是用户对可用资源进行再分配的一个过程，通过资源划归可以将某组织中添加的资源划归到其他组织中去，从而实现资源的共享。可划归的资源包括摄像机、告警源、轮切资源等。

资源可以同时规划到多个组织，也可以在已划归成功的组织中解除划归资源，但资源的所有权只能属于添加设备时所在的那个组织。

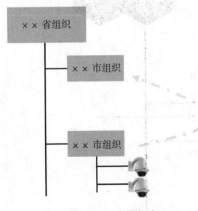

图 4.15　资源划归

资源划归管理包含划归资源和解除划归两个操作。例如可以将市 1 组织中的摄像机资源划归到市 2 组织中，此后市 2 组织中的用户登录系统后就可以在摄像机列表中看到市 1 组织中的摄像机了，就如同这些摄像机是添加在本市组织中一样。当市 2 组织不再需要使用市 1 组织中的摄像机资源后可以进行资源的解除划归操作，此后市 2 组织的用户登录就只能看到本市的摄像机列表了，如图 4.15 所示。

设备的初始所有权能属于初始添加的组织。用户能够使用相应资源的必要条件是资源已经划归到用户所在组织，但不是组织内所有用户都可以使用资源,必须要用户具备资源的使用权限才可以。

4.4 设备管理

4.4.1 设备管理概述

在 IP 视频监控系统中,设备管理功能负责的是整个系统中网络摄像机、编码器、解码器、中心服务器、数据管理服务器等硬件设备的添加和配置。

设备管理主要包括以下几部分。

终端设备管理:终端设备指的是编码器、解码器、网络摄像机和 ECR 设备,通过终端设备管理模块可以很方便地对设备进行添加和配置。

服务器管理:主要管理的是 IP 监控系统中的中心服务器(本域 VM)、数据管理服务器(DM)、备份管理服务器(BM)和媒体服务器(MS)。

存储设备管理:在 IP 监控系统中的存储主要是 IP SAN,通过该管理模块可以添加 IP SAN,并需在存储配置中指定前端 EC 和 IPC 的存储计划。

域管理:域管理模块能够添加、配置、管理外域设备,通过资源的共享实现业务的调用。本域参数配置和互联参数、本域服务器参数和时间、云台自动释放和抢占策略等在全局生效的配置也由本模块管理。

4.4.2 终端设备管理

IP 监控系统中,终端设备是实现业务功能的基础,通过终端设备管理功能能够非常方便地对编解码器进行添加、查看、修改、删除操作。终端设备管理如图 4.16 所示。

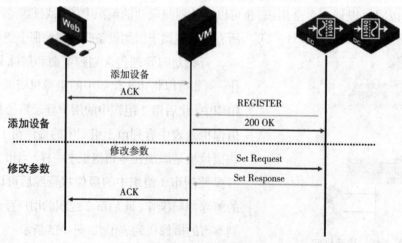

图 4.16 终端设备管理

（1）添加终端设备流程

①登录终端设备,选择服务器管理模式,输入设备管理服务器的 IP 地址和设备本身的 ID(全局唯一)。

② Web 客户端添加设备并设置设备初始参数。

③终端设备加电后通过 SIP 协议 REGISTER 消息向 VM 发起注册, REGISTER 消息包含设备 IP、ID、设备类型、设备版本等信息。

④ VM 服务器将 REGISTER 消息中的参数和添加到数据库中的参数进行对比,如果匹配则向终端设备发送 "200 OK" 消息,表示注册成功;如果参数不匹配则向终端发送 "4××" 消息,表示注册失败。

（2）修改终端设备参数流程

①在 Web 客户端修改设备或通道参数,如 OSD、编码格式等,单击［保存］后客户端采用 HTTP 协议将数据发送给 VM 服务器。

② VM 接收数据后,通过 SNMP 协议将需要修改的参数值下发给终端设备。

③终端设备按照管理平台的指令进行修改,并向 VM 返回修改成功消息。

④管理平台将修改结果发送给客户端,客户端显示参数已经被修改。

4.4.3　服务器管理

服务器管理用于管理 VM、DM、MS 和 BM。用户通过服务器管理能够进行添加、修改、删除 VM、DM、MS、BM,同时能够配置中心服务器的时间、服务器参数、本域名称、本域互联等参数,云台自动释放时间、抢占策略、资产录入策略也在中心服务器页面配置实现,如图 4.17 所示。

中心服务器即本域中安装 VM3.0 软件的视频管理服务器,通过中心管理服务器模块可以设定服务器当前时间、配置 NTP 服务器 IP 地址、设定本域组织名称等多项功能。

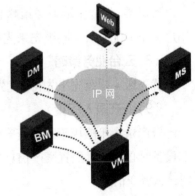

图 4.17　服务器管理

（1）自动搜索配置

启用自动搜索功能后,系统能够自动搜索向其注册的编码器和解码器,并将其自动添加到对应的设备列表中,只有 admin 用户才能配置自动搜索功能。

（2）服务器参数

码流格式:配置码流格式即设置本监控系统支持的媒体流承载协议。

最大直连媒体流数量:当解码端配置 "直连有线" 媒体策略时,配置最大直连媒体流数量才有效。对于本域摄像机,实况媒体流有限不经 MS 转发,当直连数量超过本域的最大允许值时,若本域存在 MS 且编码器允许经过 MS,则将经 MS 进行转发;否则,采用直连方式建立实况,不经过本域 MS 进行转发。对于外域共享摄像机,当直连数量超过本域或该下级 / 平级域的最大允许值时,若本域存在 MS,则将经 MS 进行转发;否则,采用直连方式建立实况,不经过本域 MS 进行转发。

本域实况码流策略:可选择协商过程优先采用码流。

组播地址码流策略:可以配置组播流的码流类型。

(3)服务器时间配置

配置 VM3.0 视频管理服务器的时间,除中心服务器的客户端计算机外,数据管理服务器、媒体服务器、存储设备以及编码器等会自动同步中心服务器的时间。

(4)本域配置

配置本域的名称和 NTP 服务器 IP、NTP 即时钟服务器。

(5)跨域互联配置

用于配置和外域互联时本域的参数,包括跨本域互联的协议、本域等级、本域互联域编码、本域互联用户编码。

(6)云台释放配置

对某用户使用的云台摄像机,若经过云台自动释放时间后该用户一直没有进行云台操作,则该云台摄像机被释放。

(7)抢占策略配置

实况类、回放上墙业务策略包括优先级 + 同级先来先得、优先级 + 同级后来先得、在线用户优先 + 优先级 + 同级先来先得、在线用户优先 + 优先级 + 同级先来先得、后来先得。

(8)云台业务策略

优先级 + 同级先来先得、优先级 + 同级后来先得、后来先得。

(9)资产录入配置

资产录入策略用于配置资产信息是否与设备绑定录入。若强制绑定录入,则要求用户添加设备时必须同时配置资产信息方式录入;若可选绑定录入,则让用户选择是否在添加设备时录入资产信息。

DM 平台对 DM 的管理主要包括 DM 的注册上线,以及检索回放时信令的交互。

MS 平台对 MS 的管理主要包括 MS 的注册上线,以及媒体转发时信令的交互。

BM 平台对 BM 的管理主要包括 BM 的注册上线,以及备份业务时信令的交互。

4.4.4 存储设备管理

录像存储作为视频监控系统最重要的业务之一,对数据存储时采用的技术、设备的性能、稳定性都提出了较高的要求,而 SAN 作为满足上面要求的一种存储技术在 IP 监控系统中得到了广泛的应用。

存储设备管理分为 IP SAN 的管理和 VX500 的管理,管理功能包含设备的添加删除、设备状态的监控、设备存储资源的管理,如图 4.18 所示。

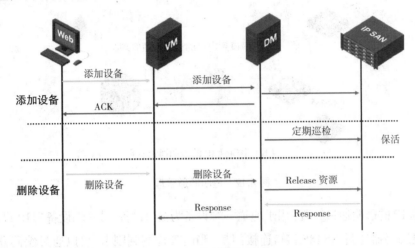

图 4.18　存储设备管理

在管理 IP SAN 前,首先需要在 IP SAN 的 Neostor 管理平台为 IP SAN 做初始配置包含服务器名称、IP 地址设置、RAID 创建等。IP SAN 由 DM 服务器管理,所以在添加 IP SAN 时需要指定某一个当前在线的 DM,此后 DM 会通过 iSCSI 协议挂载 IP SAN 并对其上的存储资源进行管理。DM 会监控存储设备的状态,定期巡检存储资源并生成存储资源索引,在点播回放时, DM 还会作为 RTSP Server 将从 IP SAN 上获取的录像数据发送给 Web 客户端。

VX500 集成了 DM、MS 和存储的功能,VX500 的存储资源由自身管理,并负责自身录像的回放业务。VX500 的管理包含设备的添加以及阵列的制定,阵列的制定必须在设备添加在线后才可以执行。

4.4.5　透明通道管理

透明通道管理功能,是指通过终端的 RS485 接口连接串口设备并通过网络将串口输入的信号发送到目的端的功能。终端以及终端所属的系统对串口设备和目的端设备是完全透明的。

根据目的端是 IP 设备还是串口设备,透明通道管理可以分为串口到串口的透明通道管理和串口到 IP 的透明通道管理两种,如图 4.19 所示。

串口到串口的透明通道管理:用于通道两端设备均为串口设备的场合。例如,前端编码器通过 RS485 接口连接温度传感器,当温度传感器产生告警,可以通过编码器的 RS485 接口输入告警,编码器将告警封装为 IP 报文,然后通过 IP 网络将告警发送到连接目的端设备的终端,解码器接收到 IP 报文后,将告警转换为串口指令从 RS485 接口发送到目的端,假设目的端设备是警铃,则可以触发响铃。

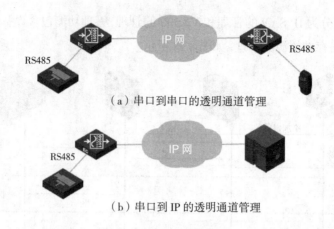

（a）串口到串口的透明通道管理

（b）串口到 IP 的透明通道管理

图 4.19　透明通道管理

　　串口到 IP 的透明通道管理：用于通道一端设备为窗口设备，另一端设备为 IP 设备的场合。例如，前端编码器通过 RS485 接口连接门禁，当门禁检测到刷卡，可以通过编码器的 RS485 接口输入刷卡信息，编码器将刷卡信息封装为 IP 报文，然后通过 IP 网络将告警发送到门禁服务器，由门禁服务器进行判断刷卡人是否有权限，如果具备权限则发送指令给前端门禁设备控制开门。

　　除此之外，还具有第三方设备管理功能，主要包含第三方告警设备的添加、删除和配置。在监控系统中增加第三方设备后，才能在系统中实现其告警上报、告警联动，如图 4.20 所示。

图 4.20　第三方设备管理

　　在增加第三方设备之前，首先要添加设备类型，如报警设备、门禁、门禁服务器等，并且要为该设备类型添加对应的告警类型。此后，当添加了第三方设备后，相当于为系统添加了告警源设备，而该告警源可以产生对应类型的告警，并且可以联动若干的动作。

4.5　业务管理

4.5.1　业务管理概述

业务管理主要是管理如场景、巡航、轮切、地图等用户可用资源。用户通过业务管理模块可以制订摄像机的存储计划、云台的巡航计划等。

根据资源使用情况可以将业务管理大致分为图像类管理、存储录像类管理、告警类管理、广播组配置、干线管理等。

摄像机组管理: 若经常需要同时查看某些摄像机的实况, 则可对这些摄像机配置摄像机组, 然后通过摄像机组显示业务来快捷实现。

轮切配置: 在视频窗格或监视器上按轮切资源或轮切计划轮流播放摄像机的实况图像。

场景配置: 一组摄像机资源或者云台摄像机指定预置位资源的集合。

组显示配置: 组显示是将一组需经常查看的摄像机绑定到特定布局的客户端窗格或电视墙, 以便快速进行实况播放。

组轮巡配置: 组轮巡是按照一定时间间隔对多个组显示循环地进行实况播放。

图像拼接配置: 通过图像拼接能将 3 路高清摄像机的实况图像拼接为一幅视频图像, 实现实时全景监控。

广播组配置: 广播组是客户端能与之进行语音广播的一组摄像机。当有集会或紧急事件发生时, 用户可立即启动事先按照某个片区或全部地区组织配置的广播组进行广播, 及时地通知相关人员进行集会或紧急情况的应对措施。

巡航配置: 包括配置巡航路线和巡航计划。

存储配置: 根据客户的实际需要, 为摄像机分配存储资源的空间大小, 同时配置不同的存储模式使摄像机按照不同的方式进行存储。

备份配置: 对于重要的存储数据, 通过备份配置操作实现有选择性地把录像文件做备份, 提高录像文件的安全性。

转存配置: 重要摄像机点为提高录像数据的冗余, 可配置实况码流的转存功能, 实现把实时码流保存为录像文件。

告警配置: 对系统告警源配置联动动作、配置布防计划并作告警局部自定义, 从而实现系统根据告警源联动相关的业务, 实现系统的智能化。

第三方告警配置: 对第三方设备配置, 并通过告警自定义配置告警类型, 以便系统能够接收第三方设备的相关信息, 实现其告警上报、告警联动。

预案配置: 用户预先设定的应急处置方案, 称为预案。预案具备及时、全面、准确的报警处理机制。在没有值班人员或值班人员没有能力正确处理报警信号时, 系统能够自动感知并完成向上级管理单位报警功能, 即由系统功能实现值班人员的基本职责。

干线管理：为了避免因整体业务流量超出带宽而导致音视频质量问题，可以设置业务流数量（即干线数量），当业务流达到该最大值时，则系统默认无法新建不复用的业务流（即关闭干线抢占功能），从而实现对实况、回放业务流的控制。

4.5.2　摄像机组管理

摄像机组就是一组摄像机的集合，用于与窗格（即客户端的 Web 播放器）建立视频播放的对应关系，配置摄像机组也是配置组显示和组轮巡的前提，如图 4.21 所示。

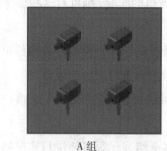

A 组　　　　　　　　　　　B 组

图 4.21　摄像机管理

一个摄像机机组最多包含 256 个摄像机。

若要在电视墙播放摄像机组，其摄像机的编码格式需要与电视墙的解码格式相对应。

4.5.3　轮切管理

轮切是指在同一个窗格或监视器上分时段地显示不同摄像机视频的功能，如图 4.22 所示。轮切的管理包含轮切资源的管理、轮切计划的管理和轮切模式的管理。

图 4.22　轮切管理

轮切资源管理：创建轮切任务，并在任务中指定参加轮切的摄像机的轮切顺序以及其视频播放的时间长度。

轮切计划管理：为不同的时间段指定不同的轮切资源任务，在时间段内可以指定例外时间段，然后将轮切输出到某个监视器上。

轮切的启用分为手工启用和按计划轮切两种方式。手工启用，是在指定好轮切资源后，将轮切资源视为一个摄像机资源，可以将其拖放到窗格或监视器上。按计划轮切，是指轮切计划制订后，可以启用该计划，则在对应的监视器上就会按计划执行设定的轮切。

轮切资源可以在监视器或视频窗格上播放，但按轮切计划播放则只能在监视器上进行。若新启动的播放业务抢占了正在进行的轮切计划，那么停止该播放业务后，系统将恢复原来的轮切计划。

4.5.4　场景管理

通过场景的配置能够方便快捷地实现关注多个摄像机的实况，场景资源也包含云台摄像机的某个预置位，当添加云台摄像机时，在待选摄像机列表中单击预置位编号栏，在弹出的下拉框中就可以选择已经配置好的预置位。场景资源的摄像机数目不要超过客户端空闲窗格的最大值；否则播放该场景时，无法播放超出的摄像机实况，如图 4.23 所示。

图 4.23　场景管理

恢复场景用于某用户退出系统再次登录并且未进行实况、轮切、布局切换等操作时，单击恢复场景按钮可快速恢复原有的场景模式，包括分屏模式、实况业务、轮切业务。

4.5.5　电视墙管理

当用户的监控大屏由大量监视器拼接组成时，很难实现解码器绑定的监视器和实际电视墙上监视器的一一对应关系，如果用户需要快速实现将某摄像机视频显示在电视墙的某个监视器上，则可以通过电视墙功能来实现，如图 4.24 所示。

图 4.24 电视墙管理

通过电视墙功能，可以实现和电视墙结构完全相同的逻辑电视墙功能，并且将逻辑电视墙上每一个窗格与实际监视器绑定，这样将某摄像机视频拖放到逻辑电视墙的某窗格时，实际电视墙的对应窗格就会显示该视频。

电视墙上建立实况的有如下几种方式。

自适应码流播放实况：将在线摄像机拖入监视器或其分屏，即可在该监视器上根据系统自适应码流播放实况。

指定码流播放实况：单击选中监视器或其分屏，右键单击某在线摄像机，选择"启动主码流到监视器""启动辅码流到监视器"或"启动第三码流到监视器"，即可在该监视器上播放指定码流的实况。

播放轮切资源：将轮切资源拖入监视器或其分屏，即可在监视器上循环播放轮切资源中各个摄像机的实况。

回放上墙：一种点播回放业务，即通过窗格回放录像时，可实现在监视器上同步观看。其中若对窗格回放录像进行控制播放速度、暂停回放等操作，对应回放上墙的监视器上也将同步执行。

4.5.6 组显示管理

组显示是将一组需经常查看的摄像机绑定到特定布局的客户端窗格或电视墙，以便快速进行实况播放。组显示的前提是配置摄像机组，并配置摄像机组中的摄像机与监视器或监控窗格的对应关系，如图 4.25 所示。

组显示类型有客户端窗格组显示和电视墙组显示。为了能看到该组中所有摄像机的实况，请确保客户端窗格或监视器分屏数不小于摄像机数。若客户端窗格或监视器分屏数小于摄像机数，则无法查看多出的摄像机的实况；若客户端窗格或监视器分屏数大于摄像机数，则多出的客户端窗格或监视器分屏将空闲。

通过实际工具栏的"保存为组显示"按钮，可以把正在播放的所有实况、组显示、轮切或

图 4.25 组显示管理

组轮巡的摄像机和客户端窗格布局关系保存为组显示，对于组轮巡或轮切，仅把当前播放的某个组显示或摄像机保存为组显示。

通过组显示可以大大方便用户的操作。

若组显示占用的所有窗格或监视器都被抢占，该组显示就会停止。

4.5.7　组轮巡管理

组轮巡是指按照轮切方式进行的组显示，即按照一定时间间隔对多个组显示循环地进行实况播放。不同的是组显示可以停留不同的时间间隔，一组组轮巡中至少包含 2 个组显示。组轮巡可以通过 Web 客户端窗格和监视器实现播放。一般情况下，被抢占的组轮巡并不会停止，但若属于组轮巡的某个组显示抢占该组轮巡时，系统将停止该组轮巡，如图 4.26 所示。

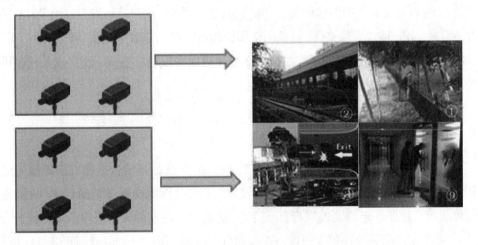

图 4.26 组轮巡管理

4.5.8　图像拼接管理

在广场、地铁站、机场等特殊大场景需要实时、无畸变全景监视。传统的方式是多个摄像机的画面物理摆放在一块，或是通过云台转动方式监控大场景。前种方式存在重影，影响观察效果；后种方式有盲区漏洞问题，使用广角镜头成本高且有畸变。运用视频实时拼接技术就能够实现上述问题，且成本低、无畸变，并能实时全景监控。伴随着城市发展，这种大场景监控将会有越来越大的市场需求，图像拼接技术将被广泛使用，如图 4.27 所示。

图 4.27　图像拼接管理

通过图像拼接能将 3 路高清摄像机的实况图像拼接为一幅视频图像，实现实时全景监控，支持在空闲窗格显示拼接后图片的局部放大功能，支持拼接后图片的单次抓拍的操作。

当前只支持 3 路摄像机进行图像拼接，并且这 3 路摄像机的编码参数须保持一致；应确保进行图像拼接的摄像机在线，并且不能修改摄像机的相关参数（如帧率、分辨率等），否则图像拼接不会成功。

将图像的局部细节使用图像的缩放功能进行放大处理，用户就可以更好地了解到关心部分的信息。对实况、播放录像文件、点播回放图像均可实现局部数字放大功能。

对图像拼接技术进行的全景监控视频图像也可以实现数字放大，数字放大只在拼接后视频窗格上方的 3 个窗格中显示。

4.5.9　巡航管理

巡航路线中包含预置位巡航和轨迹巡航。预置位巡航是指云台摄像机按照预先的设定在不同预置位之间循环，在进行巡航之前必须先为云台摄像机设置多个预置位。轨迹巡航指云台摄像机可以按照一定的轨迹进行自动转动，配置轨迹巡航的云台摄像机要保证云台能够完成 360° 的转动。巡航管理包含预置位巡航路线的管理、巡航计划的管理和巡航的执行。

预置位巡航路线指云台摄像机在预置位之间转动的路线，如图 4.28 所示，可以设置云台在每个预置位的停留时间。每一个云台摄像机可以设置多个巡航路线。轨迹巡航要设置转动的方向、速度和持续时间，可勾选一直转动。

巡航计划指巡航路线执行计划以及时间段。可以设置多个时间段，不同的时间段执行不同的巡航路线，并且在这些时间段之内可以设置多个例外时间段，在例外时间段内可以执行

预置位一

预置位二

预置位三

图 4.28　预置位巡航路线

某个指定巡航路线。例如设定 00:00:00—11:59:59, 执行巡航线路 A; 12:00:00—23:59:59, 执行巡航路线 B; 在这个基础上可以设定 10:00:00—10:59:59 为例外时间段, 在此期间执行巡航路线 C, 通过例外时间段的设定, 可以更为灵活地设置巡航计划。

巡航的执行有按计划触发巡航和手工启用巡航两种。在制订完成巡航计划后可以直接启用巡航计划, 此后云台摄像机会按照制订的时间段在对应的巡航路线上巡航; 也可以手工为某云台摄像机启用某巡航, 此时云台摄像机会在此制订的路线上按轨迹巡航。

4.5.10　广播组管理

广播组是客户端能与之进行语音广播的一组摄像机。当有集会或紧急事情发生时, 用户立即启动并按照某片区或全部地区组织配置广播组进行广播, 及时地通知相关人员进行集会或紧急情况的应对措施。监控中心向前端发布信息时更便捷快速。

广播启动方式: 在广播组资源列表中将需要开启广播的广播组单击右键选择广播即可; 在摄像机资源列表中勾选或框选多个摄像机再单击右键选择语音广播即可。

语音广播时要保证编码器在线, 且编码器音频输出接口已经连接了音频输出设备, 在客户端电脑上也连接了音频输入设备。同一编码设备上的多个在线摄像机不能同时广播, 只能对其中一个摄像机进行广播。

4.5.11　存储管理

存储管理包含存储计划管理、存储模式管理两部分, 如图 4.29 所示。

存储计划管理: 按照计划为摄像机分配存储空间。存储计划管理流程如下: 在 Web 客户端指定摄像机, 然后为其制订存储计划。在计划制订时首先选择存储设备, 选择 VX1500 或是 VX500; 选择计划码流、手动码流和告警码流的主码流或是辅码流; 选择具体存储设备、分配容量、选择满策略、配置警告后录像时间。存储设备选择并配置完成后, 设置计划制订存储的时间段。VM 通知 DM 存储计划, DM 根据计划向存储设备申请存储空间。存储设备分

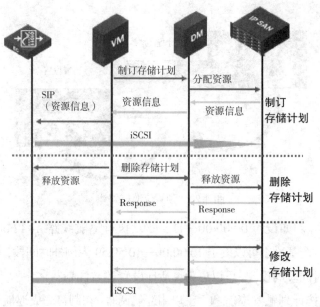

图 4.29　存储管理

配空间并回复 DM, DM 将分配情况通知 VM。

　　VM 通过 SNMP 协议将存储计划和空间分配情况下发给前端编码设备,此后编码设备会按照存储计划将数据写入存储设备对应的存储资源中。

　　存储模式管理:按计划存储模式是最为常用的录像存储模式,根据实际应用需求,还可以选择使用手工存储模式和告警存储模式。手工存储模式指在观看实况时,发现某些视频比较重要,则可以手工启动这些视频存储。告警存储模式指根据需求设置告警源并联动存储,仅当告警源告警发送时,某路摄像机视频才会进行存储。

　　手工存储和告警存储都是触发式存储,仅在需要时才进行,可以大大地节省存储空间,前提是必须首先为摄像机分配一定的存储空间。

　　在项目维护过程中经常会遇到存储录像的相关问题,如录像无法存储、录像无法回放等,解决这些问题需要首先确认存储配置中摄像机的各参数状态。

　　存储设备:该摄像机存储在哪个存储设备上。

　　资源状态:显示 DM 与存储设备上的资源的连接状态。"正常"状态,说明 DM 能够正常连接并访问该摄像机对应的资源,但是资源上的录像是否正常无法确定;"无法访问"状态,说明 DM 无法正常连接到该摄像机资源,或者无法获取资源上的内容,又可能与存储设备的网络连接异常,或者存储设备异常导致无法正常提供资源或资源连接点;全部摄像机"无法访问"状态,或归属于某个 DM 的全部摄像机"无法访问"状态,说明对应 DM 上可能出现问题。

　　是否已制订存储计划:"是"表示该摄像机已经制订了存储计划;"否"表示该摄像机没有制订存储计划。当摄像机是手动启用存储或告警联动存储时此状态为否。

　　是否按计划存储的状态:由 DM 或 VX500 定时更新,间隔时间为 15 min。DM 每隔

15 min 会登录到存储设备上去巡检摄像机存储的录像是否正常。制订计划后,刚开始均为"按计划存储"状态。

4.5.12 备份管理

备份管理包含备份资源和计划管理、备份模式管理两部分。

(1)备份资源和计划管理

IP 监控系统中,为摄像机分配的存储空间是循环复用的。摄像机的视频周期性地保存在存储设备中,保存周期通常为 3 个月或半年,当一个周期结束后,新的存储视频会顺序覆盖存储空间中的视频,存储空间内所有的视频无法保留超过存储周期的时间。如果有一段存储视频非常重要,需要长期保存,则可以使用备份的功能。

备份功能会为摄像机分配一部分空间保存重要的视频,这部分空间可以设置为满覆盖,也可以设置为满停止,这样便可以更长久地保存重要视频。

(2)备份模式管理

备份模式可以分为告警备份、手动备份和计划备份 3 种。告警备份指产生告警后可以联动摄像机进行备份,该备份的优先级最高。手动备份指在进行录像检索后,可以对检索到的录像进行手工备份,备份到备份资源中,该备份的优先级较告警备份次之。计划备份指备份服务器预先为摄像机制订备份计划,当到达备份计划设置的时间时,会按照备份跨度将 × 天之前的,各备份周期内的录像备份到备份资源中,计划备份的优先级最低。

摄像机占用 BM 备份资源的方式:

共享:表示选择相同 BM 设备且占用方式为共享的所有摄像机都将共享该 BM 备份资源。

独占:表示下面所选的备份资源只用来存储该摄像机的备份录像。

摄像机独占资源时,备份的满策略:

满覆盖:当分配给该摄像机的备份资源无可用空间时,新数据将先覆盖最早备份好的数据,周而复始。

满即停:分配给摄像机的备份资源无可用空间时,即停止备份存储。

备份任务调度原则:备份窗口是指 BM 调度、执行备份任务的时间段。只有在该时间段内,BM 才会启动备份任务。也就是说,若在操作页面上提交备份任务的时间在备份窗口之外,则系统将把该任务放入队列进行排队等待启动。当备份窗口的开始时间到达后,系统才会启动备份任务。同时,已启动的备份任务的完成时间不受该窗口限制。

系统每次最多备份半个小时的录像,当备份超过半小时的录像时,系统将会把该备份任务分解成多个子任务,并且完成一个子任务后才会提交下一个子任务。至于系统是否能启动下一个子任务,将受到任务调度原则的约束。

4.5.13 告警管理

告警联动是监控系统中的重要组成部分,用户以某类告警信号为触发条件,联动监控系统中某几种功能,达到提醒和记录的作用。

告警联动的管理包含告警源的管理、智能视频分析、联动类型的管理以及布防计划的管理。

(1)告警源的管理

在 IP 监控系统中,告警源包括内部告警源、外部告警源、第三方告警源。内部告警源通常为摄像机和编码器等添加到系统中的设备,以及紧急事件告警、行为告警;外部告警源为编码器 I/O 口外接设备,如红外、烟感、警铃等;第三方告警源指通过设备管理第三方设备添加进来的设备发生的告警。

(2)智能视频分析

智能视频分析就是在实况播放时,用户对支持智能视频分析的编码器进行拌线 / 区域检测配置,当有物体接近配置拌线 / 区域时,在窗格的实况画面中可以观察到目标物体的矩形框。若矩形框触碰了配置的拌线 / 区域则会变成红色框,并触发行为告警。

系统能够配置的智能视频分析有两种:拌线检测和区域检测。

拌线检测:检测是否有人、物体或者车辆突然从某个指定方向越过预定边界。系统会进行单向或双向规则检测。

区域检测:检测是否有人、物体或者车辆突然从指定方向进入或离开预定区域。

(3)联动类型的管理

联动类型包含设备的温度、风扇等告警,通道的视频丢失、运动检测等告警,以及外部的开关量告警。某种联动类型的告警发生后,可以联动的动作包含联动存储、联动备份、联动短信、联动邮件、联动预案、联动预置位、联动警前录像与实况到用户窗格、联动实况到监视器、联动开关量。

(4)布防计划的管理

布防计划,即布置防御时间的计划,只有在设置的有效时间段内,中心服务器才能接受告警或根据配置产生相应的告警联动。可以根据实际需要,选择不同时间段进行布防。设备类告警及视频丢失告警时全天候布防,不支持撤防,只要开启对应的告警功能就能上报,其他告警均需配置布防计划。

4.5.14 预案管理

预案分为告警预案和通用预案两类。

告警预案:只能通过配置联动预案,由系统告警来触发启动预案,再通过告警联动预案,完成"报警、接警、核警、处警、结警"完整规范的报警处理流程。

通用预案：可以手动启用，也可以通过配置联动预案，由系统告警来触发启动预案。通用预案不能进行核警和确认告警。

一个预案包含一项或多项任务，每项任务由动作集和触发器组成。动作集包含多个并发执行的动作。触发器能触发任务的执行，如定时器、用户确认误报的动作等。触发器可配置一个或多个，多个触发器中只要其中一个触发器触发了，则将执行动作集中的所有动作。

预案处理的大致流程：配置预案后，可以在告警配置页面将预案与某一类告警进行联动，即告警联动预案，以便告警发生时，系统能执行预案所设定的应急方案。配置告警联动预案后，当告警产生时系统将启动预案。如果是通用预案，还可在"实况回放"页面手动启动通用预案。在预案告警页面可确认告警和核警；在历史告警页面可查阅告警处理记录信息。

预案执行后，在历史告警页面能查询到预案的告警处理记录。预案有最长执行时间，默认为 2 h。如果预案超过最长执行时间仍未处理完毕，则系统将自动结束预案。

每个预案的任务都有以下三类执行策略，可根据配置需要选择相应策略。

严格顺序执行：任务严格按照顺序执行，比如任务 2 的触发器触发了，但任务 1 未执行，则任务 2 进入等待任务 1 的状态，任务 1 执行以后，任务 2 才会执行。

任意次序执行：可按照任意次序执行任务，如每项任务只要触发器触发了，则任务都会执行。

自动取消前面未执行的任务：每项任务只要触发器触发了，任务都会执行，且会自动取消前面未执行的任务。

4.5.15　系统业务管理

系统业务包括第三方告警管理、干线管理、数字矩阵、电子地图等。

第三方告警管理可以对第三方设备配置厂商信息、设备类型，并通过告警自定义页面配置告警类型，以便系统能够接收第三方设备的相关信息，实现其告警上报、告警联动。

干线管理目前支持以下两种方式。

域间干线管理：控制从外域（下级域或平级域）进入本域的业务流数量。

设备干线管理：控制从本域设备（如编码器或存储设备）出来的业务流数量。

数字矩阵页面能够显示特定组织下包含的所有监视器，并能在监视器上进行多种媒体业务操作。

IP 监控系统通过电子地图功能可以直观地表示资源的地理位置信息，用户可以将资源树中的摄像机、站点、告警输出、告警源等资源布置在地图上的对应位置进行业务操作。

4.5.16　计划任务管理

IP 监控系统提供了计划任务管理功能，在对应的业务设置完成后，可以方便地通过计划任务管理功能启用、停止、删除这些业务。计划任务管理功能包含轮切计划的管理、布防撤防计划的管理和备份任务的管理。

4.6 系统维护管理

4.6.1 日志、报表管理

日志、报表管理主要负责收集、统计、显示监控系统相关日志、信息。

备份导出系统：系统备份中可以分别对系统配置、数据库和系统日志进行备份和导出；也可以全部备份或导出。同时还可导出客户端信息，包括客户端控件日志和操作系统、显卡、IE浏览器信息，方便系统维护。备份成功的文件将保存在中心服务器的"/var/backup"路径。只有admin用户才能进行系统备份操作。

操作日志可以查看或导出用户操作历史记录、用户名称、IP地址。操作类型、操作对象、日志类型、操作结果、起止时间或是它们的任意组合均可作为查询条件。可以把操作日志查询结果导出至Excel表格，保存到本地。

设备拓扑：在设备拓扑页面，可以查看系统中设备的网络拓扑结构图及各节点属性。系统默认展现本域下所有层级节点，包括本域各组织和设备、下级域各组织和设备。

设备状态报表：查看目前系统中的设备运行状态，如是否在线等信息。

摄像机存储报表：查看摄像机的录像是否正常存储、各时间段的存储信息是否符合要求。通过摄像机存储报表功能，可以查询摄像机对应的存储信息（包括存储设备名称、存储计划制订与启动情况、存储状态等）。还可以把报表导出至Excel表格，保存到本地。

在线用户列表：查看目前系统中已登录的用户或者需要对已登录的用户强制下线等操作，其中用户状态包括用户名称、所属组织、用户IP地址等。同时拥有"用户管理"权限的用户还可以通过［下线］按钮对在线用户进行强制下线等操作。

设备故障报表：查看并可导出目前系统中的设备故障、故障频次信息、故障设备统计，系统将自动统计本域及其下级域共享的所有设备故障报表，并以报表形式显示。

故障频次统计：系统将自动统计本域及其下级域共享的所有设备故障频次，并以报表形式显示。

资产统计报表：查看并可导出目前系统中的资产统计信息。

4.6.2 告警管理

通过告警管理可以查看和确认实时告警和历史告警，及时地了解设备的异常情况、定位系统问题。告警信息包括告警名称、设备名称、告警级别、告警类型、告警时间、告警描述及告警确认。

第 5 章 | IP 监控系统之业务流程

学习目标

了解 IP 监控系统包含哪些业务流程;

掌握 IP 监控系统中各业务流程的细节。

IP 监控系统基于成熟标准的 IP 网络技术以及标准的控制信令协议,实现了实时监控、存储回放、媒体转发等监控业务,且基于开放式的平台可以实现智能应用业务。

本章对 IP 监控系统实现的各业务流程进行了详细的介绍。

5.1 IP 监控系统业务流程概述

IP 监控系统基于成熟的 IP 网络技术、标准的控制信令协议以及开放式架构,大大地丰富了监控系统的业务。IP 监控系统的基本业务包括实时监控、存储回放备份、转存、媒体转发、告警联动、语音对讲和语音广播、多级多域,以及和第三方合作的其他业务,如图 5.1 所示。

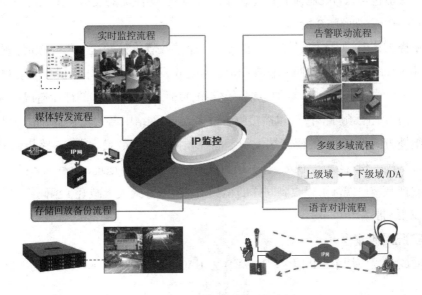

图 5.1 IP 监控系统的业务流程

实时监控业务流程：通过 SIP 控制信令进行业务的调度，通过 SNMP 进行计划的下发。实时监控包含实况播放、云台控制、轮切、巡航等业务。

存储回放备份业务流程：使用 iSCSI 协议以及 RTSP 协议，实现音视频数据存储、存储录像检索、回放和备份的功能。

转存业务流程：当存储的数据到达预先分配的空间后，覆盖最早写入的数据，循环存储。

媒体转发业务流程：使用 SIP 协议进行调度，可以将单/组播媒体流转发为单播媒体流。

告警联动业务流程：通过 SNMP 将告警设置下发给终端。当告警发生时，终端使用 SIP 信令上报告警，可以实现多种类型的告警联动动作。

语音对讲和语音广播业务流程：语音对讲和语音广播业务流程使用了 SIP 信令进行业务的调度，不仅可以实现前端和 Web 客户端之间、Web 客户端与 Web 客户端之间的双向语音对讲，也可以实现 Web 客户端对多个前端及其他 Web 客户端进行语音广播。

多级多域业务流程：基于域间互联标准，常见的域间互联标准包括 DB33、GB 28181（国标）和 IMOS。依靠域间互联标准，多个监控平台之间可以实现相互的监控业务操作。

DA 基于域间互联标准域监控平台互联，通过 DB33 或 IMOS 协议，可以对 DA 接入的第三方 DVR 和 IPC 实现资源共享。

5.2　IP 监控系统业务流程

5.2.1　实时监控业务流程

实时业务流包含云台控制流和音视频媒体流，根据媒体流的发送方式又可以分为实时单播流和实时组播流，如图 5.2 所示。

采用单播方式时，媒体编码终端需要为每一个接收者单独发送一份视频流，视频流的目的 IP 地址指向每一个接收者，每一份视频流需要逐份发送。当网络中需要接收视频流的解码终端和视频客户端数量较多时，会加重编码终端的负荷，对编码终端的性能造成很大影响，使编码终端成为系统瓶颈。此外，若单播接收者过多，会在网络中增大流量，从而增加网络负载。

采用组播方式发送时，编码终端无须考虑视频接收者的数量。对每一路摄像机数据，编码终端只需发送一份视频流，视频流的目的 IP 地址为组播 IP 地址，所有加入这个组播组的解码终端或视频客户端都可以收到同样的视频流。组播方式大大减轻了编码终端的负载，同时也节省了网络带宽。

（1）实况播放流程

实况播放流程使用了 SIP 信令，其中 VM 为 UAC，EC、DC 和 Web 客户端为 UAS，如图 5.3 所示。

当在客户端拖动一路图像到客户端窗格或某监视器时，客户端会通过 HTTP 信令向 VM 服务器发起请求。VM 首先进行媒体流转发方式决策，决策过程如下：

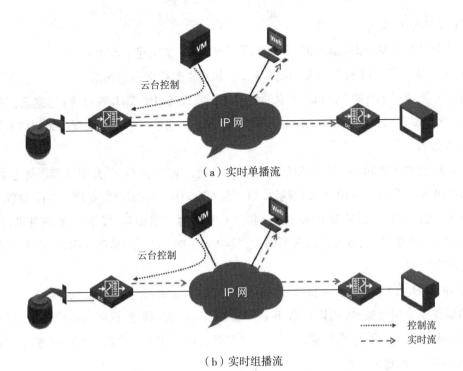

（a）实时单播流

（b）实时组播流

图 5.2　实时业务流

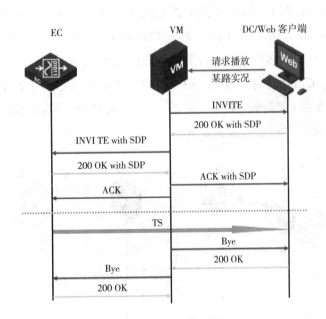

图 5.3　实况播放流程

①如果实况播放的双方 (EC、DC/Web 客户端) 都支持组播，则优先以组播传输媒体流。

②如果协商结果为组播转为单播，且系统中配置了 MS，则需要通过 MS 进行转发。

③如果协商结果为单播，且系统中配置了 MS，则优先经过 MS 转发；否则由 EC 直接发单

播到 DC/Web 客户端。

本小节以没有 MS 服务器为例, 介绍实况播放流程。实况建立流程如下:

① Web 客户端通过 SDK 获取设备信息, 发起建立监控关系的请求。

② VM 先通过 SIP 的 INVITE 消息通知媒体接收设备 (DC/Web 客户端) 建立监控关系, DC/Web 客户端在回应消息 200 OK 中携带接收方的 IP 地址、端口号、音视频编码以及单 / 组播等媒体参数。

③ VM 通过 SIP 的 INVITE 消息通知 EC 设备建立监控关系, 消息中携带媒体参数及接收方 (DC/Web 客户端) 的 IP 地址和端口, EC 回应 200 OK 包含自己所支持的媒体参数。

④ VM 收到 EC 发送的 200 OK 后分别向 DC/Web 客户端和 EC 发送 ACK 消息进行确认。

⑤此时, 发送 / 接收双方监控关系建立, 接收方在指定的端口监听数据, 发送方向指定的目的地发送数据。

⑥ DC/Web 客户端收到实时视频流后, 解码并输出显示到电视墙或显示器上。

如果要结束实况播放, 可以在 Web 客户端关闭窗格或取消监视器的监控关系, 随后 VM 会通过 SIP 中的 Bye 消息通知发送 / 接收双方终止监控关系; 发送 / 接收双方向 VM 回应 200 OK, 实况播放过程终止。

(2)云台控制流程

在进行云台控制时, 服务器端需要先配置正确的云台控制协议、云台控制地址码、RS485 串口的云台控制波特率, 并保证 EC 的 RS485 串口和云台摄像机的云台控制线连接正确。

如图 5.4 所示, 当 Web 客户端对云台摄像机进行控制时, 客户端首先会通过 HTTP 将指令发送到 VM; VM 将云台控制指令通过 SIP 的 INFO 消息发送给 EC。其中, INFO 消息包含云台地址码和控制参数 (如旋转、聚焦变倍等)。EC 收到 INFO 消息后会回应 200 OK, 并通过 RS485 串口将控制指令发出, 控制云台运动。

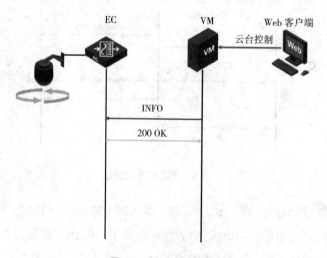

图 5.4　云台控制流程

（3）轮切流程

轮切按照在客户端窗格轮切或监视器轮切分类，可分为软轮切和硬轮切。轮切流程可看作多个实时播放流程顺序进行。

如图 5.5 所示，EC1 和 EC2 分别连接两台摄像机，在客户端为某窗格或监视器制订了轮切资源并执行。假设轮切资源中设置先播放 EC1 的通道视频后再播放 EC2 的通道视频，且每路视频持续时间为 10 s。轮切流程如下：

首先，VM 通知 DC/Web 客户端与 EC1 建立监控关系，EC1 将实时流发送给 DC/Web 客户端，DC/Web 客户端在窗格或监视器上显示图像。10 s 后，VM 会向 EC1 和 DC/Web 客户端发送 Bye 消息终止监控关系。其次，VM 通知 DC/Web 客户端与 EC2 建立监控关系，EC2 将实时流发送给 DC/Web 客户端，DC/Web 客户端在窗格或监视器上显示图像。10 s 后，VM 会向 EC2 和 DC/Web 客户端发送 Bye 消息终止监控关系。最后，EC1 和 EC2 的通道视频会持续交替显示在窗格和监视器上，直到轮切业务被终止。

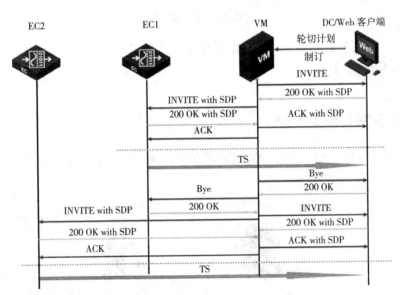

图 5.5　轮切流程

对硬轮切还可以指定基于时间段执行的轮切计划。轮切计划分为按日和按周两种方式，且都可以支持最大 16 个例外时间。在配置了例外的时间段里，执行例外指定的计划，原有计划将不起作用。

（4）巡航流程

巡航是指摄像机云台无须人为干预，会按照预先制订的计划进行转动。

在进行巡航操作前，需要先为云台设置一些预置位，再在 Web 客户端上为云台制订巡航计划。在巡航计划中还需要制订巡航的执行周期，在执行周期中可以指定一些例外时间段。在例外时间段中，巡航计划可以停止执行或按照例外指定的计划执行。

如图 5.6 所示，制订好巡航计划后，VM 会通过 SNMP Set Request 操作将巡航计划下发到 EC，EC 会向 VM 回应 SNMP Set Response。此后，在巡航计划时间段内，EC 会自动执行巡航。

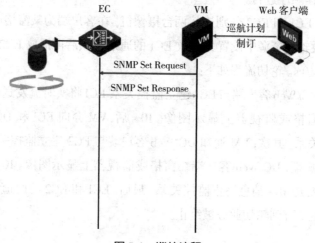

图 5.6　巡航流程

另一种巡航为手动巡航，手动巡航可以选择一条巡航路线启用。手动巡航也是通过 SNMP 消息下发给 EC 执行。

5.2.2　存储回放备份业务流程

存储回放流程包括 EC 实时存储、客户端存储、DM 检索录像、客户端回放录像等流程，如图 5.7 所示。

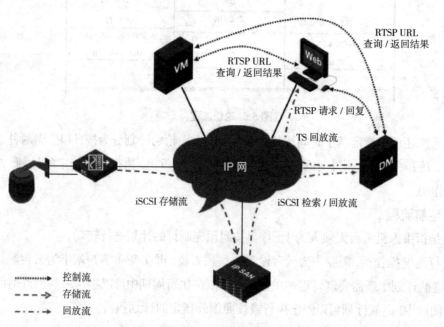

图 5.7　存储回放流程

EC 进行实时存储时, 通过 iSCSI 协议挂载 IP SAN, 并将音视频数据以块的方式存放在存储资源中。EC 实时存储又可分为按计划存储、手工存储和告警联动存储 (事件触发存储)。EC 具备存储资源的读/写权限。

客户端存储可直接将接收的 TS 流 (传输流) 存放到客户端本地, 便于将来回放。

DM 通过 iSCSI 协议挂载所管理的所有存储资源并建立索引库, 便于录像的巡检及后续回放。DM 具备存储资源的读权限。

客户端录像回放采用标准的 RTSP 协议完成, DM 作为 RTSP Server, 客户端可以向 DM 发起回放请求, 在回放过程中还可以通过 RTSP 进行录像控制。DM 发送给客户端的录像数据采用 TS 封装。

本小节以 VX1500 为例进行存储流程介绍, IX/EX 系列存储设备可参见 VX1500。由于 VX500 既具有 DM 功能也具有 IP SAN 存储功能, 因此将本节内容中的 DM 和 IP SAN 视为一台设备, 即可理解 VX500 的存储流程。

(1)按计划录像存储流程

按计划录像存储流程如图 5.8 所示。

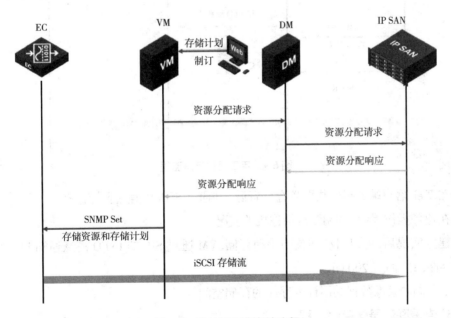

图 5.8　按计划录像存储流程

EC 按计划录像存储的流程如下:

①在 Web 客户端为每一个摄像机配置存储计划, 并指定存储资源。配置中需要指定摄像机对应的 IP SAN 设备、存储空间、数据保留期 (天数或空间大小) 及录像存储时段等 (可以按周或天配置存储计划, 每天可以指定 4 个时间段; 另外, 还可以配置最多 16 个例外的计划)。

②VM 给管理存储设备的 DM 下发资源分配信息, DM 在存储设备上分配指定空间大小

的资源, 并将结果返回给 VM。

③ VM 通过 SNMP 消息给摄像机对应的 EC 下发存储资源和存储计划信息。

④ EC 与指定的存储设备 (IP SAN) 建立 iSCSI 数据通道, 并按照存储计划进行数据的存储。当存储的数据达到预先分配的空间后, 覆盖最早写入的数据, 循环存储。

用户可以对配置的存储计划进行使能 / 不使能操作。如果执行了不使能操作, 则 VM 通过 SNMP 消息通知 EC 暂停录像存储, 使能后则重新恢复存储。

（2）手工录像存储流程

手工录像存储的流程如图 5.9 所示。

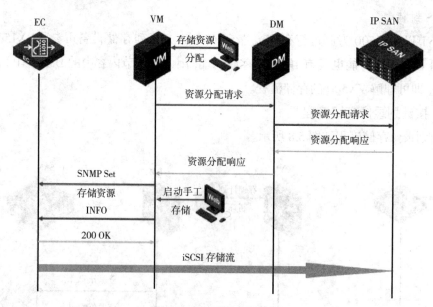

图 5.9　手工录像存储流程

①在 Web 客户端给摄像机配置存储资源, 并通过 SNMP 消息下发给 EC。

②在业务操作界面, 调阅制订摄像机的实况。

③建立实况后, 可以启动和关闭手动存储, VM 通过 SIP 的 INFO 消息通知 EC 启动 / 停止手动存储, EC 回应 200 OK。

手工存储的录像数据共用计划存储的存储空间。

（3）告警联动录像存储流程

告警联动录像存储流程如图 5.10 所示。

①在 Web 客户端给摄像机配置存储资源, 并通过 SNMP 消息下发至 EC。

②用户配置告警联动, 指定联动动作作为录像存储。

③告警触发后, 终端通过 SIP/SNMP 消息发送告警信息到中心 (温度告警使用 SNMP 协议上报, 其他告警使用 SIP 协议上报), 中心启动告警联动, 通过 SIP 消息通知 EC 启动告警联动录像存储。

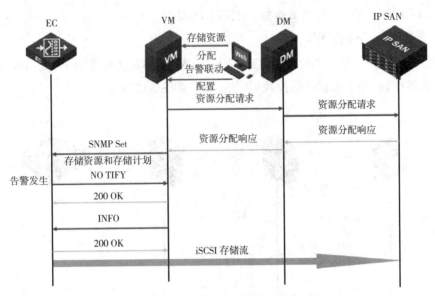

图 5.10　告警联动录像存储流程

每次告警联动录像的时间缺省为 60 s(可配置为 30~1 800 s)。告警前录像时间为固定时间, 在默认码率下不小于 5 s。告警联动存储的录像数据共用计划存储的存储空间。

(4) 客户端录像存储流程

客户端录像存储的流程如图 5.11 所示。

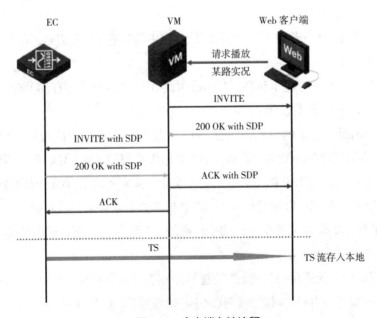

图 5.11　客户端存储流程

客户端先请求建立一路摄像机的实况到窗格, 实况建立后, 客户端便可以启动 / 停止该摄像机的客户端本地录像存储, 在客户端上还可以指定录像的存储路径。

客户端本地的录像以文件方式存放，直接将 TS 流写入文件。

（5）录像回放、下载流程

中心存储的录像回放采用标准的 RTSP 协议完成。媒体流为标准的 TS 流。DM 在资源分配时进行资源挂载，用于录像的巡检及后续的回放，如图 5.12 所示。

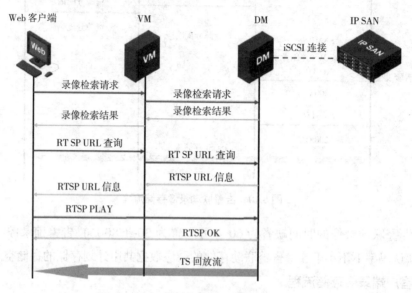

图 5.12　录像回放、下载流程

录像回放、下载流程如下：

① Web 客户端向 VM 发起数据检索请求（该请求中携带有 EC 通道号、起始和终止时间），VM 转发该请求给 DM。

② DM 按照 EC 通道号、起始和终止时间检索，将该 EC 通道实际存储的时间段信息返回给 VM，VM 返回给界面后进行显示。

③ Web 客户端根据指定的时间段信息，向 VM 发起查询对应时间段的录像 RTSP URL 信息。VM 转发该请求给 DM，DM 返回正确的 RTSP URL 信息给 VM，VM 收到后返回给客户端。

④客户端根据得到的 RTSP URL 直接向 DM 发起录像回放请求（DM 作为 RTSP Server）。

⑤回放过程中，客户端可以通过标准的 RTSP 信令进行录像的回放控制。

客户端本地存储的录像文件中存放的是标准的 TS 流。此时，客户端回放时直接读取 TS 流文件，进行录像的回放和控制。

客户端远程录像下载采用回放流程实现。用户在客户端上指定录像文件的保存路径，启动下载流程，客户端通过 RTSP 回放流程获取中心录像数据，获取到的 TS 流数据直接写入文件中。

（6）备份流程

备份流程包含 BM 备份流程和 Web 客户端备份录像检索回放流程，如图 5.13 所示。

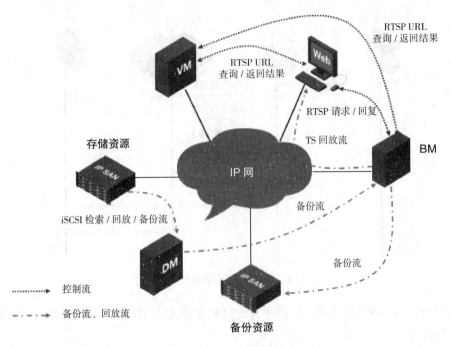

图 5.13　备份流程

录像备份可分为按计划备份、手工备份和告警联动备份。备份资源分为 DM 管理的 IP SAN 资源和 BM 直接挂载的第三方存储资源。

无论备份资源为 DM 管理的 IP SAN 还是 BM 直接挂载的第三方存储,首先都要为 BM 分配备份存储资源。当到达备份时间窗口后,BM 对计划、手工、告警的备份任务进行调度,从存储资源中获取存储流,备份到备份资源中。

客户端备份录像回放采用标准的 RTSP 协议完成,BM 作为 RTSP Server。备份录像检索回放流程和普通录像检索回放流程基本相同。

无论是计划备份、手工备份还是告警联动备份,备份任务的启动都受到备份时间窗口的限制。也就是说,在操作配置上已启动的备份任务若在时间窗口之外,系统将把任务放入队列进行排队等待启动;当时间窗口的开始时间到达后,才会启动备份任务。备份任务的处理优先级别从高到低分别是告警联动备份、手工备份、计划备份。

(7) 按计划录像备份流程

本小节以 DM 管理的 IP SAN 作为备份资源的计划备份为例进行介绍。

按计划录像备份的流程如图 5.14 所示。

①首先划分资源给 BM 管理,用于 BM 存储备份录像。备份资源的分配流程和为 EC 分配存储资源的流程相似。

②给摄像机分配备份资源,即将 BM 管理的资源划分一部分给摄像机,用于存储该摄像机备份的录像。划分方式有两种,一种为独占模式,即划分的备份资源只用于该摄像机备

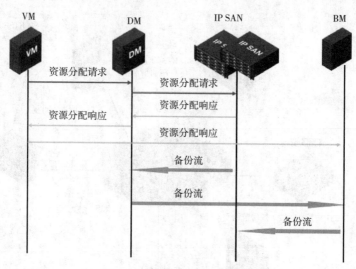

图 5.14　按计划录像备份流程

份录像的存储;另一种为共享模式,即所有通过共享模式占用相同 BM 的摄像机共同使用该 BM 的备份资源。

③当备份时间窗口到达时,BM 根据备份计划将备份计划周期内的录像备份到备份资源。

BM 获取录像流有两种方式。当备份源录像位于 DM 管理的 IP SAN 或 VX500,且 DM 和 BM 没有安装在同一台服务器上时,BM 通过下载流程从 DM 处获取录像;当 DM 和 BM 安装在同一台服务器上时,BM 直接挂载 IP SAN 获取录像。

手工备份和告警联动备份流程与上述流程类似。手工备份先要检索录像,然后单击"备份"触发备份流程;告警联动备份先要完成告警联动的配置,然后由某种告警触发备份流程。

（8）备份录像回放流程

备份录像的回放流程如图 5.15 所示。

① Web 客户端向 VM 发起备份数据检索请求,该请求中携带摄像机编号、起始和终止时间,VM 转发该请求给 BM。

② BM 按照摄像机编号、起始和终止时间检索,将该摄像机实际存储的时间段信息返回给 VM,VM 返回给界面后显示出来。

③ Web 客户端根据指定的时间段信息,向 VM 发起查询对应时间段的录像 RTSP URL 信息。VM 转发该请求给 BM,BM 返回正确的 RTSP URL 信息给 VM,VM 收到后返回给客户端。

④客户端根据得到的 RTSP URL 直接向 BM 发起录像回放请求（BM 作为 RTSP Server）。

⑤回放过程中,客户端可以通过标准的 RTSP 信令进行录像的回放控制。

5.2.3　转存业务流程

与录像备份相似,转存的存储资源可以是 DM 管理的 IP SAN,也可以是第三方存储。无

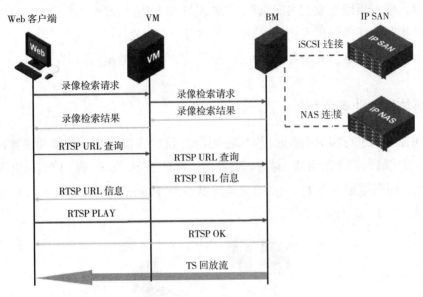

图 5.15 备份录像的回放流程

论存储资源是哪一种,首先都要为 BM 分配存储资源,当到达备份时间窗口后,BM 对计划的转存任务进行调度,从编码器中获取实况流,并将实况流存储到转存资源中。

转存流程如图 5.16 所示。

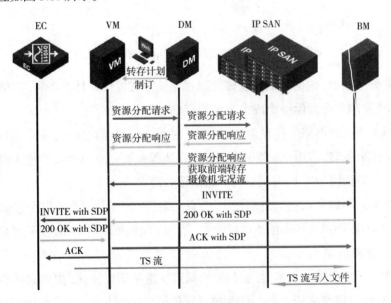

图 5.16 转存业务流程

①在 Web 客户端为摄像机配置转存计划,并指定存储资源。

② VM 给管理存储设备的 DM 下发资源分配信息,DM 在存储设备上分配指定空间大小的资源并将结果返回给 VM。

③ BM 通知 VM 获取前端转存摄像机的实况流。

④ VM 向前端摄像机发起实况流程,其流程与 Web/DC 实况流程一致。

⑤ BM 接收前端摄像机发送的视频流,并将其转存至文件中。

当存储的数据到达预先分配的空间后,覆盖最早写入的数据,循环存储。

5.2.4 媒体转发业务流程

采用单播方式进行实况播放时,当网络中需要接收视频流的解码终端和视频客户端数量较多时,会加重编码终端的负荷,对编码终端的性能造成很大的影响,使编码终端成为系统瓶颈。通过使用媒体服务器 MS 可以有效地降低编码终端的负荷,增加同时收看同一路实况的客户端数,如图 5.17 所示。

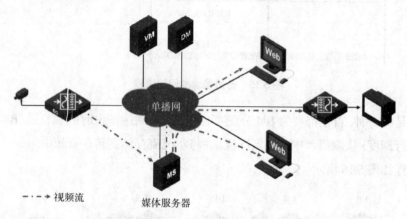

图 5.17 单播方式的媒体转发、分发业务流程

使用媒体服务器时,编码终端将媒体流通过单播方式发给媒体服务器,媒体服务器按照需求,将媒体流复制并分发给一个或多个解码客户端。

编码终端无须考虑网络中存在多少接收者,对同一路摄像机图像,编码终端只需发送一份媒体流给媒体服务器,多用户复制分发工作由媒体服务器完成。此时,即使编码终端的接入带宽有限,也可以满足多用户同时观看同一路图像的需求。

通过组播方式可以降低编码终端压力,节省网络带宽。但如果存在部分接收端的网络不支持组播,则编码器仍需发送单播流给接收者,增加了编码终端的负荷,而采用媒体服务器可以解决该问题,如图 5.18 所示。

在上述情况下使用媒体服务器,编码终端只需发送组播媒体流,媒体服务器加入组播媒体流,并将接收的组播媒体流重新封装为单播媒体流并进行复制分发。解码客户端接收单播媒体流进行解码播放。

在编码端,对每一路摄像机图像,编码终端只需要发送一份组播媒体流。在解码端,媒体服务器需要为每一个接收者复制分发一份单播媒体流。

媒体转发、分发的交互过程,如图 5.19 所示。

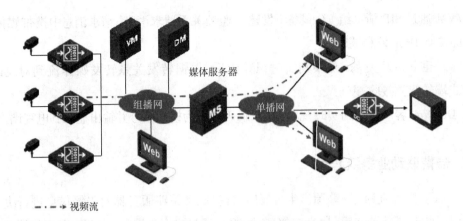

- - - ▶ 视频流

图 5.18　组播方式的媒体转发、分发业务流程

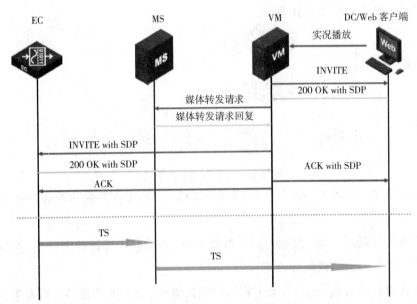

图 5.19　媒体转发、分发的交互过程

在客户端发起实况业务请求时,首先由 VM 进行媒体流的转发方式决策。如需经过 MS,
则由 MS 转发的业务流程如下:

① VM 先通过 SIP 的 INVITE 消息通知媒体接收设备(DC/Web 客户端)建立监控关系;
DC/Web 客户端在回应消息 200 OK 中携带接收方的 IP 地址、端口号以及单 / 组播等媒体参数,
VM 收到 200 OK 后回应 ACK 消息进行确认。

② VM 进行 MS 的选择。如果用户在配置 EC 时指定了特定的 MS,则直接选用该 MS,否
则根据负载均衡的策略选择合适的 MS,并发送建立监控关系消息请求给 MS,在请求消息中
携带 EC 的 IP 地址、DC/Web 客户端的 IP 地址和端口。

③ MS 在回应消息中携带自己接收(从 EC 接收)和发送(发送给 DC/Web 客户端)的 IP
地址和端口。

④VM 通过 SIP 消息给 EC 设备下发建立监控关系请求消息，请求消息中携带媒体参数和 MS 的接收 IP 地址和端口。

⑤MS 建立转发关系，在收到实时视频流后，根据转发关系转发媒体流到对应的 DC/Web 客户端的媒体接收端口。

⑥DC/Web 客户端收到实时视频流后，解码还原为模拟信号并输出显示到电视墙。

5.2.5 告警联动业务流程

告警联动执行流程：告警源产生告警后，告警联动策略服务器对告警信息进行决策；告警联动设备收到联动策略后，执行告警联动；最后通过实况上墙、云台调取预置位等方式，展现告警联动结果。

告警联动业务流程如图 5.20 所示。

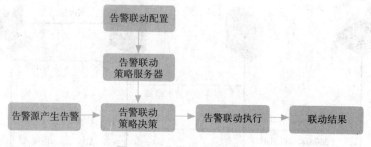

图 5.20　告警联动业务流程

告警联动策略可以分为前端设备告警联动策略、服务器告警联动策略和用户端告警联动策略。

前端设备告警联动策略：包括告警上报服务器、点亮或闪烁设备告警灯、声音告警（前端开关量输出联动）、云台恢复预置位。

服务器告警联动策略：包括告警上报用户端告警台、通知前端设备告警发生，执行相应告警联动策略、通知警前、警后录像、建立相应前端设备和特定 DC 的监控关系，进行实时监控等。

用户端告警联动策略：包括触发前端设备到用户端的实时监控功能、多画面时显示告警画面的窗口加红框、GIS 地图摄像机图标闪烁。

（1）告警源分类

告警源可分为内部告警源、外部告警源和第三方设备告警源。内部告警源包括摄像机和编解码器；外部告警源包括编码器 I/O 的外接设备（如红外、烟感、紧急按钮等）；第三方设备告警源包括接入到监控系统中第三方厂商所发送的告警。

（2）告警联动类型

①若告警源为编解码器，则可产生的告警联动类型通常包括设备温度告警和风扇故障告警。

②若告警源为摄像机,则可产生的告警联动类型通常包括视频丢失告警、运动检测告警和其他业务功能类告警(如摄像机存储异常告警)。

③若告警源为外部的设备,则告警联动类型可分为输入开关量告警、开关量线路短路告警和开关量线路断路告警。

④若告警源为第三方设备,则告警联动类型与第三方设备发送至监控系统的告警类型相关。

进行告警联动配置之前,需要确认设备已启动告警功能,并对告警的相关参数已进行配置。设备类告警(温度告警、风扇告警)及视频丢失告警是 24 h 布防,其余告警联动动作必须配置布防计划,否则告警不会产生联动。

(3)告警联动动作

当某一个告警源的某种类型的告警发生时,可以触发联动一个指定的动作。动作包括实况某路图像到 Web 客户端、实况某路图像到监视器、将某个云台摄像机转到预置位、将某路图像存储、从终端输出开关量给外部设备、联动录像备份、联动到制订好的告警预案、联动短信猫自动发送告警短信、联动邮件服务器自动发送告警邮件。

(4)告警联动流程

告警联动流程包括配置流程和执行流程。告警联动配置流程主要包括告警源指定、联动类型指定和联动动作指定。告警联动执行流程包括告警源产生告警、服务器进行决策和联动设备执行动作。

如图 5.21 所示,以运动检测告警联动实况到窗格为例,其告警联动流程如下:

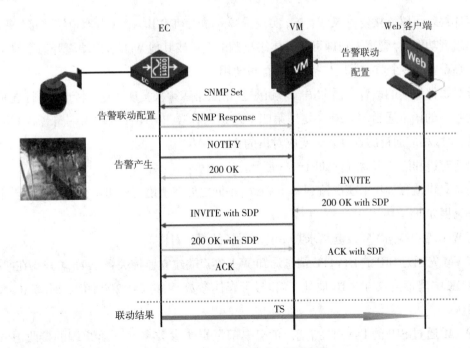

图 5.21　运动检测联动实况到窗格

①在 Web 客户端进行运动检测告警联动配置,VM 会将配置通过 SNMP 下发给前端设备 EC。

②当 EC 检测到运动发生时,通过 SIP 的 NOTIFY 消息上报给 VM 服务器,VM 服务器回应 200 OK。

③VM 服务器进行告警联动决策,根据告警联动配置,通过 SIP 消息通知 EC 和 Web 客户端建立实况监控关系。

④EC 将实时视频流发送到对应的 Web 客户端,Web 客户端接收视频解码在窗格上显示。

5.2.6　语音对讲和语音广播业务流程

语音对讲是指 Web 客户端与媒体终端之间一对一的语音对讲。语音广播是指 Web 客户端与媒体终端之间的一对多的单向对讲。语音对讲和语音广播如图 5.22 所示。

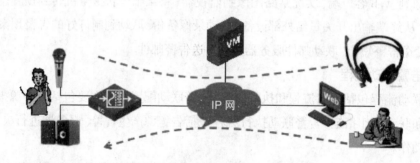

图 5.22　语音对讲和语音广播

媒体终端可以连接麦克风和音响,实现音频的输入和输出。在 Web 客户端连接耳麦并启用双向语音功能后,管理人员即可与媒体终端侧的人员或其他 Web 客户端展开语音对讲。当监控中心需要向多个监控场所广播语音时,可使用语音广播功能。

针对媒体终端的语音广播和语音对讲是复用随路音频来实现的这一特点,单通道 EC 直接复用唯一的语言通道,EC2004 复用第四个通道的音频,EC1102 复用第一路音频。当语言对讲开启时,相应通道的音频就会变成对讲的音频。

语音对讲和语音广播流程如图 5.23 所示。

语音对讲流程和单播实况流程基本一致,不同之处在于语音对讲不会通过 MS 转发。语音对讲流程如下:

①Web 客户端向 VM 发起请求某一前端设备的语音对讲。

②VM 先通过 SIP 的 INVITE 消息通知 Web 客户端建立监控关系,Web 客户端在回应消息 200 OK 中携带接收方的 IP 地址、端口号等媒体参数,VM 收到 200 OK 后回应 ACK 消息进行确认。

③VM 通过 SIP 的 INVITE 消息(消息中携带媒体参数和 Web 客户端的接收 IP 地址

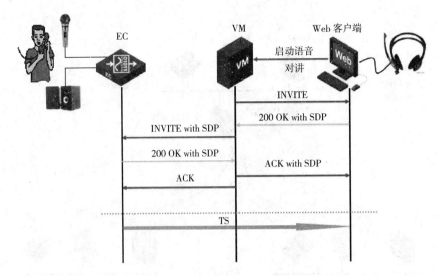

图 5.23　语音对讲和语音广播流程

和端口）通知 EC 设备建立监控关系，EC 回应 200 OK，VM 收到后回应 ACK。

④ EC 向 Web 客户端发送音频数据。

⑤ Web 客户端收到实时音频流后，解码并通过耳麦将声音传达给接收者。

语音广播，相当于 Web 客户端同时发起多个语音对讲的会话过程。

5.2.7　多级多域业务流程

多级多域采用域间互联协议作为域间级联标准，从应用上可分为上下级域和平级域。IVS 解决方案中的多级多域支持多个域间互联标准，包括 DB33、GB 28181（国标）以及 IMOS。上下级域具有较好的扩展性，便于所有遵守 DB33 标准的不同厂商设备的接入；平级域域间没有上下级之分，可以满足小规模多域模式下互联互通业务的基本需要。

在大型监控网络应用系统中，视频监控系统根据应用的需要将整个系统划分为独立的若干监控系统，集中到同一平台内互通，进行统一管理和调配，此时就需要进行多级多域的配置。

多级多域业务流如图 5.24 所示。

多级多域的业务流分为上下级域的域间信令流、上下级域的域间媒体流和平级域的域间媒体流。

上下级域的域间信令流包括域间注册、设备推送信令流和实时监控、录像回放等业务调度信令流。

平级域的域间媒体流包括实时视频流和回放视频流。

（1）DB33 标准简介

浙江省公安厅于 2007 年制定发布了《跨区域视频监控联网共享技术规范》(DB33/T 629—2007)，简称 DB33 标准。DB33 标准采用 SIP 协议作为域间通信的信令协议，淡化了共

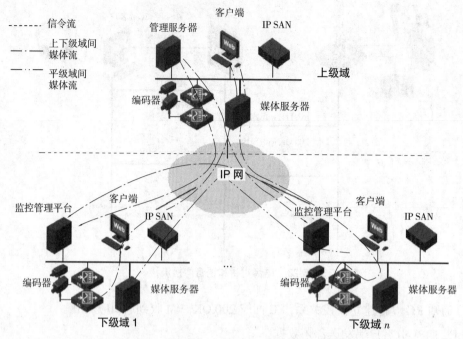

图 5.24　多级多域业务流

享平台内部具体的技术参数,侧重于定义平台间的联网单元,解决了监控平台间互联互通的问题。DB33 标准自诞生之日起在 2010 年、2012 年经历两次补充修订,在此基础上形成了 DB33—2010 和 DB33—2012,当前 DB33—2012 已经成为主要应用标准。

　　DB33 标准主要包括 4 部分内容:总规范、联网单元、设备描述与控制协议、用户及设备管理。

　　(2)DB33- 域间平台注册、设备推送流程

　　DB33- 域间平台注册、设备推送流程如图 5.25 所示。

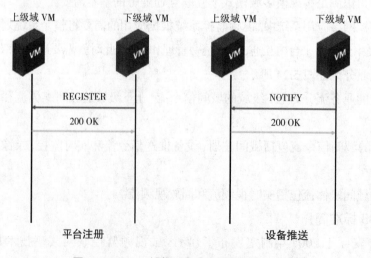

图 5.25　DB33- 域间平台注册、设备推送流程

平级域中两个域具有相同的域等级,可以视作两个域互为上下级域,因此平级域间的信令和业务流程可以参考上下级域的情况。上下级域的业务流程包含域间平台注册、设备推送和实况回放等流程。

(3) DB33- 多级多域实况播放流程

上级域实况播放下级域的视频时, VM 作为 SIP 呼叫的代理来建立跨域的实况,流程如图 5.26 所示。

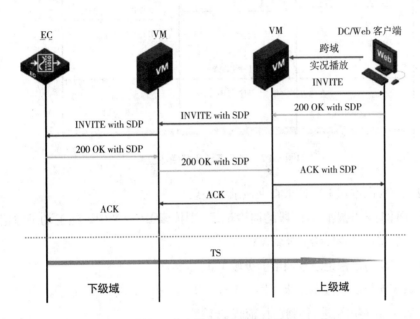

图 5.26　多级多域实况播放流程

①上级域的 Web 客户端发起实况播放请求,请求下级域的某路视频。

②上级域 VM 先发送空的 INVITE 消息给 DC/Web 客户端。

③ DC/Web 客户端回应 200 OK, 通过 SDP 携带自己的媒体信息,包括支持的媒体格式、接收媒体流的地址、端口等。

④上级域 VM 根据媒体协商的策略对 SDP 进行变更 (如经过 MS 则需要将媒体流接收地址、端口替换为 MS 的接收地址和端口),再发送 INVITE 消息给 EC,携带 SDP 信息。

⑤下级域 VM 根据媒体协商的策略对 SDP 进行变更,再发送 INVITE 消息给 EC,携带 SDP 信息。

(4) DB33- 多级多域点播回放流程

DB33- 多级多域点播回放流程包括跨域的录像检索和跨域录像回放,如图 5.27 所示。

跨域录像检索流程为:

①上级域 Web 客户端向本域 VM 请求按条件查询下级域中某 EC 某通道的录像记录。

②上级域 VM 通过 DO 消息向下级域 VM 请求录像记录。

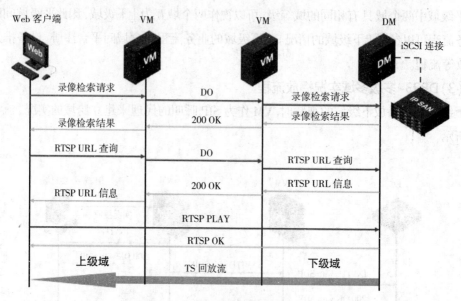

图 5.27　多级多域点播回放流程

③下级域 VM 向本域 DM 请求查询该录像记录。

④若 DM 此时未生成该时间段的巡检记录，则检索 IP SAN 中该通道的录像记录，当检索到录像记录后将记录返回给下级域 VM。

⑤下级域 VM 将录像记录返回给上级域 VM。

⑥上级域 VM 将录像检索结果返回给 Web 客户端，由 Web 客户端显示。

当上级域 Web 客户端进行回放时，流程如下：

①Web 客户端发送 RTSP URL 查询请求给上级域 VM，VM 通过 DO 消息将请求发送给下级域 VM。

②下级域 VM 将获得的 RTSP URL 信息返回给上级域的 VM，上级域 VM 将其返回给 Web 客户端。

③上级域 Web 客户端直接向下级域 DM 发起 RTSP PLAY 请求，请求 EC 位于该时间段的录像视频。

（5）DA 接入实况流程

接入第三方 DVR 和 IPC 需要使用设备代理服务器 DA，在 IVS 系统中，DA 采用外域的方式接入系统，如图 5.28 所示。

通过 DA 接入第三方设备进行实况流程如下：

①DA 作为外域注册到 IVS 系统中的上级域 VM。

②在 DA 上添加第三方 DVR 或 IPC。

③Web 客户端发起实况请求后，VM 会在 DA 和 Web 客户端之间建立监控关系。

④DA 通过 SDK 获取 DVR 或 IPC 的视频流，并单播转发给 Web 客户端；若系统中有 MS，也可以通过 MS 转发给更多的 Web 客户端。

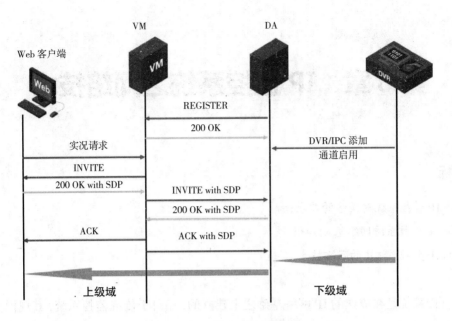

图 5.28　DA 接入实况流程

(6) DA 接入回放流程

通过 DA 进行第三方 DVR 或 IPC 的录像检索和回放的流程和普通上下级域录像检索回放流程类似，如图 5.29 所示。

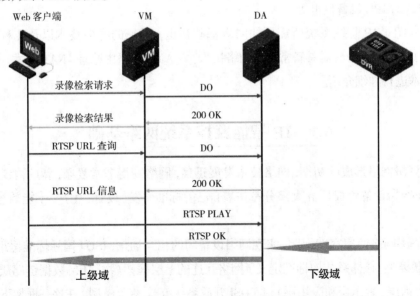

图 5.29　DA 接入回放流程

① Web 客户端发起回放请求，在检索并获取 RTSP 的 URL 后，DA 会通过 SDK 获取 DVR 上的录像，并发送给 Web 客户端。

②由于 IPC 的录像直接存储在 DA 上，因此对于 IPC 的录像回放，DA 会直接从本地获取录像并转发给 Web 客户端。

第6章 | IP 监控系统之网络技术

学习目标

　　了解 IP 监控系统对网络的要求；

　　掌握 IP 监控系统网络基础知识；

　　熟悉 IP 监控系统中的网络技术。

　　IP 监控系统是在成熟的 IP 网络基础之上建立的，相对于传统监控系统，其规模更大、范围更广、扩展性更好。一个完整的监控网络系统在设计时，需要考虑接入带宽的大小、流量的突发情况、接入方式的多样性以及承载网络的稳定性。在某些特定的网络场景还需要考虑网络在远距离传输时的影响，以及网络安全的因素等。监控网络系统在网络技术的应用上也有突出的特点，如采用组播技术降低视频监控流量压力、采用 EPON 方式接入前端设备、采用 POE 方式对 IPC 设备供电等。

　　本章介绍了 IP 监控系统所需要的网络基础知识，常见的网络技术以及几种典型组网方案，并对监控系统中所需具备常用的网络接入、VLAN、IP 路由原理、NAT 技术原理和组播等网络技术进行详细介绍。

6.1　IP 智能监控系统网络基础

　　在计算机网络形成的初期，网络技术发展迅猛，网络变得非常复杂，新的协议和技术不断产生，而网络设备生成厂商大部分都按着自己的标准研发、设计、生产，不能兼容，很难相互通信。

　　为了解决网络的兼容性问题，实现网络设备间的相互通信，ISO（国际标准化组织）提出了网络互联模型。该体系结构标准定义了网络互连的七层框架（物理层、数据链路层、网络层、传输层、会话层、表示层和应用层），即 OSI 开放系统互连参考模型。在这一框架下进一步详细规定了每一层的功能，以实现开放系统环境中的互连性、互操作性和应用的可移植性。

　　TCP/IP 是 "Transmission Control Protocol/Internet Protocol" 的简写，中文译名为 "传输控制协议 / 互联网络协议"，它是一种网络通信协议，规范了网络上的所有通信设备，尤其是一个主机与另一个主机之间的数据往来格式以及传送方式。TCP/IP 是 INTERNET 的基础协议，也是一种电脑数据打包和寻址的标准方法。在数据传送中，可以形象地理解为有两个信封，TCP 和 IP 就像是信封，要传递的信息被划分成若干段，每一段塞入一个 TCP 信封，并在该信封面上记录有分段号的信息，再将 TCP 信封塞入 IP 大信封，发送上网。在接收端，一个 TCP 软件包收集信封，抽出数据，按发送前的顺序还原，并加以校验，若发现差错，TCP 将会要求重发。因此，TCP/IP 在 INTERNET 中几乎可以无差错地传送数据。对普通用户来说，并不需要了解网络协议的整个结构，仅需了解 IP 的地址格式，即可与世界各地进行网络通信。

OSI 参考模型中不同层具有不同的功能，各层相互配合通过标准的接口进行通信。

(1)第一层：物理层

处于 OSI 参考模型的最底层。物理层的主要功能是利用物理传输介质为数据链路层提供物理连接，以便透明地传送比特流。常用设备有（各种物理设备）集线器、中继器、调制解调器、网线、双绞线、同轴电缆。数据发送时，从第七层传到第一层，接收数据则相反。

上三层总称应用层，用来控制软件方面；下四层总称数据流层，用来管理硬件。除了物理层之外其他层都是用软件实现的。数据在发至数据流层的时候将被拆分。在传输层的数据称为段，网络层称为包，数据链路层称为帧，物理层称为比特流，这样的叫法称为 PDU（协议数据单元）。

物理层是计算机网络 OSI 模型中最底的一层，为传输数据所需要的物理链路创建、维持、拆除，从而提供具有机械的、电气的、功能的和规程的特性。物理层的接口的特性：

机械特性：指明接口所用的接线器的形状和尺寸、引线数目和排列、固定和锁定装置，等等。

电气特性：指明在接口电缆的各条线上出现的电压的范围。

功能特性：指明某条线上出现的某一电平的电压表示何意。

规程特性：指明对于不同功能的各种可能事件的出现顺序。

信号的传输离不开传输介质，而传输介质两端必然有接口用于发送和接收信号。因此，既然物理层主要关心如何传输信号，物理层的主要任务就是规定各种传输介质和接口与传输信号相关的一些特性。

(2)第二层：数据链路层

在此层将数据分帧，并处理流量控制。屏蔽物理层为网络层提供一个数据链路的连接，在一条有可能出差错的物理连接上，进行几乎无差错的数据传输（差错控制）。本层指定拓扑结构并提供硬件寻址。常用设备有网卡、网桥、交换机。

数据链路层是 OSI 参考模型中的第二层，介于物理层和网络层之间。数据链路层在物理层提供的服务的基础上向网络层提供服务，其最基本的服务是将源自网络层来的数据可靠地传输到相邻节点的目标机网络层。为达到这一目的，数据链路必须具备一系列相应的功能，主要有：如何将数据组合成数据块，在数据链路层中称这种数据块为帧（frame），帧是数据链路层的传送单位；如何控制帧在物理信道上的传输，包括如何处理传输差错，如何调节发送速率以使与接收方相匹配；以及在两个网络实体之间提供数据链路通路的建立、维持和释放的管理。

交换机工作于 OSI 参考模型的第二层，即数据链路层。交换机内部的 CPU 会在每个端口成功连接时，通过将 MAC 地址和端口对应，形成一张 MAC 表。在今后的通信中，发往该 MAC 地址的数据包将仅送往其对应的端口，而不是所有的端口。因此，交换机可用于划分数据链路层广播，即冲突域；但它不能划分网络层广播，即广播域。

交换机拥有一条很高带宽的背部总线和内部交换矩阵。交换机的所有端口都挂接在这条背部总线上，控制电路收到数据包以后，处理端口会查找内存中的地址对照表以确定目的 MAC（网卡的硬件地址）的 NIC（网卡）挂接在哪个端口上，通过内部交换矩阵迅速将数据包传送到目的端口，目的 MAC 若不存在，广播到所有的端口，接收端口回应后交换机会"学习"新的 MAC 地址，并把它添加到内部 MAC 地址表中。使用交换机也可以把网络"分段"，通过对照 IP 地址表，交换机只允许必要的网络流量通过交换机。

从交换机的作用和转发报文过程看，我们可以将传统以太网交换机的特点归纳如下：

①它主要工作在 OSI 模型的物理层、数据链路层，不依靠三层地址和路由信息。

②传统交换机提供以太局域网间的桥接和交换，而不必连接不同种类的网络。

③交换机上的数据交换依靠 MAC 地址映射表，这个表是交换机自行学习到的，而不需要互相交换目的地的位置信息。

（3）第三层：网络层

本层通过寻址来建立两个节点之间的连接，为源端的运输层送来的分组，选择合适的路由和交换节点，正确无误地按照地址传送给目的端的运输层。它包括通过互联网络来路由和中继数据；除了选择路由之外，网络层还负责建立和维护连接，控制网络流量的拥塞以及在必要的时候生成计费信息。常用设备有路由器。

网络层的主要功能如下：

①编址。网络层为每个节点分配标识，这就是网络层的地址（Address）。地址的分配也为从源到目的的路径选择提供了基础。

②路由。网络层的关键作用是确定从源到目的的数据传递应该如何选择路由，网络层设备在计算路由之后，按照路由信息对数据包进行转发。执行网络层路由选择的设备称为路由器。

③异种网络互连。通信链路和介质类型是多种多样的，每一种链路都有其特殊的通信规定，网络层必须能够工作在多种多样的链路和介质类型上，以便能够跨越多个网段提供通信服务。

网络层重要的设备是路由器（Router），又称网关设备（Gateway），是用于连接多个逻辑上分开的网络，所谓逻辑网络是代表一个单独的网络或者一个子网。当数据从一个子网传输到另一个子网时，可通过路由器的路由功能来完成。因此，路由器具有判断网络地址和选择 IP 路径的功能，它能在多网络互联环境中，建立灵活的连接，可用完全不同的数据分组和介质访问方法连接各种子网,路由器只接受源站或其他路由器的信息,属网络层的一种互联设备。

根据路由器的作用,主要有如下4个特点:

①按照 ISO/OSI 参考模型,路由器主要工作在物理层、数据链路层和网络层。

②路由器的接口类型比较丰富,因此可以用来连接不同介质的"异质"网络,比照第一个特点,也可以看出,路由器因此要支持比较丰富的物理层和链路层的协议和标准。

③路由器依靠路由转发信息对 IP 报文转发。这是 IP 层也是路由器的核心功能。

④为了形成路由表和转发表,路由器要交互路由等协议控制信息。

IP 协议的主要作用包括:

①标识节点和链路。IP 为每个链路分配一个全局唯一的网络号以标识每个网络;为节点分配一个全局唯一的 32 个 IP 地址,用以标识每一个节点。

②寻址和转发。IP 路由器通过根据掌握的路由信息,确定节点所在网络的位置并进而确定节点所在的位置,并选择适当的路径将 IP 包转发到目的节点。

③适应各种数据链路。为了工作于多样化的链路和介质,IP 必须具备适应各种链路的能力,例如可以根据链路的 MTU(Maximum Transfer Unit,最大传输单元)对 IP 包进行分片和重组,可以建立 IP 地址到数据链路层地址的映射以及通过实际的数据链路传递信息。

典型的 IP 互联网由众多的路由器和网段构成。每个网段对应一个链路。路由器在这些网段之间执行数据转发服务。路由器的主要功能包括:

①连接分离的网络。路由器的每个接口处于一个网络,将原本孤立的网络连接起来,实现大范围的网络通信。

②链路层协议适配。由于链路层协议的多样性,不同类的链路之间不能直接通信。路由器可以适配各种数据链路的协议和速率,使其间的通信成为可能。

③在网络之间转发数据包。为了实现这个功能,路由器之间需要运行网关到网关协议(Gateway to Gateway Protocol, GGP)交换路由信息和其他控制信息,以了解去往每个目的网络的正确路径,典型的 GGP 包括 RIP、OSPF、BGP 等路由协议。

IP 网络的包转发是逐跳(Hop by Hop)进行的,即包括路由器在内的每一个节点要么将一个数据包直接发送给目的节点,要么将其发送给到目的节点路径上的下一跳(Next Hop)节点,由下一跳继续将数据包转发下去。数据包必须历经所有的中间节点之后才能到达目的。每一个路由器或主机的转发决策都是独立的,其依据是存储于自身路由表(Routing Table)中的路由。

32 位的 IP 地址分为两部分,即网络号和主机号,分别把他们叫作 IP 地址的"网间网部分"和"本地部分"。子网编制技术将"本地部分"进一步划分为"物理网络"部分和"主机"两部分,其中"物理网络"部分用于标识同一 IP 网络地址下的不同物理地址,常称为"掩码位""子网掩码号"或者"子网掩码 ID",不同子网就是依据掩码 ID 来识别的。

子网的划分,实际上就是设计子网掩码的过程。子网掩码主要是用来区分 IP 地址中的网络 ID 和主机 ID, 它用来屏蔽 IP 地址的一部分, 从 IP 地址中分离出网络 ID 和主机 ID。子网掩码是由 4 个十进制数组成的数值, 中间用: ". "分隔, 如 255.255.255.0。若将它写成二进制的形式为: 11111111 .11111111 .11111111 .00000000, 其中为"1"的位分离出网络 ID, 为"0"的位分离出主机 ID, 也就是通过将 IP 地址与子网掩码进行"与"逻辑操作, 得出网络号。

每类地址具有默认的子网掩码: 对于 A 类为 255.0.0.0, 对于 B 类为 255.255.0.0, 对于 C 类为 255.255.255.0。除了使用上诉的表示方法之外, 还有使用子网掩码中"1"的位数来表示的, 在默认情况下, A 类地址为 8 位, B 类地址为 16 位, C 类地址为 24 位, 例如, A 类的某个地址为 12.10.10.3/8, 这里的最后一个"8"说明该地址的子网掩码为 8 位, 而 199.42.26.0/28 表示网络 199.42.26.0 的子网掩码位数有 28 位。

如果希望在一个网络中建立子网, 就要在这个默认的子网掩码加入一些位, 使它减少用于主机地址的位数, 加入掩码中的位数决定了可以配置的子网, 因此, 在一个划分了子网的网络中, 每个地址包含一个网络地址、一个子网位数和一个主机地址。

子网掩码与 IP 地址进行逐位逻辑与运算获得网络地址。

主机部分全为 0 的 IP 地址成为网络地址。网络地址用来标识一个网段。例如 192.168.1.0/24。

主机部分全为 1 的 IP 地址是网段广播地址。这种地址用于标识一个网络内的所有主机。例如, 192.168.1.255 是网络 192.168.1.0 内的广播地址, 表示网络 192.168.1.0 内的所有主机。一个发往 192.168.1.255 的 IP 包将会被该网段内的所有主机接收。

除去网络地址和广播地址, 子网内剩余的 IP 地址为主机 IP 地址。假设子网的主机号位数为 24, 常见的表示为 192.168.1.0/24, 则可用的主机地址数为 232+24-2=254 个。

(4)第四层:传输层

为会话层用户提供一个端到端的可靠、透明和优化的数据传输服务机制, 包括全双工或半双工、流控制和错误恢复服务; 传输层把消息分成若干个分组, 并在接收端对他们进行重组。不同的分组可以通过不同的连接传送到主机。这样既能获得较高的带宽, 又不影响会话层。在建立连接时传输层可以请求服务质量, 该服务质量指定可接受的误码率、延迟量、安全性等参数, 还可以实现基于端到端的流量控制功能。

传输层主要为两台主机上的应用程序提供端到端的连接, 使源端、目的端主机上的对等实体可以进行会话。

在 TCP/IP 协议族的传输层协议中主要包括 TCP 和 UDP (User Datagram Protocol, 用户数据报协议)。其中 TCP 是面向连接的, 可以保证通信两端的可靠传递, 支持序号重组、差错重传和流量控制。而 UDP 是无连接的, 它提供非可靠性数据传输, 数据传输的可靠性由应用层保证。

UDP 报文没有序列号、确认、超时重传和滑动窗口, 没有任何可靠性保证。因此基于 UDP 的应用和服务通常用于可靠性较高的网络环境下。

UDP 的优势：

①实现简单，占用资源少。由于抛弃了复杂的机制，不需要维护连接状态，也省去了发送缓存，因此 UDP 协议可以很容易地运行在处理能力低、资源少的节点上。

②带宽浪费小，传输效率高。UDP 头比 TCP 头的尺寸小，而且 UDP 节约了 TCP 用于确认带宽的消耗，因此提高了带宽利用率。

③延迟小。由于不需要等待确认和超时，也不需要考虑窗口的大小，UDP 发送方可以持续而快速地发送数据。对于很多应用而言，特别是实施应用，重新传输实际上没有意义。

（5）第五层：会话层

在两个节点之间建立端连接，为端系统的应用程序之间提供了对话控制机制。此服务包括建立连接是以全双工还是以半双工的方式进行设置，尽管可以在第四层中处理双工方式；会话层管理登入和注销过程。它具体管理两个用户和进程之间的对话，如果在某一时刻只允许一个用户执行一项特定的操作，会话层协议就会管理这些操作，如阻止两个用户同时更新数据库中的同一组数据。

（6）第六层：表示层

主要用于处理两个通信系统中交换信息的表示方式。为上层用户解决用户信息的语法问题。它包括数据格式转换、数据加密和解密、数据压缩与终端类型的转换。

（7）第七层：应用层

OSI 参考模型中的最高层。为特定类型的网络应用提供了访问 OSI 环境的手段。应用层确定进程之间通信的性质，以满足用户的需要。应用层不仅要提供应用进程所需要的信息交换和远程操作，而且还要作为应用进程的用户代理，来完成一些为进行信息交换所必需的功能。应用层能与应用程序界面沟通，以达到展示给用户的目的。常见的协议有 HTTP、HTTPS、FTP、TELNET、 SSH、SMTP、POP3 等。

为了使数据分组从源传送到目的地，源端 OSI 模型的每一层都必须与目的端的对等层进行通信，这种通信方式称为对等层通信。在这一过程中，每一层的协议在对等层之间交换信息，该信息成为协议数据单元（PDU）。

封装（Encapsulation）是指网络节点将要传送的数据用特定的协议打包后传送。多数协议是通过在原有数据之前加上封装头（Header）来实现封装的，一些协议还要在数据之后加上封装尾（Trailer），而原有数据此时便成为载荷（Payload）。在发送方，OSI 七层模型的每一层都对上层数据进行封装，以保证数据能够正确无误地到达目的地；而在接收方，每一层又对本层的封装数据进行解封装，并传送给上层，以便数据被上层所理解。

与 OSI 参考模型一样，TCP/IP 也采用层次化结构，每一层负责不同的通信功能。但是 TCP/IP 协议简化了层次设计，只分为 4 层，分别是应用层、传输层、网络层和网络接口层。

IP 将来自传输层的数据段封装成 IP 数据包并交给网络接口层进行发送，同时将来自网络接口层的帧进行解封装并根据 IP 协议号（Protocol Number）提交给相应的传输层协议进行处理。TCP 的 IP 协议号为 6, UDP 的 IP 协议号为 17。

6.2 IP 智能监控系统中的网络技术

IP 监控系统以 IP 网络为承载,监控应用的成功部署与成熟高效的 IP 网络技术息息相关,其中网络接入方式、VLAN 技术、路由技术、NAT 技术以及组播技术对监控业务的影响尤为重要。

网络的互联互通是实现 IP 监控的基础。监控网络的互联主要指终端设备、中心管理平台以及存储设备的网络接入,终端设备主要包括编解码器以及 IPC,中心管理平台包含视频管理平台、视频管理客户端、数据管理平台和媒体交换服务器。

网络设备的工作原理就在于对数据包的转发,交换机设备根据 MAC 地址 ARP 表项进行数据转发,路由器设备则根据 IP 地址路由表进行数据转发。

监控网络的互通要求合理规划 VLAN、IP 地址并保证设备间的路由可达。对一些端口可以设置端口隔离以减少端口间的广播流量。在组网规模较大时,需要使用路由技术完成跨网段间的数据通信,常见的路由技术包括直连路由和静态路由,以及由路由协议获取的动态路由协议。

组播是 IP 监控系统相较于传统监控系统的重要优势之一,使用组播技术可以实现编码器视频图像单点发送,网络中解码器和视频管理客户端多点接收,从而有效地减轻了编码器以及网络的负载。

6.2.1 接入技术

视频监控前端设备有多种接入方式,传统模式的模拟视频监控系统受制于模拟信号的传输方式,大多以同轴电缆或光纤的方式传输。IP 数字视频监控系统支持丰富多样的接入方式。

常见的有 LAN 接入方式,使用普通网线,传输距离在 100 m 以内,若支持 LTE(Long Trans Ethernet, 长距以太网)技术,最长可支持 300 m 距离传输。

园区里使用光纤接入或 EPON 接入的方式较多。光纤传输一般分为单模光纤与多模光纤,多模光纤传输距离不超过 2 km,更远的距离要采用单模光纤的方式。EPON 基于以太网的 PON 技术,采用点到多点结构,无源光纤传输,在以太网之上提供数据传输业务。它综合了 PON 技术和以太网技术的优点:低成本、高带宽、扩展性强,与现有以太网兼容,方便管理等。EPON 接入有 EPON 子卡及 ONU 两种不同的接入方式,EPON 子卡方式接入安全性更高。

长距离有 WAN 的方式接入,通过运营商线路,使用路由器接入,这种接入方式可以实现超远距离传输,成本较高。若采用 Internet 线路传输数据,则服务质量无法保证。

无线接入方式有 Wi-Fi、3G/4G 接入,目前采用 Wi-Fi 接入方式较多,线路成本也较低,多应用在部署线缆不方便的地方。

视频监控系统前端单元主要包括 IPC 和编码器。模拟摄像头采用视频线缆直接和编码器的视频输入端口连接，由于摄像头可能处于各种监控场所，所以编码器以及 IPC 可能有多种网络方式接入，包括 LAN 接入、EPON 接入、ADSL 接入、无线接入等方式，最常用的是 LAN 接入。

LAN 接入包括电口接入和光口接入两种方式。在实际监控应用中，可以根据需求以及网络端设备提供的接口类型选择合适的接入方式，如图 6.1 所示。

电口接入方式：使用编码器的电口，通过网线上连至交换机的电口。这种方式通用、廉价、随处可得，带宽可以达到 100 M/s，但是连接距离较短，通常在 100 m 之内。

图 6.1　前端单元链路接入

光口接入方式：使用编码器的光口，通过光纤上连至交换机的 100M 光口。这种方式采用 SFP 接入，抗干扰能力强，带宽可以达到 100 M/s，传输距离较远，可以达到 80 km。

EPON 通过光纤双向传输方式，实现视频、语音和数据等业务的综合接入，为解决接入技术中的"最后一公里问题"而生。

EPON 采用非对称式点到多点结构，中心端设备 OLT（Optical Line Terminal，光线路终端）既是一个交换路由设备，又是一个多业务提供平台，它提供面向无源光纤网络的光纤接口（PON 接口）。OLT 与多个接入端设备 ONU（Optical Network Unit，光网络单元）通过 POS（Passive Optical Splitter，无源分光器）连接，POS 是一个简单设备，它不需要电源，可以置于相对宽松的环境中，一般一个 POS 的分光比为 2、4、8、16、32，并可以多级连接，如图 6.2 所示。

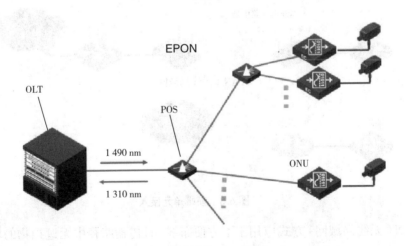

图 6.2　前端单元 EPON 接入

EPON 适合于监控组网中的编码器远距离接入。EPON 有如下优点：

①节省大量光纤和光收发器,较传统光纤接入方案成本低。

②大量使用无源设备,可靠性高,显著降低维护费用。

③组网模型不受限制,可以灵活组建树形、星形拓扑网络。

④提供非常高的带宽。EPON目前可以提供上下行对称的 1 GB/s 的带宽,并且随着以太网技术的发展可以升级到 10 GB/s。

⑤应用广泛,不仅是运营商宽带接入,也可作为广电视频的传输网络,以及视频监控的图像传输网络。现阶段十分适合我国 FTTB 网络的建设和广电的 HFC 双向改造,以及运营商的大客户宽带接入。

EPON 接入方式:编码器、IPC 外插一个 ONU 子卡,与分光器的分支光纤相连,或通过以太网口上行接 ONU 设备来接入 EPON 网络。若采用 ONU 子卡的方式,OLT 设备绑定了 ONU 子卡的 MAC 地址,更换了其他设备,则 MAC 地址与绑定的不一致将无法接入。若采用 ONU 设备的方式,OLT 设备绑定的是 ONU 设备的 MAC 地址,而 ONU 设备可以接入多台计算机,因此 ONU 子卡的方式安全性更好。

ADSL 适合偏远地区或者对图像质量要求不高的场合。ADSL 上行带宽通常为 512 kB/s,下行带宽为 1~2 MB/s,距离可以达到 1 ~ 5 km。采用 ADSL 接入方式时,可以直接进行 ADSL 拨号接入网络,也可以通过网线连接到前端的 ADSL 接入设备(如路由器)的电口,前端接入设备再外接 ADSI Modem。目前这种接入方式市场上较为少见,如图 6.3 所示。

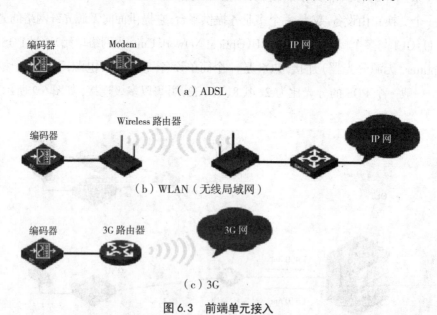

（a）ADSL

（b）WLAN（无线局域网）

（c）3G

图 6.3　前端单元接入

WLAN(无线局域网)方式应用于不方便布线,且传输路径中无遮挡物的场所。目前,WLAN 带宽可达到 540 MB/s,使用 AP 时,距离可以达到五六百米,使用无线网桥时,可以达到 1 500 m,采用 WLAN 方式接入时,编码器需要使用电口,通过网线上连至无线网桥的电口,无线网桥再以无线的方式连接对端的无线网桥,对端的无线网桥通过电口连接至接入交换机,从而接入 IP 网络。

在某些特殊的场合还可以通过 3G 链路承载监控业务,通过 3G 方式可以增加无线监控的距离,不受 AP 覆盖范围影响。但是 3G 方式上行带宽有限且信号覆盖有限,通常只能满足一路视频图像传输的需求。

POE(Power Over Ethernet)指的是在现有的以太网布线基础架构不作任何改动的情况下,在为一些基于 IP 的终端(如 IP 电话机、无线局域网接入点 AP、网络摄像机等)传输数据信号的同时,还能为此类设备提供直流供电的技术。POE 技术能在确保现有结构化布线安全的同时保证现有网络的正常运作,最大限度地降低成本。

POE 也被称为基于局域网的供电系统或有源以太网,有时也被简称为以太网供电,这是利用现存标准以太网传输电缆的同时传送数据和电功率的最新标准规范,并保持了与现存以太网系统和用户的兼容性。IEEE 802.3af 标准是基于以太网供电系统 POE 的新标准,它在 IEEE 802.3 的基础上增加了通过网线直接供电的相关标准,是现有以太网标准的扩展,也是第一个关于电源分配的国际标准。IEEE 在 2005 年开始开发新的 POE 标准 802.3at(POE Plus)以提升 PQE 可传送的电力。

当解码器和视频管理客户端通过单播接收实时视频图像时,只需要将解码器和视频管理客户端连接至交换机,同时保证视频码流带宽满足要求。

当解码器和视频管理客户端需要组播接收实时视频图像时,监控网络中的交换机必须支持组播功能。三层交换机需要支持 IGMP、 PIM-SM 协议,二层交换机需要支持 IGMP Snooping 以及未知组播丢弃,防止组播报文在二层广播发送。

IP SAN 通常使用单千兆链路或双千兆链路聚合方式与网络相连,以满足实时存储和点播对高带宽的需求。

数据管理服务器负责存储流的转发,而媒体服务器负责实时流的转发,对带宽需求较高,需要通过千兆网口接入网络。

由于视频管理服务器只负责设备的管理而不进行媒体流的转发,所以视频管理服务器对带宽的要求较低,可以采用 10/100M 以太网口接入。

设备接入的带宽选择是根据服务器转发流量的大小来判断接入所需要的带宽,一般而言,服务器参与视频流的转发、存储,均需要千兆网口接入。

6.2.2 VLAN 介绍

VLAN(Virtual Local Area Network,虚拟局域网)技术的出现,主要为了解决交换机在进行局域网互联时无法限制广播的问题。这种技术可以把一个物理局域网划分为多个虚拟局域网,每个 VLAN 就是一个广播域,VLAN 内的主机间通信就和在一个 LAN 内一样,而 VLAN 间的主机则不能直接互通,这样,广播数据帧被限制在一个 VLAN 内。

在计算机网络中，一个二层网络可以被划分为多个不同的广播域，一个广播域对应了一个特定的用户组，默认情况下这些不用的广播域是相互隔离的。不同的广播域之间想要通信，需要通过一个或多个路由器，这样的一个广播域就成为 VLAN。

目前，绝大多数以太网交换机都能支持 VLAN。使用 VLAN 来减少广播域的范围，减少 IAN 内的广播流量，是高效率、低成本的方案。

VLAN 限制网络上的广播，将网络划分为多个 VLAN 可减少参与广播风暴的设备数量。IAN 分段可以防止广播风暴波及整个网络。VLAN 可以提供建立防火墙的机制，防止交换网络的过量广播。使用 VLAN，可以将某个交换端口或用户加入某一个特定的 VLAN 组，该 VLAN 组可以在一个交换网中跨接多个交换机，在一个 VLAN 中的广播不会送到 VLAN 之外。同样，相邻端口不会收到其他 VLAN 产生的广播。这样可以减少广播流量，释放带宽给用户应用，减少广播的产生。

基于端口的 VLAN 是最简单、最有效的 VLAN 划分方法，它按照设备端口来定义 VLAN 成员。将指定端口加入指定 VLAN 中之后，该端口就可以转发指定 VLAN 的数据帧。

基于 IP 子网的 VLAN 是根据报文源 IP 地址及子网掩码作为依据来进行划分的。设备从端口接收到报文后，根据报文中的源 IP 地址，找到与现有 VLAN 的对应关系，然后自动划分到指定 VLAN 中转发。此特性主要用于将指定网段或 IP 地址发出的数据在指定的 VLAN 中传送。

除了以上两种常见的 VLAN 划分方式，还有基于协议、基于 MAC 地址的 VLAN 划分方式，在视频监控系统的承载网络中使用得较少。

以太网交换机根据 MAC 地址表来转发数据帧。MAC 地址表中包含了端口和端口所连接终端主机 MAC 地址的映射关系。交换机从端口接收到以太网帧后，通过查看 MAC 地址表来决定从哪一个端口转发出去。如果端口接收到的是广播帧，则交换机把广播帧从除源端口外的所有端口转发出去。

在 VLAN 技术中，通过给以太网帧附加一个标签（Tag）来标记这个以太网帧能够在哪个 VLAN 中传播。这样，交换机在转发数据帧时，不仅要查找 MAC 地址来决定转发到哪个端口，还要检查端口上的 VLAN 标签是否匹配。

IEEE 在 802.1Q 中定义了在以太网帧中所附加标签的格式。

在传统的以太网帧中添加了 4 个字节的 802.1Q 标签后，成为带有 VLAN 标签的帧（Tagged Frame）。而传统的不携带 802.1Q 标签的数据帧称为未打标签的帧（Untagged Frame）。802.1Q 标签头包含了 2 个字节的标签协议标识（TPID）和 2 个字节的标签控制信息（TCI）。TPID（Tag Protocol Identifier）是 IEEE 定义的新的类型，表明这是一个封装了 802.1Q 标签的帧。TPID 包含了一个固定的值 0×8 100。

TCI（Tag Control Information）包含帧的控制信息，它包含了下面的一些元素。

Priority：定义用户优先级，包括 8 个（2^3）优先级别。IEEE 802.1P 为 3 bit 的用户优先级定义了操作。

CFI：以太网交换机中，规范格式指示器总被设置为0。由于兼容性，CFI常用于以太网类网络和令牌环类网络之间，如果在以太网端口接收的帧具有CFI，那么设置为1，表示该帧不进行转发，这是因为以太网端口是一个无标签端口。

VLAN ID是对VLAN的识别字段，在标准802.1Q中常被使用。该字段为12位，支持4096(2^{12})VLAN的识别。在4096可能的VID中，VID=0用于帧优先级。4095(FFF)作为预留值，所以VLAN配置最大可能值为4094。

交换机根据数据帧中的标签来判定数据帧属于哪一个VLAN，那么标签是从哪里来的呢？VLAN标签是由交换机端口在数据帧进入交换机时添加的。这样做的好处是，VLAN对终端主机是透明的，终端主机不需要知道网络中VLAN是如何划分的，也不需要识别带有802.1Q标签的以太网帧，所有的相关事情由交换机负责。

当终端主机发出的以太网帧到达交换机端口时，交换机检查端口所属的VLAN，然后给进入端口的帧打相应的802.1Q标签。端口所属的VLAN称为端口默认VLAN，又称为PVID（Port VLAN ID）。

同样，为保持VLAN技术对主机透明，交换机负责剥离出端口的以太网帧的802.1Q标签。

①只允许默认VLAN的以太网帧通过的端口称为Access链路类型端口。Access端口在收到以太网帧后打VLAN标签，转发出端口时剥离VLAN标签，对终端主机透明，所以通常用来连接不需要识别802.1Q协议的设备，如终端主机、路由器等。

VLAN技术是网络中构架虚拟工作组，划分不同的用户到不同的工作组，同一个工作组的用户也不必局限于某一固定的物理范围。

VLAN跨越交换机时，需要交换机之间传递的以太网数据帧带有802.1Q标签。这样，数据帧所属的VLAN信息才不会丢失。

②允许多个VLAN帧通过的端口称为Trunk链路类型端口。Trunk端口可以接收和发送多个VLAN的数据帧，且在接收和发送过程中不对帧中的标签进行任何操作。

默认VLAN帧是例外。在发送帧时，Trunk端口要剥离默认VLAN帧中的标签；同样，交换机从Trunk端口接收到不带标签的帧时，要打上默认VLAN标签。Trunk端口一般用于在交换机之间互连。

③除了Access链路类型和Trunk链路类型端口外，交换机还支持第三种链路类型端口，称为Hybrid链路类型端口。Hybrid端口可以接收和发送多个VLAN的数据帧，同时还能够指定对任何VLAN帧进行剥离标签操作。

当网络中大部分主机之间需要隔离，但这些隔离的主机又需要与另一台主机互通时，可以使用Hybrid端口。

默认情况下，交换机只有VLAN1，所有的端口都属于VLAN1且是Access链路类型端口。进行VLAN配置的基本步骤如下。

①在系统视图下创建 VLAN 并进入 VLAN 视图。配置命令为: VLAN VLAN-id

②在 VLAN 视图下将指定端口加入 VLAN 中。配置命令为: port interface-List

Trunk 端口能够允许多个 VLAN 的数据帧通过, 通常用于在交换机之间互连。配置某个端口成为 Trunk 端口的步骤如下。

①在以太网端口视图下指定端口链路类型为 Trunk。配置命令为: port Link-type trunk

②默认情况下, Trunk 端口只允许默认 VLAN 即 VLAN1 的数据帧通过。所以, 要在以太网端口视图下指定哪些 VLAN 帧能够通过当前 Trunk 端口。配置命令为: port trunk permit VLAN {VLAN-id-list|all}

③必要时, 可以在以太网端口视图下设定 Trunk 端口的默认 VLAN。配置命令为: port trunk pvid VLAN VLAN-id

图 6.4 所示是 VLAN 的基本配置示例。图中 PCA 与 PCC 属于 VLAN10, PCB 与 PCD 属于 VLAN20, 交换机之间使用 Trunk 端口相连, 端口的默认 VLAN 是 VLAN1。

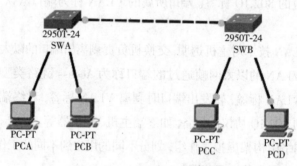

图 6.4　VLAN 的基本配置示例

配置 SWA:

[SWA]VLAN 10

[SWA-VLAN10]port Ethernet1/0/1

[SWA]VLAN 20

[SWA-VLAN20]port Ethernet1/0/2

[SWA]interface Ethernet1/0/24

[SWA-Ethernet1/0/24]port link-type trunk

[SWA-Ethernet1/0/24]port trunk permit VLAN 10 20

配置 SWB:

[SWB]VLAN 10

[SWB-VLAN10]port Ethernet1/0/1

[SWB]VLAN 20

[SWB-VLAN20]port Ethernet1/0/2

[SWB]interface Ethernet1/0/24

[SWB-Ethernet1/0/24]port link-type trunk

[SWB-Ethernet1/0/24]port trunk permit VLAN 10 20

配置完成后，PCA 与 PCC 能够互通，PCB 与 PCD 能够互通；但 PCA 与 PCB，PCC 与 PCD 之间不能够互通。

在任意视图下可以使用 display VLAN 命令来查看交换机当前启用的 VLAN。

6.2.3　IP 路由原理

路由协议作为 TCP/IP 协议族中重要成员之一，选路过程实现的好坏会影响整个网络的效率，其作用是实现将一个网络的数据包发送到另一个网络，路由就是指导 IP 数据包发送的路径信息。路由协议是在路由指导 IP 数据包发送过程中事先约好的规定和标准。

路由提供了异构网互联的机制，实现将一个网络的数据包发送到另一个网络，路由就是知道 IP 数据包发送的路径信息。

在网络中进行路由选择要使用路由器，路由器只是根据所收到数据的报头的目的地选择一个合适的路径（通过某一个网络），将数据包传送到下一个路由器，路径上最后的路由器负责将数据包送交目的主机。数据包在网络上的传输就好像是体育运动中的接力赛一样，每一个路由器只负责自己本站数据包通过最优路径转发，通过多个路由器一站接一站地将数据包通过最优路径转发到目的地，当然有时候由于实施一些路由策略数据包通过的路径并不一定是最优路由。

路由分为静态路由和动态路由，其相应的路由表成为静态路由表和动态路由表。静态路由表由网络管理员在系统安装时根据网络的配置情况预先设定，网络结构发生变化后由网络管理员手工修改路由表。动态路由随网络运行情况的变化而变化，路由器根据路由协议提供的功能自动计算数据传输的最佳路径，由此得到动态路由表。

根据路由的目的地不同，可以划分为子网路由和主机路由。

在确定最佳路径的过程中，路由选择算法需要初始化和维护路由选择表（Routing Table）。

路由选择表中包含的路由选择信息根据路由选择算法的不同而不同。一般在路由表中包括这样一些信息：目的网络地址、下一跳地址、出接口、对某条路径优先级、预期路径信息等。

路由器转发数据包的关键是路由表。每个路由器中都保存着一张路由表，表中每条路由项都指明数据包到某子网或某主机应通过路由器的哪个物理端口发送，然后就可到达该路径的下一个路由器，或者不再经过别的路由器而传送到直接相连的网络中的目的主机。

路由器中包含了下列关键项。

目的地址（Destination）：用来标识 IP 包的目的地址或目的网络。

网络掩码（Mask）：与目的地址一起来标识目的主机或路由器所在的网段的地址。将目的地址和网络掩码"逻辑与"后可得到目的主机或路由器所在网段的地址。例如，目的地址为8.0.0.0。掩码位255.0.0.0的主机或路由器所在网段的地址为8.0.0.0。掩码由若干个连续"1"构成，既可以用点分十进制表示，也可以用掩码中连续"1"的个数来表示。

输出接口（Interface）：说明IP包将从该路由器哪个接口转发。

下一跳IP地址（Next Hop）：说明IP包所经由的下一个路由器的接口地址。

路由器就是通过匹配路由表里的表项来实现数据包的转发。当路由器收到一个数据包的时候，将数据包的目的IP分别与路由表中的目的IP地址的掩码作"与"的操作，如果"与"后的IP与该目的IP地址相同，说明路由匹配，该数据包即按照该路由项的下一跳地址进行转发。但是当路由表中存在多个表项可以同时匹配目的IP时，路由查找进程会选择其中掩码最长的表项用于转发，此即为最长匹配。

路由的来源主要有以下3种。

直连路由：有链路层协议发现的路由，开销小，配置简单，无须人工维护，只能发现本接口所属网段拓扑的路由。

静态路由：一种特殊的路由，由管理员手工配置完成。通过静态路由的配置可建立一个互通的网络，但这种配置问题在于，当一个网络故障发生后，静态路由不会自动修正，必须有管理员的接入。静态路由无开销，配置简单，适合简单拓扑结构的网络。

动态路由：当网络拓扑结构十分复杂时，手工配置静态路由工作量大而且容易出现错误，这时就可用动态路由协议，让其自动发现和修改路由，无须人工维护，但动态路由协议开销大，配置复杂。

度量值代表距离。它们用来在寻找路由时确定最优路由。每一种路由算法在产生路由表时，都会为每一条通过网络的路径产生一个数值（度量值），最小的值表示最优路径。度量值的计算可以只考虑路径的一个特性，但更复杂的度量值是综合了路径的多个特性产生的。

到相同的目的地，不同的路由协议（包括静态路由）可能会发现不同的路由，但并非这些路由都是最优的。事实上，在某一时刻，到某一目的地的当前路由仅能由唯一的路由协议来决定。这样，各路由协议（包括静态路由）都被赋予了一个优先级，这样，当存在多个路由信息源时，具有较高优先级（数值越小表明优先级越高）的路由协议发现的路由将成为最优路由，并被加入路由表中。

不同厂家的路由器对于各种路由协议优先级的规定各不相同。除了直接路由外，各动态路由协议都可根据用户需求，手工进行配置。另外，每条路由的优先级也不相同。

H3C路由器的缺省优先级见表6.1。

表 6.1 H3C 路由器的缺省优先级

路由协议或路由种类	相应的路由优先级
DIRECT	0
OSPF	10
STATIC	60
RIP	100
IBGP	256
OSPF ASE	150
EBGP	256
UNKNOWN	256

6.2.4 NAT 技术原理

NAT（Network Address Transition，网络地址转换）是 1994 年提出的。当在专用网内部的一些主机本来已经分配到了本地 IP 地址（即仅在本专用网内使用的专用地址），但现在又想和因特网上的主机通信（并不需要加密）时，可使用 NAT 方法。

IP 地址分为公有地址和私有地址，公有地址（Public Address，也可称为公用地址）由因特网信息中心（Internet Information Center）负责。这些 IP 地址分配给注册并向 Internet NIC 提出申请的组织机构。通过它直接访问因特网，它是广域网范畴内的。私有地址（Private Address，也可称为专用地址）属于非注册地址，专门为组织结构内部使用，它是局域网范畴内的，出了所在局域网是无法访问因特网的。留用的内部私有地址目前主要有以下几类。

A 类：10.0.0.0-10.255.255.255

B 类：172.16.0.0-172.31.255.255

C 类：192.168.0.0-192.168.255.255

装有 NAT 软件的路由器称为 NAT 路由器，它至少有一个有效的外部全球 IP 地址。这样，所有使用私有地址的主机在和外界通信时，都要在 NAT 路由器上将其本地地址转换成全球 IP 地址，才能和因特网连接。

NAT 的实现方式有 3 种，即静态转换 Static Nat、动态转换 Dynamic Nat 和端口多路复用 Overload。

静态转换：将内部网络的私有 IP 地址转换为公有 IP 地址，IP 地址对是一对一的，是一成不变的，某个私有 IP 地址只转换为某个公有 IP 地址。借助于静态转换，可以实现外部网络对内部网络中某些特定设备（如服务器）的访问。

动态转换：将内部网络的私有 IP 地址转换为公用 IP 地址时，IP 地址是不确定的，是随机的，所有被授权访问上 Internet 的私有 IP 地址可随机转换为任何指定的合法 IP 地址。也就是说，只要指定哪些内部地址可以进行转换，以及用哪些合法地址作为外部地址时，就可以动态转换。动态转换可以使用多个合法外部地址集。当 ISP 提供的合法 IP 地址略少于网络内部的计算机数量时，可以采动态转换的方式。

端口多路复用：改变外出数据包的源端口并进行端口转换，即端口地址转换（Port Address Transition, PAT）采用端口多路复用方式。内部网络的所有主机均可共享一个合法外 IP 地址实现对 Internet 的访问，从而可以最大限度地节约 IP 地址资源。同时，又可隐藏网络内部的所有主机，有效避免来自 Internet 的攻击。因此，目前网络中应用最多的就是端口多路复用方式。

ALG（Application Level Gateway），即应用程序级网关技术。传统的 NAT 技术只对 IP 层和传输层头部进行转换处理，但是一些应用层协议，在协议数据报文中包含了地址信息。为了使这些应用也能透明地完成 NAT 转换，NAT 使用一种称作 ALG 的技术，它能对这些应用程序在通信时所包含的地址信息也进行相应的 NAT 转换。例如，对 FTP 协议的 PORT/PASV 命令、DNS 协议的 "A" 和 "PTR"queries 命令和部分 ICMP 消息类型等都需要相应的 ALG 来支持。

如果协议数据报文中不包含地址信息，则很容易利用传统的 NAT 技术来完成透明的地址转换功能，通常我们使用的如下应用就可以直接利用传统的 NAT 技术：HTTP、TELNET、FINGER、NTP、NFS、ARCHIE、RLOGIN、RSH、RCP 等。

在视频监控的网络系统中，静态转换以及端口多路复用技术相对应用得较多。

6.2.5 组播技术

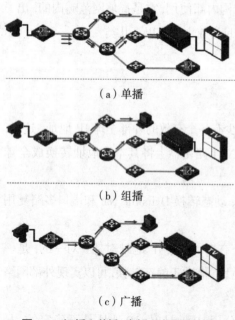

（a）单播

（b）组播

（c）广播

图 6.5 组播和单播、广播多点传送比较

传统的 IP 通信有两种方式：第一种是在一台源 IP 主机和一台目的 IP 主机之间进行，即单播（Unicast）；第二种是在一台源 IP 主机和网络中所有其他的 IP 主机之间进行，即广播（Broadcast）。如果要将信息发送给网络中的多个主机而非所有主机，则要么采用广播方式，要么由源主机分别向网络中的多台目标主机以单播方式发送 IP 包。采用广播方式实现时，不仅会将信息发送给不需要的主机而浪费带宽，也可能由于路由回环引起严重的广播风暴；采用单播方式实现时，由于 IP 包的重复发送会白白浪费大量带宽，也增加了服务器的负载。所以，传统的单播和广播通信方式不能有效地解决单点发送多点接收的问题，如图 6.5 所示。

IP 组播是指在 IP 网络中将数据包以尽力传

送（Best-Effort）的形式发送到网络中的某个确定节点子集，这个子集称为组播组（Multicast Group）。IP组播的基本思想是，源主机只发送一份数据，这份数据中的目的地址为组播组地址；组播组中的所有接收者都可接收到同样的数据备份，并且只有组播组内的主机（目标主机）可以接收该数据，网络中其他主机不能收到。组播组用ID类IP地址（224.0.0.0~239.255.255.255）来标识。

作为一种与单播和广播并列的通信方式，组播技术能够有效地解决单点发送、多点接收的问题，从而实现了网络中点到多点的高效数据传送，能够节约大量网络带宽、降低网络负载。利用组播技术可以方便地提供一些新的增值业务，包括在线直播、网络电视、远程教育、远程医疗、网络电台、实时视频会议等对带宽和数据交互的实时性要求较高的信息服务。

单播可以通过建立多个点对点的连接来达到点对多点的传输效果。如果编码器需要将一路视频图像发送给多个视频管理客户端和解码器，则编码器需要将视频图像编码压缩，并为每一个接收者封装一份IP报文并发送，IP报文的目的IP地址为各个接收者。当接收者数量较多时，编码器会成为视频监控系统性能的瓶颈，同时还在网络中造成大量流量，增加网络负载。

广播属于点对点的通信。如果采用广播方式发送视频图像，编码器只需要发送一份IP报文，由于报文目的IP地址为广播地址，所以网络中的接收者都可以收到视频图像，与此同时，一些不需要接收视频图像的设备也会收到该视频。广播报文过多会造成网络带宽的浪费甚至会影响中心平台的运行。

组播介于单播和广播之间，当编码器采用组播方式发送视频图像时，只需要发送一份IP报文，报文在网络中传送时，只有在需要复制分发的地方才会被复制，每一个网段只会保留一份报文，而只有加入组播组的接收者才会收到报文，这样就可以减轻编码器的负担，同时节省网络带宽。

组播可以实现将报文发送给一组接收者，这是因为组播报文的目的IP地址使用了一种特殊的IP地址——组播IP地址。IANA（Internet Assigned Numbers Authority，互联网编号分配委员会）将IPV4地址中的D类地址空间分配给组播使用，范围从244.0.0.0到239.255.255.255，其中可以在编码器通道上配置的地址范围为224.0.2.0~238.255.255.255。

IMOS平台对组播端口范围进行了限制范围为10002~32766的偶数端口号。此外需要注意的是地址协议分配组播IP与组播MAC时有一个32∶1的映射关系，因此组播地址的后两位尽量有所区分从而减轻上层设备区别组播IP时的性能压力。

IP组播地址用于标识一个IP组播组。IANA把D类地址空间分配给IP组播，范围从224.0.0.0到239.255.255.255，IP组播地址前4位均未1110。

从224.0.0.0至224.0.0.255被IANA保留为网络协议使用。例如，224.0.0.1为全主机组，224.0.0.2为全多播路由器组，224.0.0.3为全DVMRP路由器组，224.0.0.5为全OSPF路由器组。在这一范围的多播包不会被转发出本地网络，也不会考虑多播包的TTL值。

IP 组播地址中的低 23 位放入 MAC 地址的低 23 位。IP 组播地址有 28 位地址空间，但只有 23 位被映射到 MAC 地址，这样会有 32 个 IP 组播地址映射到同一 MAC 地址上。组播 MAC 地址以 01:00:5E 开头，如图 6.6 所示。

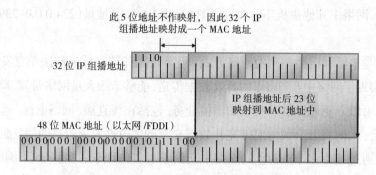

图 6.6　组播 IP 地址到组播 MAC 地址的映射

组播协议分为主机 - 路由器之间的组成员关系协议和路由器之间的组播路由协议。组成员关系协议包括 IGMP（互联网组管理协议）。组播路由协议分为域内组播路由协议及域间组播路协议。路由协议包括 PIM-DM、PIM-SM、DVMRP 等协议，域间组播路由协议包括 MBGP、MSDP 等协议。同时为了有效抑制组播数据在链路层的扩散，引入了 IGMP Snooping、CGMP 等二层组播协议，如图 6.7 所示。

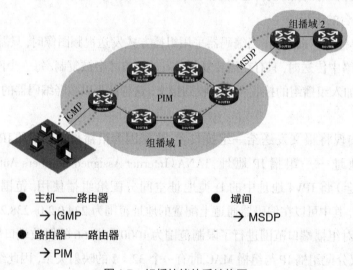

图 6.7　组播协议体系结构图

IGMP 建立并且维护路由器直联网段的组成员关系信息。域内组播路由协议根据 IGMP 维护的这些组播组成员关系信息，运用一定的组播路由算法构造组播分发树进行组播数据包转发。域间组播路由协议在各自治域间发布具有组播能力的路由信息以及组播源信息，以使组播数据在域间进行转发。

PIM（Protocol Independent Multicast）由于无须收发组播路由更新，所以与其他组播协议相比，PIM 开销降低了许多。PIM 的设计出发点是在 Internet 范围内同时支持 SPT 和共享树，并使两者之间灵活转换，因而集中了它们的优点提高了组播效率。PIM 定义了两种模式：密集模式（Dense-Mode）和稀疏模式（Sparse-Mode）。

（1）PIM-DM

PIM-DM 与 DVMRP 很相似，都属于密集模式协议，都采用了"扩散 / 剪枝"机制。同时，假定带宽不受限制，每个路由器都想接收组播数据包。主要不同之处在于 DVMRP 使用内建的组播路由协议，而 PIM-DM 采用 RPF 动态建立 SPT。该模式适合于下述几种情况：高速网络；组播源和接收者比较靠近，发送者少，接收者多；组播数据流比较大且比较稳定。

（2）PIM-SM

PIM-SM 与基于"扩散 / 剪枝"模型的根本差别在于 PIM-SM 是基于线式加入模型，即接收者向 RP 发送加入消息，而路由器只在已加入某个组播输出接口上转发那个组播组的数据包。PIM-SM 采用共享树进行组播数据包转发。每一个组有一个汇合点（Rendezvous Point，RP），组播源沿最短路径向 RP 发送数据，再由 RP 沿最短路径将数据发送到各个接收端。这一点类似于 CBT，但 PIM-SM 不使用核的概念。PIM-SM 主要优势之一是它不局限于通过共享树接收组播信息，还提供从共享树向 SPT 转换的机制。尽管从共享树向 SPT 转换减少了网络延迟以及在 RP 上可能出现的阻塞，但这种转换耗费了相当的路由器资源，所以它适用于有多对组播数据源和网络组数目较少的环境。

在承载视频监控业务的组播网络中，一般采用 PIM-SM 模式。

6.3　IP 智能监控系统中组网方案

IP 视频监控系统的网络流量模型在接入层上行数据流量较大，下行数据流量较小；汇聚 / 核心层到服务器区的下行流量较大。在承载 IP 视频监控系统的网络中，要关注流量汇聚点的带宽，预估好同时发送的视频流及存储流占用带宽的大小，避免网络带宽不足造成拥塞，引起监控视频质量差。必要时可采用链路聚合、策略路由等网络技术来确保有充足的带宽传输视频数据。

一个大规模的网络系统往往被分为几个较小的部分，它们之间相对独立又相互关联，这种化整为零的做法是分层进行的。通常网络拓扑的分层结构包括 3 个层次：核心层、汇聚层和接入层。

（1）核心层

核心层负责处理高速数据流，其主要任务是数据包的交换。

核心层的设计应该注意两点：

①不要在核心层执行网络策略。

所谓策略就是一些设备支持的标准或系统管理员定制的规划。例如一般路由器根据最终目的地的地址发送数据包,但在某些情况下,希望路由器基于原地址、流量类型或其他标准作出主动的决定,这些基于某一标准或由系统管理员配置的规定的主动决定称为基于策略的路由。

牢记核心层的任务是交换数据包,应尽量避免增加核心层路由器配置的复杂程度,因为一旦核心层执行策略出错将导致整个网络瘫痪。

网络策略的执行一般由接入层设备完成,在某些情况下,策略放在接入层与汇聚层的边界上执行。

②核心层的所有设备应具有充分的可到达性。

可到达性是指核心层设备具有足够的路由信息来智能地交换发往网络中任意目的地的数据包。

在具体设计中,当网络较小时,通常核心层只有一个路由器,该路由器与汇聚层上所有的路由器相连。如果网络更小的话,核心层路由器可以直接与接入层路由器连接,分层结构中的汇聚层就被压缩掉了。显然,这样设计的网络易于配置和管理,但是其扩展性不好,容错能力差。

(2)汇聚层

汇聚层将大量最低速的链接(与接入层设备的链接)通过最少宽带的链接接入核心层,以实现通信量的收敛,提高网络中聚合点的效率。同时减少核心层设备路由路径的数量。汇聚层的主要设计目标包括:

①隔离拓扑结构的变化;

②控制路由表的大小;

③收敛网络流量。

实现汇聚层设计目标的方法:

①路径聚合;

②使核心层与分布层的连接最小化。

(3)接入层

接入层的设计目标是将流量接入网络,为确保将接入层流量接入网络,要做到:

①接入层路由器所接收的链接数不要超出其汇聚层之间允许的链接数。

②如果不是转发到局域网外主机的流量,就不要用过接入层的设备进行转发。

③不要将接入层设备作为两个汇聚层路由器之间的连接点,即不要将一个接入层路由器同时连接两汇聚层路由器。

网络拓扑结构是指用传输媒体互连各种设备的物理布局,就是用什么方式把网络中的计算机等设备连接起来。拓扑图给出网络服务器、工作站的网络配置和相互间的连接,它的结构主要有星形结构、环形结构、网状结构等。

星形结构是最古老的一种连接式,一般网络环境都被设计成星形拓扑结构。星形结构是广泛而又首选使用的网络拓扑设计之一。

星形结构是指各工作站以星形方式连接成网。网络有中央节点,其他节点(工作站、服务器)都与中央节点直接相连,这种结构以中央节点为中心,因此又称为集中式网络。星形拓扑结构便于集中控制,因为终端用户之间的通信必须经过中心站。由于这一特点,也带来了易于维护和安全等优点。终端用户设备因为故障而停机时也不会影响其他终端用户间的通信。同时星形拓扑结构的网络延迟时间较小,传输误差较低。

②环形结构在 LAN 中使用较多。这种结构中的传输媒体从一个端用户到另一个端用户,直到将所有的端用户连成环形。数据在环路中沿着一个方向在各个节点间传输,信息从一个节点传到另一个节点。这种结构显而易见消除了端用户通信时对中心系统的依赖性。

③网状结构主要指各节点通过传输线互联连接起来,并且每一个节点至少与其他两个节点相连。网状拓扑结构具有较高的可靠性,但其结构复杂,实现起来费用较高,不易管理和维护。根据组网硬件不同,主要有以下3种网状拓扑。

网状网:在一个大的区域内,用无线电通信链路连接一个大型网络时,网状网是最好的拓扑结构。通过路由器与路由器相连,可让网络选择一条最快的路径传送数据。

主干网:通常交换机与路由器把不同的子网或 LAN 连接起来形成单个总线或环形拓扑结构,这种网通常采用光纤作主干线。

星状相连网:利用一些交换机将网络连接起来。由于星形结构的特点,网络中任一处的故障都可容易查找并修复。

在网络中,为保证网络系统的可靠性也会采用核心网状结构或双星形拓扑结构。当然,对这一设备直接连接必然使线路投资费用增加。但是这种拓扑结构核心层/汇聚层都至少与其他两个节点相连,所以具有较高的可靠性,在客户对 IP 视频监控系统可靠性要求较高时,相应的网络系统应设计为核心网状结构或双星形拓扑结构。

在承载网络拓扑设计中,要根据 IP 视频监控系统的流量模型进行规划,尤其是媒体分发服务器、存储服务器等大业务流程设备的网络位置,需要评估当满业务负荷时,网络中可能存在的带宽瓶颈。

第7章 | IP 监控系统之工程技术

学习目标

了解如何规划新开局的监控系统；

熟悉工程施工的规范操作；

熟悉后期维护的要求；

掌握故障定位的方法。

完整的 IP 监控系统是能够满足用户业务需求，从而生成用户实际生产问题的解决方案。该方案应以视频监控业务为主，融合 IP 网络、语音对讲等功能，不再像早期监控仅仅是设备简单堆叠，而是一个设计精准、实施仔细且有较强逻辑的系统工程。

本章针对 IP 监控系统实施和维护过程中的工程规范和维护方法进行重点介绍，帮助实施人员形成逻辑的工程实施和系统维护的思维模式，保证 IP 监控系统长期、稳定地运行。

7.1 工程技术

7.1.1 工程技术的作用

工程技术可以分为工程规范和系统维护两个部分，工程技术的主要作用：

①提高开局效率。

②保证硬件设备的稳定工作。

③优化系统性能。

④方便后续维护和定位。

工程规范是对 IP 监控工程中的各种软硬件操作进行指导，避免人为失误导致系统问题。IP 监控系统的工程规范主要指的是系统的规划、安装、配置和维护作业过程中的操作准则。

系统维护的任务是发现并避免 IP 监控系统在运行过程中出现的隐患，满足在使用过程当中用户提出的新功能要求和系统规模扩大带来的性能要求，其最终目的是维护 IP 监控系统稳定正常的运行。

7.1.2　工程技术的意义

IP 监控系统中工程规范和系统维护是相对独立的两个部分。工程规范主要负责前期的规划和实施,系统维护主要负责后期的维护和故障处理,但这两部分之间又有相互联系,如图 7.1 所示。

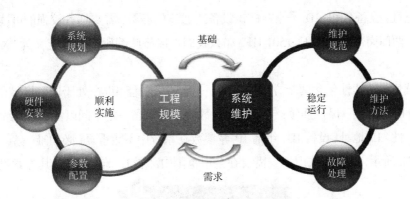

图 7.1　工程规范与系统维护的关系

①工程规范是由系统规划、硬件安装、参数配置三大部分组成。通过规范这三个部分的行为准则,让实施人员形成良好的工程素养,从而最大程度避免实施过程中的人为失误。良好的工程规范是系统维护的基础要求。例如,良好的 IP 地址参数规划能够标示设备功能和地域信息,为后续故障定位带来极大的方便。

②系统维护由维护规范、维护方法和故障处理三部分组成,主旨在于培养维护人员良好的逻辑思维、形成良好的使用习惯,规避系统运行过程中的隐患,保证系统稳定正常的运行。例如,通过系统维护,保证监控系统的健壮性和稳定性。在未来系统扩容、再实施过程中实现平滑升级,最低程度影响现有业务的运行。

7.2　工程规范

7.2.1　工程规范的组成

IP 监控系统的实施过程大致分为三个阶段:系统规划阶段、设备安装阶段和系统参数配置阶段。而 IP 监控系统工程技术当中的工程规范就是为了规范实施人员在这三个阶段的行为,确保能够顺利、高效地完成项目实施,保证系统稳定正常的运行。

系统规划规范:定义 IP 监控系统各种实施参数规划需要遵守的原则。

设备安装规范:定义 IP 监控系统硬件安装时必须遵守的操作方式。

参数配置规范:定义 IP 监控系统调试过程中务必遵守的参数配置方法。

7.2.2 系统规划

系统规划是工程实施的第一个步骤,也是其他实施步骤的基础。好的系统规划不仅能够节约系统配置的时间,而且能够给后续的维护带来极大的便利。因此,系统规划应遵从以下原则。

①实意性。设备名称、ID 等能够标识设备或通道的参数,需要具备较强的可读性。例如:某项目要在西门岗部署一台 EC1501-HF,那么我们可以将此编码器名称定义为"XIMEN_EC-1501HF"。

②延续性。延续性包含两个方面的意思,一是要求功能相同,处于同一区域的设备的相关参数(如 IP 地址等)保持连续;二是要求参数规划时预留一定空间以备将来系统进行扩容。

③唯一性。IP 地址、设备 ID、组播 IP 等参数在系统中不能重复,必须唯一。

如图 7.2 所示,某市因城市治安需要在全市范围内部署 IP 监控系统,其方案设计如下:

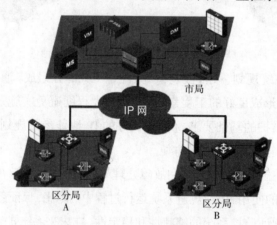

图 7.2   案例结构

①视频监控点主要分布在 A、B 两个区域,由所辖分局自行管理。

②平台管理设备 VM、DM、IP SAN 部署在市局。

③在区分局分别部署一台 MS 媒体交换服务器用于实况数据流的转发。

④在市局和区分局分别部署一定数量的 Web 客户端进行业务操作和系统管理。

根据上述方案,该市公安客户还对系统做了如下要求:

①区分局和市局租用电信运营商专线,通过 VPN 互联。

②市局和区分局内部要求以组播方式点播前端摄像机实况图像。

按照工程规范的原则,在规划监控系统的 IP 地址时要符合实意性、延续性和唯一性。

实意性规划:根据业务的不同将设备划分到不同的网段,再根据地域的不同将网段进行细分。例如,编码器网段为 192.168.13.XX/24,解码器网段为 192.168.14.XX/24。进一步划分区域 A 的编码器的网段为 192.168.13.XX/25,区域 B 的编码器的网段为 192.168.13.128/25。组播地址的规划同样可以遵循实意性要求,例如,某 EC2004-HF 的 IP 地址为 192.168.0.13,则可以将其四个通道的组播地址分别设置为 228.0.13.1~228.0.13.4,这样如果收到 228.0.13.3 的组播报文,可以马上判断该组播报文来自此 EC2004-HF 编码器的第三个通道,便于后续维护。

延续性规划:在进行地址规划时,尽量将同一种设备的地址连续配置。例如,同一个区域的编码器地址连续分配、解码器地址连续分配,这样可以节省地址空间并便于管理。在地址规划时还要考虑系统规模的扩展,为系统的扩展预留足够多的地址空间。

唯一性规划:储存系统中所有设备的 IP 地址以及所有编码器的所有通道的组播 IP 地址必须全局唯一,不能重复。

规划 IP 地址之外的其他参数时也要符合实意性、延续性和唯一性的要求。

实意性规划:出于实际数量的原因,地址和 ID 等参数的规划主要对象为媒体终端。规定终端设备 ID 命名规则为:www_xxx_yyy_zzz,其中"www"代表设备类型,可以是 EC、ECR、DC;"xxx"代表设备 IP 地址的第三、第四个八位值,"yyy""zzz"代表设备所属地域的简写。例如,某台终端编码器 EC 的 IP 地址为 192.188.10.15,位于石油路星巴克旁,根据上述信息,参照命名规则可以定义该 EC 的 ID 为 "EC_1015_shiyoulustarbucks"。

延续性规划:延续性要求通过参数能够非常快捷地定位到具体的设备。例如,摄像机 OSD 要求继承摄像机的名称,通过 OSD 能够非常方便、快捷地定位到摄像机所在的位置。

唯一性规划:设备 ID 等用于系统定位某台设备的参数要求按一定原则进行规划,必须在整个监控系统当中具有唯一性。

7.2.3 设备安装规范

IP 监控系统中的设备安装规范主要包括项目前期的工程环境勘察,如设备工作环境、接地、防雷等。项目实施过程中的硬件设备的安装,如存储设备安装,磁盘的拔插方法等规范。

其中最为重要的有以下 4 个方面。

工前勘察:勘察设备硬件安装环境的温湿度、接地、防雷等,特别是室外安装的工前勘察需要注意。

安装规范:设备在室内和室外安装时必须遵守的操作规范,特别是存储设备和磁盘的安装。

接地防雷:室内外设备的电源口、信号口的防雷,室内外设备的接地和防雷为工程安装中的重中之重。

工程布线:各种设备需要使用的线缆和正确的走线方法。需要注意的是多通道视频编码设备的云台控制线缆的连接方法和规范,以及强弱电、信号线电源线的走线要求。布线时要注意贴上标签便于后续维护。

7.2.4 工程实施

在 IP 监控系统中工程实施主要指的是硬件设备的安装阶段,主要包括以下几个部分。

（1）室内外弱电工程

室内外弱电工程是 IP 监控工程的重要组成部分，其主要包含工前勘测，检查设备所处环境是否达到标准；管线工程，光纤、网线等线缆的铺设；机箱安装，室内机柜、控制台、室外机箱的选型和安装。

（2）外围设备安装

外围设备主要指的是 IP 监控系统中最前端和最后端的设备，具体设备包含编码器、解码器、摄像机、云台、外接告警设备、拾音器等。

（3）核心设备安装

核心设备是 IP 监控系统中最主要的部分，是整个系统的核心管理平台。核心设备包含视频管理服务器（VM）、数据管理服务器（DM）、媒体交换服务器（MS）等。

（4）存储设备安装

在 IP 监控系统当中，存储设备安装是否规范直接影响了系统录像回放业务能否正常稳定的运行。

（5）室外机箱要求

箱体需要满足 IP65 的防护等级要求（参照国标 GB 4208 要求进行设计测试）；对在沿海安装使用的环境，机箱还需要考虑三防设计（防湿热、防霉菌、防盐雾腐蚀），三防等级为 C 级；根据区域气候特点加装加热或降温设备，保证机箱内的设备工作在环境温度为 0~65 ℃。

（6）箱体内部安装

机箱内部空间要合理，设备一定不能堆叠放置，设备四周建议预留 10 cm 左右的散热空间，至少需要保证 5 cm 的散热空间；机箱需要提供固定位置，将设备与机箱固定，避免晃动；避免强弱电之间相互干扰和雷击的影响，施工现场如图 7.3 所示。

图 7.3　施工现场

（7）摄像机安装

在工程实施中前端摄像机的安装点位的选取尤为重要，摄像机的安装位置直接影响图像采集的效果。监控的本质业务是基于图像的，因此，图像的效果将最终影响整个监控业务的质量。传统模拟摄像机和高清数字摄像机要注意安装点位选取。目前，IP 网络摄像机的普及将对安装环境的合理化提出新的要求。

IP 网络摄像机很多会单独配置镜头，有些集成了红外补光灯，在工程实施中可以从以下几个方面关注。

①镜头选取。

摄像机镜头在监控系统中的作用，就好比人的眼睛，其重要性不言而喻。如果镜头选择得当，对整个项目能起到画龙点睛的作用；相反，如果镜头的质量不过硬或与 IPC 的配合不当，会导致整个系统根本满足不了客户的要求，而在高清监控系统中镜头的作用更加重要。对需要单独配置镜头的摄像机，配置镜头时要考虑以下因素：镜头靶面尺寸、镜头的焦距、镜头光圈驱动类型、镜头聚焦方式、镜头接口（C 和 CS 接口）等。镜头靶面需要与摄像机的传感器尺寸相匹配，即摄像机传感器尺寸与镜头靶面尺寸相同。如果镜头尺寸与摄像机传感器尺寸不一致，应选用靶面尺寸大于摄像机传感器尺寸的镜头，如 1/2.7" 摄像机可以选用 1/2" 镜头，而不能选用 1/3" 镜头；镜头的焦距决定了镜头的视场角，焦距越大，视场角越小；焦距越小，视场角越大。

②视角角度。

摄像机安装的视角要满足采集图像的要求，一般采集图像要正，视角不能太大等，具体可以根据实际调试以达最佳效果。

③夜晚光线。

监控系统要求无论在白天还是夜晚，都必须能够实时（回放）看清监控区域内人物的体貌特征或车牌号等。白天光线充足，可以满足这一需求；但夜晚由于监控区域光照不足，无法看清人物细节，车牌号也模糊不清，夜晚采集图像时周围灯光环境要满足需求，否则需要增加补光设备。

④补光灯。

补光灯一般分为白光灯和红外灯。白光灯是可见光，摄取的图像为彩色的，一般配合彩色摄像机使用，主要用于道路监控、卡口系统或小区停车场出入口，用以摄取机动车牌号；红外灯是不可见光，摄取的图像为黑白的，一般配合黑白摄像机或支持日夜功能的彩色摄像机使用，主要用于仓库（包括金库、油库、机械库、图书文献库）、文物部门、监狱、小区、走廊、铁路等需要隐蔽拍摄的场所。

为获得良好的显色效果，人类使用的灯具基本为白光。常用灯具按照发光原理分为热致发光源、气体放电发光源、固体发光源。

热致发光源是通过电流将发光体加热到白炽状态，利用热辐射发出可见光的电光源。常见的热致发光源有白炽灯、卤钨灯、卤素灯等。因其发光效率低、寿命短、维护费用高等缺点，目前已逐步被淘汰。

气体放电发光源是电极在电场作用下，电流通过一种或几种气体或金属蒸气而放电发光的光源。常见气体放电发光源有荧光灯、高压汞灯、钠灯、金属卤化物灯（即金卤灯）、氙灯等。气体放电发光源在发光效率和寿命上都优于热致发光源，目前已广泛应用于道路、机场、码头、港口、车站、广场、工矿等大型场合的照明。

固体发光源是两电极之间的同体发光材料在电场激发下发光的光源。常见的固体发光源主要是 LED 灯。LED 是发光二极管（Light Emitting Diode）的简称，此种光源是一种新型半导体固体发光源，属于冷性发光，其发光寿命可长达 10 万小时以上，且具有体积小、反应速度快、发光色彩丰富等特点。LED 被称为第四代照明光源或绿色光源。目前已大量用于家庭、道路等多种场所。

⑤红外灯有效距离。

众所周知，光是一种电磁波，它的波长区间从几个纳米（1 nm=10^{-9} m）到 1 毫米（mm）左右。人眼可见的只是其中一部分，我们称其为可见光。可见光的波长范围为 380~780 nm，可见光波长由长到短分为红光、橙光、黄光、绿光、青光、兰光、紫光，其中波长比红光长的称为红外光。带日夜功能的摄像机不仅能感受可见光，而且可以感受红外光。这就是利用摄像机配合红外灯实现夜视的基本原理。

目前的红外技术分为两大类，一类是被动红外，另一类是主动红外。被动红外本身不发出任何信号，它被动感应周围物体的差异，所以在夜间或雾里面，只要物体有温度都能够区别开来。运用被动红外技术生产的安防产品有红外热像仪和被动式红外探测器。主动红外是机器上主动发出红外光，肉眼看不到红外光，但是摄像机可以感应到这种光线。目前，主动红外技术在安防中的应用较为普遍，像普通的红外夜视摄像机、主动式红外入侵探测器。特别是红外夜视摄像机统一采用 LED 灯来做红外夜视，价格低廉，极大地推动了红外夜视摄像机的普及和发展。

红外灯选型步骤如下：a.是否红暴：有红暴补光距离长，无红暴隐蔽性更好。b.监控距离：红外灯距离（产品标称的有效距离）大于需求距离。c.发光角度：红外灯角度要大于镜头角度。

(8) 供电

IPC 支持 DC 12 V 或 AC 24 V 供电，工作功率在 13~17 W（插 EPON 卡时工作功率略大一些）。因此选配 DC 12V 12 A 或 AC 24V 11 A 的隔离式电源即可。在需要安装云台的节点中，电源适配器连接到云台，云台再走线到防护罩，对防护罩内 IPC、温控、雨刷系统进行供电。在选配电源时需要计算云台、护罩内温控系统、雨刷器、IPC 等工作功率的总和，电源功率略高于此功率即可。某些工程中供电距离较远，需要进行延长时，应延长交流电部分，切勿将适配器输出的直流电进行延长。

(9)现场施工图

在实际项目中要有详细的施工方案图,在方案实施过程中施工图能给施工者有效的指导,施工均参考施工图有序执行,施工图便于对工程整体进度的把控,如图7.4所示。

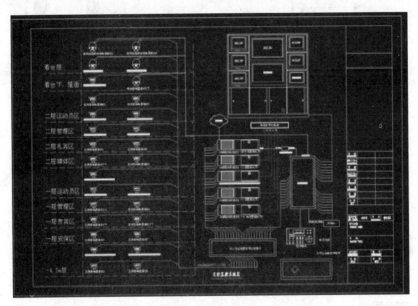

图7.4 施工图

(10)视频电缆要求

视频信号的传输一定要采用特性阻抗为 75 Ω 的视频电缆,视频电缆的屏蔽网线编织层越密,传输距离就越远,信号失真就越小,图像质量也就越好。同时,BNC 接头也必须采用特性阻抗为 75 Ω 的接头。

(11)视频线安装

视频线路不要与强电设备靠近,应和高压交流电缆分开走线,并绕开电梯电机、高频信号源等一切容易引起干扰的干扰源,视频 BNC 头与视频金属屏蔽层需完全接触,并保证可靠接地。

不要拉伸电缆或使之过度弯曲,避免电缆同供热管道和其他热源的接触。即使热量不足以造成对电缆的明显损害,也会使传输特性受影响。在电缆必须连续弯曲的场合(如有水平俯仰云台),应使用专门的电缆。这种电缆的芯导线应是多股胶合线,只使用压接型的 BNC 连接器。

(12)云台控制线安装

云台控制线在一般场合采用普通的双绞线就可以,在要求比较高的环境下可以采用带屏蔽层的同轴电缆。在使用 RS485 接口时,对于特定的传输线路,从 RS485 接口到负载其数据信号传输所允许的最大电缆长度与信号传输的波特率成反比,这个长度数据主要是受信号失真及噪声等影响。理论上 RS485 的最大传输距离能达到 1 200 m,但在实际应用中传输的距离要比 1 200 m 短，具体能传输多远由周围的环境决定。在传输过程中可以采用增加中继的方法对信号进行放大。云台控制线实例如图 7.5 所示。

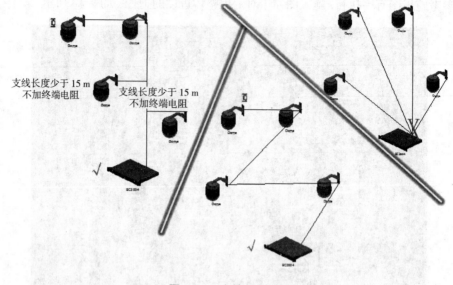

支线长度少于 15 m
不加终端电阻

支线长度少于 15 m
不加终端电阻

图 7.5　云台控制线实例

(13) 组网要求

连接拓扑一般采用总线型结构，不支持环形或星形网络。在构建网络时。应注意如下几点：①采用一条双绞线电缆作总线，将各个节点串接起来，从总线到每个节点的引出线长度应尽量短，以便使引出线中的反射信号对总线信号的影响最低。②应注意总线特性阻抗的连续性，在阻抗不连续点就会发生信号的发射。应该提供一条单一、连续的信号通道作为总线。

在 RS485 组网过程中另一个需要注意的问题是终端负载电阻问题，在设备少、距离短的情况下，不加终端负载电阻，整个网络能很好地工作。但随着距离的增加性能将降低，一般采用增加终端电阻的方法，达到改善信号质量的目的。

RS485 的组网方式遵循以下原则：线缆布线采用 T 形连接，不能支持"星形"。星形连接方式容易产生反射，导致信号质量下降，在实际施工中不可使用。T 形连接是以一条主干为总线，其余球机在总线上开分支，分支长度越短越好，最多不超过 15 m，终端电阻只需加在最远端的球机上。若多个节点不在一条直线上，可以将总线改为"之"字形。

(14) 告警线选择

告警输入方式：前端设备告警源输入类型有常开型和常闭型。

告警线选择：前端设备告警线选择推荐使用双绞线，绝缘线芯导体的线规选择可从 22AWG 中选取，AWG（American Wire Gauge）美国线规是一种区分导线直径的标准。线路的最大直流阻抗不超过 100 Ω。

表 7.1 所列数据是以最大布线阻抗 100 Ω 为基准，不同线缆的告警线的最大长度。

表 7.1　线缆规格与最大长度

线规（AWG）	线缆的最大长度 /m
22	1 453
24	914
26	570
28	360

（15）告警线安装

安装注意绕开有干扰源的路线，以免出现误告警干扰，目前监控设备（除 EC1001 外）普遍支持干节点，不支持湿节点。

干节点的定义是指无源开关，具有闭合和断开 2 种状态，且 2 个节点之间没有极性，可以互换。常见的干节点信号有：

①各种开关，如限位开关、行程开关、脚踏开关、旋转开关、温度开关、液位开关等。

②各种按键。

③继电器、干簧管的输出等。

湿节点的定义是指有源开关，具有有电和无电 2 种状态，且 2 个节点之间有极性，不能反接。常见的湿节点信号有：

①如果把以上的干节点信号接上电源，再与电源的另外一极作为输出，就是湿节点信号。工业控制上，常用的湿节点的电压范围是 DC0~30 V，比较标准的是 DC24 V。

②把 TTL（Transistor Transistor Logic）电平输出作为湿节点，也未尝不可；一般情况下，TTL 电平需要带缓冲输出。

③红外反射传感器和对射传感器的输出。

（16）音频线选择

音频线缆一般采用 4 芯屏蔽电线（RVVP）或非屏蔽数字通信电缆（UTP），导体横截面积要较大（如 0.5 mm^2）。在不考虑干扰的情况下，也可以采用非屏蔽数字通信电缆，如综合布线系统中常用的 5 类双绞线（2 对或 4 对）。由于监控系统中监听头的音频信号传到中控室是采用点对点的传输方式，用高压小电流传输，因此采用非屏蔽的 2 芯信号线缆即可，如采用聚氯乙烯护套软线 RVV2×0.5 等规格。

（17）音频线安装

音频线安装注意绕开有干扰源的路线，以免声音出现干扰。

①前端设备音频输入。

前端 EC 设备音频接口有 3 种表现形式：MIC 接口、凤凰端子接口和 BNC 接口，目前的 EC 设备中不仅有 EC1501-HF 可以支持对外提供幻象电源。在选择麦克风时，如果连接的是

EC1501-HF 设备可以选择提供要求幻象电源,连接其他的 EC 设备时,要选择可自我供电的麦克风。IPC 不支持幻象供电的音频输入设备,建议接有源音频输入设备。

②电源要求。

推荐选用稳压源,三相电接入(即 L、N 和 PE 线);室外使用时,220 V 市电接入必须加装防雷器。

③接地要求。

施工方必须提供接地线和接地排;接地线采用铜鼻子压接,再接到接地排上;接地电阻小于 5 Ω,最大不能超过 10 Ω;箱内所有设备的接地线都压接在接地排上。

(18)防雷安装

对于信号口防雷,要求可承受最大冲击电流达到 3 kA。对于电源口防雷,城市内要求可承受最大冲击电流达到 20 kA,在空旷的乡村要求可承受最大冲击电流达到 30 kA。

防雷器的安装需要遵循安装规范,否则防雷器会失去防雷功效,如图 7.6 所示。防雷器安装常见错误有以下几点。

• 防雷器的 IN/OUT 接反。

危害:使得防雷失效,甚至影响设备的正常工作。

正确连接方法:防雷器的输入端(IN)与信号通道相连,防雷器的输出端(OUT)与被保护设备相连,不能反接,这点需要特别注意,如图 7.6 所示。

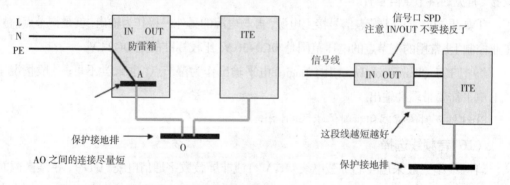

图 7.6 监控防雷安装规范

• 防雷器的接地线虚假接地,甚至没有接地。

危害:防雷器失去防雷作用。

正确接地方法:接地线搭接处无绝缘涂层,并将接地线通过铜鼻子良好固定在接地排上,并进行防腐、防锈处理。

• 防雷器的接地线很长,甚至通过另外一根导线接长接地线。

危害:大大降低防雷器的防雷效果,甚至失去防雷作用。

正确方法:防雷器的接地线尽量控制在 30 cm 以内,越短防雷效果越好,严禁接头,严禁加装熔断器或开关。

7.2.5　参数配置规范

（1）先方案后实施

根据设计方案的要求按参数规划原则进行参数规划，完成参数规划文档后提交审核，在客户审核签字后严格按照参数实施。

（2）先配套后配置

在IP监控系统中设备的软件版本要求进行严格配套。因此在设备安装时，需要检查版本是否配套，如未配套必须升级至相应配套版本后再开始下一个步骤。

（3）先平台后终端

IP监控系统的管理平台是整个系统的管理控制中心，所以在项目开局、数据配置过程中必须首先在系统平台上离线添加数据，然后再行安装调试完成的终端设备。通过这样的顺序可以在工程实施过程中检查前端设备是否进行了正确的配置和安装。

（4）先备份后使用

在IP监控系统配置规范当中尤为重要是"先备份后使用"，要求在数据配置完成或系统参数发生重大变更后，必须先异地备份整个系统的数据库和配置信息，确认备份正确以后再交付用户使用。

7.3　系统维护

系统维护的主要目的是解决IP监控系统软硬件或人为原因导致的系统运行隐患，其主要包括以下3个方面。

日常维护：主要是客户技术人员在进行操作，其主要内容是按照既定模板和方法，定时、定期地巡检监控系统，确保系统正常工作。

设备升级：由具备较好监控技术知识的监控技术工程师进行操作，其主要工作内容是按照预定的流程和方法升级设备软件版本，保证升级的正确性和完整性。

故障处理：是系统维护中最复杂的部分，因此该部分的操作需要资深的监控技术专家直接或在其指导下完成。其主要工作内容是采用标准的流程和方法，高效地分析定位故障原因，收集、反馈设备日志信息。

7.3.1　日常维护

日常维护是系统维护工作中最频繁，也是最基础的部分。日常维护要求客户维护人员按照既定的维护模板和方法，对监控系统的运行状态进行简单的检查，如图7.7所示。

根据巡检时间可以分为以下3类。

每周检查：检查IP监控系统业务运行情况，如实况点播、查询回放、数据存储等是否正

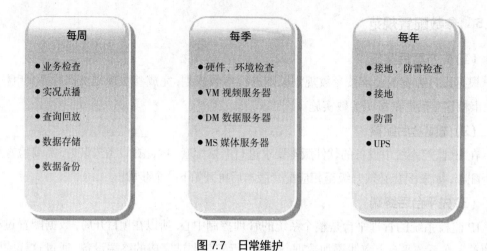

图 7.7 日常维护

常可用,并记录在案,如果有问题及时联系相关技术人员。

每季检查:检查 IP 监控系统管理平台设备,如 VM 视频管理服务器、DM 数据管理服务器、MS 媒体交换服务器等参数是否正常。

每年检查:检查 IP 监控系统设备所处环境,特别是室外终端设备接地、防雷等是否完好,检查 UPS 不间断电源是否工作正常,如有问题及时修正。

7.3.2 设备升级

设备软件版本升级的主要目的是解决系统运行过程中发现的隐患和故障,保证系统长时间正常稳定地运行。因此设备升级时需要严格地遵循升级操作规范和步骤,防止人为失误造成故障。

IP 视频监控系统升级流程如下。

①检查软件版本。升级前按照版本配套表核对版本软件是否正确。

②阅读升级说明。升级前仔细阅读随软件附带的版本说明书,明确升级方法和升级注意事项。

③检查升级环境。准备升级前复查升级环境,如网络连接、设备电源是否稳定,避免升级过程中出现断电或断网导致升级失败。

④数据配置备份。升级过程中最重要也是必须的步骤就是数据和配置的备份。升级前进行异地备份系统的数据和配置,如在升级过程中发生意外可以通过备份快速地恢复系统环境。

⑤软件版本升级。在完成上述操作后请按相应方法升级设备软件版本,升级完成后请检查系统各项业务是否正常可用。

7.3.3　故障处理

按照视频监控系统故障的表现形式可以将系统中发生的故障分为以下 5 大类。

图像类故障: 在监控系统开局、运行、维护过程中出现的与图像质量有关的故障皆属于图像类故障。图像类故障包括但不限于以下类型: 图像停顿、图像马赛克、图像拖影、图像串流、图像条纹、图像锯齿、图像延迟、无法接收图像、图像模糊等。

平台类故障: 在监控产品开局、运行、维护过程中出现的故障主体是监控系统平台设备的问题皆属于平台类故障。平台类故障包括但不限于以下类型: VM8500 故障、DM8500 故障、MS8500 故障、ISC3000-E 故障、Web 客户端故障等。

终端类故障: 在监控产品开局、运行、维护过程中出现的故障主体为编解码器的问题皆属于终端类故障。终端类故障涉及设备包括 EC、DC、IP Camera。

存储类故障: 在监控产品开局、运行、维护过程中出现的与存储有关的故障皆属于存储类故障。域存储类故障包括但不限于以下类型: 制订存储计划失败、查询录像失败、回放录像失败、未按计划存储、存储设备故障、阵列退化等。

云台类故障: 在监控产品开局、运行、维护过程中出现的云台类的故障。云台类故障包括云台完全不可控制、云台部分不可控制和云台控制错乱。

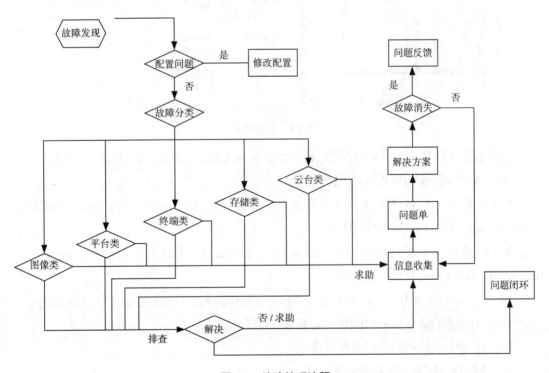

图 7.8　故障处理流程

故障处理流程如图 7.8 所示。

①故障发现。在 IP 监控系统中发现使用或运行故障。

②检查配置。检查是否因为配置原因导致系统故障。

③故障分类排查。如未发现错误配置请按照故障分类及其排查方法进行排查。

④求助。通过上述方法如未能解决故障,请按要求收集相关信息,同时联系相关技术人员。

7.3.4　日志管理

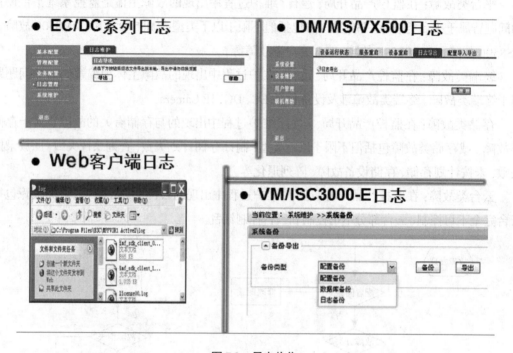

图 7.9　日志收集

如果需要求助技术人员解决问题,必须要收集相关设备的日志信息,如图 7.9 所示。

（1）Web 客户端 /SDC/DA 日志收集

VM 服务器 Web 客户端:B3131 以后版本在安装目录(默认路径 C:\ProgramFifes\IMOS\ Media Plugin\)下把 log 目录打包压缩。

VM 服务器 Web 客户端:B3131 以前版本在安装目录(默认安装目录 C:\PragramFiles\ H3C\ActiveX\ 下把 log 目录打包压缩。

ISC/ECR-HF/ECR-HF-E 的 Web 客户端日志在相应的安装目录下把 log 目录打包压缩。

SDC:在安装目录下 SDC3.0 中把 log 目录打包压缩。

DA:在安装目录下把 log 目录打包压缩。

（2）EC/DC/ECR-HD 日志收集

客户端 / 日志管理 / 日志导出:

system report 信息(推荐),方法:telnet 到设备上执行 sh systemreport.sh ec/dc 将执行脚本

目录下生成的 ec/dcsystemreport.tgz 用 TFTP 导出即可。

ECR-HD 需要执行 sh systemreport EC 和 sh systemreport VX，然后把生产的 systemreport. tgz 文件使用 TFTP 导出。

(3) ECR-HF/ECR-HF-E 日志收集

客户端中系统维护 / 系统备份页面进行日志备份和导出：

通过命令行方式收集日志：telnet 到设备上执行 tar zcvf log.tar.gz /var/logl/，然后使用 TFTP 导出。

收集系统历史日志：导出 /var/logbackup 目录下相应时间的日志，如果不能够确定具体出问题的时间点，则尽量多导出。

system report 信息（推荐）：telnet 上 ecr 执行 sh systemreport.sh ecr 将执行脚本目录下生成的 ecrsystemreport.tgz 使用 TFTP 导出即可。

(4) ISC/VM/DM/MS/BM 日志收集

ISC/VM：系统维护 / 系统备份进行日志备份和导出。

DM/BM/MS：Web 页面 / 设备维护 / 日志导出 / 导出。

ISC3500-E/S（推荐）：telnet 到设备上执行 sh systemreport.sh ecr 将执行脚本目录下生成 ecrsystemreport.tgz 使用 TFTP 导出。

ISC3500-E/S（推荐）：telnet 到设备上执行 sh systemreport.sh isc 将执行脚本目录下生成 ecrsystemreport.tgz 使用 TFTP 导出。

VM/DM/MS/BM（推荐）：使用 SSH 工具登录服务器上执行 sh systemreport.sh vm/dm/ms/ bm 将执行脚本目录下生成 VM/DM/MS/BM systemreport.tgz 导出即可。

ISC6000/6500 收集 systemreport 信息方法同 VM/DM/MS/BM 方法。

ISC/VM/DM/MS/BM：均可通过命令行方式收集日志 telnet 到设备上执行 tar zcvf logtar.gz/ var/log/ 然后导出。

(5) IPC 日志收集

命令行导出日志：telnet 登录后，执行如下命令 sh systemreport.sh ipc 产生两个文件，/tmp/ contig.tgz 和 /tmp/log.tgz 使用 TFTP 导出。

Web 导出日志：Web 上单击诊断信息导出按钮即可，然后到设备维护中心诊断信息的本地保存路径下拷出 config.tgz、log.tgz 和 weblog.zip 三个压缩文件。

(6) 数据库收集

首先介绍 Web 客户端进行数据库的导出。

在命令行模式下：输入 imosdbbr.sh，然后选 1，接着输入数据库地址后在路径 /var/dbbr/ dbbackup.sql 导出。

对于较为复杂的业务类问题，可能要抓取前端设备和服务器端的信令报文，分析信令报文交互过程。

在 IP 监控系统中, 信令报文主要分为 SIP 报文、SNMP 报文和 RTSP 报文。SIP 信令交互主要用于实况、集成通信、云台控制、手动存储、透明通道等业务流程中。SNMP 信令交互主要用于设备配置、中心升级业务流程中。

RTSP 信令交互主要用于回放控制业务流程中, 不同的协议使用不同的端口号。所以在抓取信令报文前, 首先要明确当前交互的是哪种信令, 然后指定对应端口进行抓包。所以在抓取信令报文前, 首先要明确当前交互的是哪种信令, 然后指定对应端口进行抓包。

抓包使用的命令为 tcpdump, 该命令的参数如下 :

-s: 用于指定抓取报文的大小。

port: 用于指定所抓取报文的端口。

-w: 用于指定抓取文件保存的名称。

host: 用于指定抓取报文的主机。

-v: 实时显示已抓包个数。

-i: 用于指定抓取报文的网口。

如果要在服务器上抓取本域交互的 SIP 报文, 指定报文不能超过 1 500 字节, 抓包接口为 eth1, 抓包保存文件名为 3.cap。

对应的命令为: tcpdump -s 1500 port 5060 -w 3.cap -i eth 1。

终端抓包需要首先上传抓包脚本, 然后在运行脚本进行抓包。抓包过程可以通过按 Ctrl+C 中止, 注意, 抓包分析后, 请及时删除服务器或终端上的抓包文件。

EC1102-HF/EC1501-HF/EC2004-HF/EC1001/DC1001 使用 tcpdumP.PPS 脚本。

EC1001-HF/EC1101-HF/EC2016-HC/ECR-HD/EC1801-HH/DC1801-FH 使用 tcpdump.arm 脚本。

EC2508-HF/EC2516-HF/ECR3308-HF/ECR3316-HF/ISC3500E/ISC3500S 使用 tcpdump.mips 脚本。

HIC5401/5421/3401 执行 tcpdump 命令 HIC6501/6621 使用 tcpdump.davinci 脚本。

IP SAN: 直接执行 tcpdump 命令。

Windows 系统抓包工具: wireshark、ethereal。

抓取协议报文时要把该异常义务相关的所有设备且同时抓取业务错误的完整过程的报文。

7.3.5 排查案例

案例 1　某新开局监控项目在自购服务器上完成 CentOS5.3 之后发现: 无法正确安装 VM 软件, 无法通过 IE 访问 VM 的 Web 页面。

问题原因:

① CentOS5.3 默认开启了 firewall。

② CentOS5.3 默认开启了 selinux。

定位方法：

① service iptables status 查看服务是否处于 "stop" 状态。

②通过 cat 命令查看 "/etc/selinux/config" 文件中 SELINUX 的状态。

解决方法：

①关闭 firewall。

做法：执行 "菜单" → "administration" → "Security Level and Firewall"。

②关闭 selinux。

修改 "/etc/selinux/config" 中的 "SELINUX=disabled"，然后重启设备。

案例 2　客户 PC 机每次登录 VM 服务器 Web 页面都提示需要下载安装 ActiveX 控件。

问题原因：

① IE 浏览器版本问题。

② IE 安装设置问题。

定位方法：

①查看 IE 版本。

②查看 IE 安全设置。

解决方法：

① IMOS 要求 IE 最低版本为 IE7，升级 IE 为 IE7 或更新版本。

②降低 IE 安全设置或将在可信任站点中加入 VM 的地址。

案例 3　客户正常完成 DM、MS 的安装以后，在 Web 页面添加 DM 和 MS，发现 DM、MS 无法注册上线。

问题原因：

安装 DM、MS 时服务器地址填写错误。

定位方法：

①通过网络命令，如：ping 进行网络测试查看 IE 安全设置。

②登录 DM、MS 的 Web 页面，在 [系统设置 / 通信参数设置] 中查看 "服务器 IP" 是否为 VM 服务器 IP 地址。

解决方法：

①排除网络问题。

②在 [系统设置 / 通信参数设置] 中将 "服务器 IP" 设置为正确的 VM 服务器 IP。

其他故障：

•终端注册问题。

①注册设备时，需要在设备端将设备管理方式置为 "服务器管理" 方式，"设备 ID" 与服务器端配置的 "设备编码" 一致，配置正确的 VM 服务器 IP 地址。

②VM 端增加 EC、DC 设备时，设备类型需填写正确。

③同一 IP 地址及端口只能配置一台设备。

④设备保活超时为 90 s，所以在这 90 s 内可能发生设备实际已经离线，但 VM 客户端显示在线的情况。

• 无法播放实况。

①如果摄像机离线，检查编码器参数和网络，保证编码器在线。

②如果显示"视频丢失"，则检查摄像机是否上电、视频线是否良好、视频接口接触是否良好。

③如果显示黑屏，则检查监控关系是否建立，没有则抓信令报文分析，并排查网络；如果监控关系建立，在 EC 的 Web 界面检查 EC 是否发送媒体流，如果 EC 发送组播媒体流，需要检查网络是否启用组播。

④如果 EC 指定通过某 MS 转发，则检查该 MS 是否在线，如果不在线，请选择在线的 MS 或设置媒体服务策略为自适应。

⑤如果 Web 客户端通过抓包确认收到媒体流，则检查 Web 客户端是否启用防火墙，并检查硬件加速是否开启。

⑥如果 DC 显示实况失败，则检查 EC/DC 套餐是否一致。

• 云台不可控。

①检查云台控制线连接是否正确。

②检查云台控制协议、地址码、波特率是否正确。

③通过键盘直接连接云台看是否可控，如果不可控则可能是云台自身问题。

④抓取编码器和服务器之间的 SIP INFO 消息，看 SIP 信令交互是否正常。

⑤如果是 Web 客户端外接键盘不可控，则查看 Web 客户端连接键盘的串口波特率以及键盘协议是否正确。

• 无法录像回放。

①检查设备间网络是否正常。

②检查 DM 是否在线。

③检查存储是否添加正常，检查存储计划是否制订正确。

④回放检索时间段是否在存储计划时间段内。

⑤检查 EC 的时区和服务器的时区是否一致。

⑥检查 EC 是否正确挂载 SAN 资源并进行写操作。

• 运动检测告警联动失败。

①检查摄像机通道是否启用运动检测。

②是否设置运动检测区域。

③是否设置布防计划，当前时间是否在布防计划时间内。

④是否正确配置联动动作。

实验 1 ｜ 系统规划及安装实验

1.1　实验内容与目标

完成本实验，你应该能够：

• 掌握 IVS 方案系统规划方法；

• 掌握 IVS 方案设备安装升级方法。

1.2　实验组网图

系统规划及安装实验环境如图 1.1 所示。

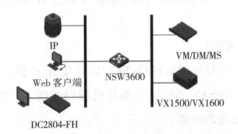

图 1.1　系统规划及安装实验环境图

1.3　实验设备和器材

本实验所需的主要设备和器材见表 1.1。

表 1.1　实验设备和器材

名称和型号	版　本	数　量
VM3.5（VM2500）	当前发布最新版本	1
DM3.5	当前发布最新版本	1
MS3.5	当前发布最新版本	1
DC2804-FH	当前发布最新版本	1
VX1600	当前发布最新版本	1

续表

名称和型号	版　本	数　量
Web 客户端	IE8 以上版本	1
NSW3600	当前发布最新版本	1
第 5 类 UTP 以太网连接线	—	5
解码输出视频线	—	1
Console 线	—	1

1.4　实验过程

在规划系统前,请保证网络、服务器、客户端性能达到 IVS 监控解决方案的要求。

步骤一:网络系统规划及配置

根据需要可以在 NSW3600 交换机上划分 VLAN,配置网关地址,配置组播,具体配置请参考相关交换机用户手册。

本实验中,各设备均位于 VLAN1 内,网关地址为 VLAN1 接口地址 192.168.200.1/24,不启用组播。

步骤二:设备 ID 及 IP 规划

在进行安装升级前,首先需要对监控设备的 ID 以及 IP 地址进行规划。设备 ID 规划包含服务器 ID、编解码器 ID、IPSAN 名称以及摄像机编码的规划,IP 地址规划包含设备单播地址以及解码器通道组播地址的规划。

设备 ID 及 IP 规划示例见表 1.2,本实验中,DC2804-FH 使用第一个通道连接监视器。

表 1.2　设备 ID 及 IP 地址规划

设备型号	ID/ 码率 / 组播地址	地址 / 掩码 / 网关	用户名 / 密码	接入方式	软件版本
VM3.5 (VM2500)	主机名: vmserver-10	192.168.200.10/24	admin/admin	NSW3600-IVS	B3317
		网关: 192.168.200.1	root/passwd	E1/0/1	
DM3.5	ID: dmserver-20	192.168.200.20/24	admin/admin	NSW3600-IVS	B3317
		网关: 192.168.200.1	root/passwd	E1/0/2	
MS3.5	ID: msserver-30	192.168.200.30/24	admin/admin	NSW3600-IVS	B3317
		网关: 192.168.200.1	root/passwd	E1/0/3	
VX1600	ID: VX1600-70	192.168.200.70/24	admin/password	NSW3600-IVS	R1122
		网关: 192.168.200.1	root/passwd	E1/0/6	

续表

设备型号	ID/ 码率 / 组播地址	地址 / 掩码 / 网关	用户名 / 密码	接入方式	软件版本
IPC	ID: HIC6621 码率: 2M	192.168.200.102/24	admin/admin	NSW3600-IVS E1/0/7	当前最新 版本
	组播地址: 228.1.102.1~228.1.102.4	192.168.200.1			
	组播端口: 16868				
	摄像机名称: 摄像机 10201 ~摄像机 10204				
DC2804-FH	ID: DC03	192.168.200.203/24	admin/admin	NSW3600-IVS E1/0/8	R1833P10
	监视器名称: 监视器 20301 ~监视器 20304	网关: 192.168.200.1			
XP 客户端	主机名: uniview	192.168.200.200/24 网关: 192.168.200.1		NSW3600-IVS E1/0/9	Windows7

步骤三:服务器名称及地址配置

服务器名称配置:

[root@localhost /]# vi /etc/sysconfig/network

NETWORKING=yes

NETWORKING_IPV6=no

HOSTNAME= vmserver-10　　　　　　　// 修改为新的主机名

:wq　　　　　　　　　　　　　　　// 退出保存

[root@localhost /]# vi /etc/hosts

\# Do not remove the following line, or various programs

\# that require network functionality will fail.

127.0.0.1　vmserver-10　localhost　　　// 修改为新的主机名

::1　　　　localhost6.localdomain6 localhost6

:wq　　　　　　　　　　　　　　// 退出保存

[root@localhost /]# hostname vmserver-10　// 新主机名生效

[root@vmserver100 ~]# reboot　　　　　// 重启服务器

服务器 IP 地址配置:

[root@vmserver10 ~]# cd /etc/sysconfig/network-scripts/

[root@vmserver10 network-scripts]# vi ifcfg-eth1   // 根据当前实际网卡配置, 可以使用 ifconfig

看下当前是哪个网卡, 如果使用的是 eth1, 那就是修改 eth1 的文件, 使用命令 vi ifcfg-eth1。一般服务器上面会有一个百兆管理口(FE 口), 剩下的都是 GE 千兆网口, 其中百兆网口一般为 eth0, 剩下的即为千兆网口。

查看网络配置情况如图 1.2 所示。

```
[root@localhost ~]# ifconfig
eth0      Link encap:Ethernet  HWaddr 00:0C:29:81:5C:1F
          inet addr:192.168.1.200  Bcast:192.168.1.255  Mask:255.255.255.0
          inet6 addr: fe80::20c:29ff:fe81:5c1f/64 Scope:Link
          UP BROADCAST RUNNING MULTICAST  MTU:1500  Metric:1
          RX packets:349 errors:0 dropped:0 overruns:0 frame:0
          TX packets:12 errors:0 dropped:0 overruns:0 carrier:0
          collisions:0 txqueuelen:150000
          RX bytes:20954 (20.4 KiB)  TX bytes:732 (732.0 b)
```

图 1.2   查看网络配置情况

DEVICE=eth1

BOOTPROTO=static   // 默认是 DHCP, 需改为 static(静态)

ONBOOT=yes   // 这里一定要改为 yes, no 表示网卡不启用状态

HWADDR=00:0c:29:22:9a:95

IPADDR=192.168.200.10   // 修改为新的 IP 地址

NETMASK=255.255.255.0   // 对应的子网掩码

GATEWAY=192.168.200.1   // 对应的网关

TYPE=Ethernet

USERCTL=yes

IPV6INIT=no

PEERDNS=yes

// 按 i 进入编辑模式, 修改完成后按 Esc 退出编辑, 然后输入 ":wq" 保存退出。

如果是 VM2500 设备, 由于此设备是嵌入式架构, 所以修改 IP 方式与 VM3.5(VM2500)不通, VM2500 的修改方式如下:

VM2500 通过 /etc/network/interfaces 文件来保存网卡的配置, 主要字段及说明如下:

We always want the loopback interface.

auto lo

iface lo inet loopback

An example ethernet card setup:(broadcast and gateway are optional)

auto eth0   //eth0 表示下面是 eth0 的配置

iface eth0 inet static

address 207.207.69.209　　　//IP 地址

netmask 255.255.255.0　　　// 子网掩码

gateway 207.207.69.1　　　// 网关地址

#auto eth1　　　//eth1 表示下面是 eth1 的配置，具体配置同上

#iface eth1 inet static

#address 192.168.1.30

#netmask 255.255.255.0

// 按 i 进入编辑模式，修改完成后按 Esc 退出编辑，然后输入 ":wq" 保存退出。注意，如果对应字段前面有 "#" 号，表示此项不生效，比如上面的 eth1，即使配置了也是不生效的，如需生效，应将 # 号删除。

[root@vmserver10 network-scripts]# service network restart

// 重启网络服务使新 IP 地址生效。

DM 和 MS 服务器名称和 IP 地址的修改方法同 VM，请参考上述过程。

步骤四：IPC、解码器 ID 及地址配置

①通过 IPC 搜索工具搜索对应的 IPC 的地址，IE 登录 IPC 的 Web 管理界面，选择【常用】→【服务器】，设置管理协议为 IMOS，配置设备 ID 为 HIC6622，配置服务器的地址为 VM 的 IP 地址，端口默认为 5060，如图 1.3 所示。

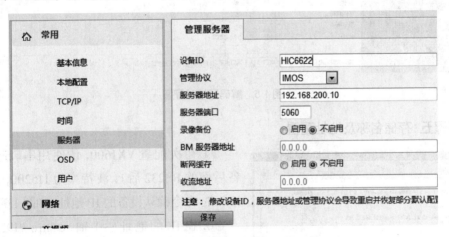

图 1.3　IPC、解码器 ID 及地址配置

②通过 RS232 串口（波特率 9600）用 ifconfig 命令获取的解码器的 IP 地址，IE 登录 DC2804-FH 的 Web 管理界面，选择【管理配置】→【服务器配置】，设置管理模式为私有管理，配置设备 ID 为 DC03，配置服务器 ID 地址为 VM 的 IP 地址，端口号默认 5060，如图 1.4 所示。

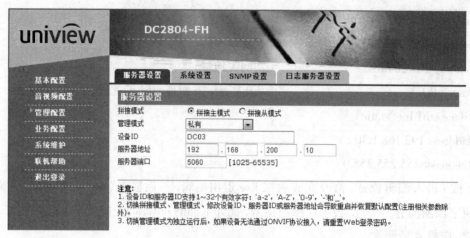

图 1.4　服务器配置

③在【基本配置】→【网口设置】界面,设置解码器的 IP 地址为 192.168.200.203,如图 1.5 所示。

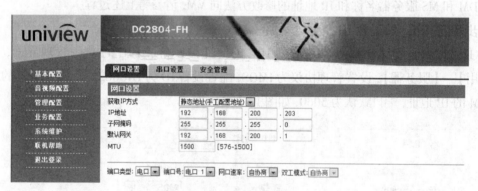

图 1.5　解码器地址配置

步骤五:存储名称及地址配置

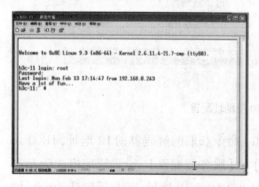

图 1.6　VX1600 地址配置

①初次配置 VX1600,请使用串口连接(设备后面的 RS232 后),波特率为 115200,并使用 ifconfig 命令确认设备的 IP 地址,如图 1.6 所示。

②在 IE 的地址栏中输入 http: //192.168.0.1 (按照前一步骤获得的网口 IP 输入,这里的 192.168.0.1 只是示例),如果 PC 机没有登录过 VX1600,将会出现图 1.7 的显示,按顺序执行下列操作。如果已经登录过 VX1600,直接运行 VX1600,如图 1.8 所示。

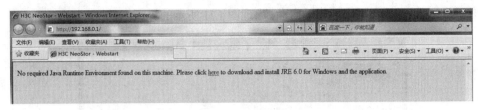

图 1.7 登录 VX1600

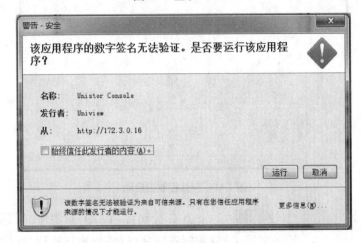

图 1.8 单击运行

③下载安装软件，系统出现图 1.9 所示的界面，选择安装，继续下一步。

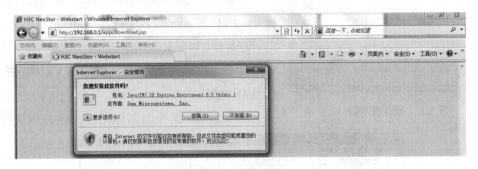

图 1.9 单击安装

④系统将开始下载 JRE 控件，下载完成后将自动安装此控件，安装控件完成后，再次在 IE 地址栏中输入 VX1600 的网口 IP，系统开始下载 IP SAN 管理软件存储控制台，如图 1.10 所示。

图 1.10 下载 IP SAN 管理软件存储控制台

⑤下载完成后，存储控制台自动启动，出现图 1.11 所示的界面。

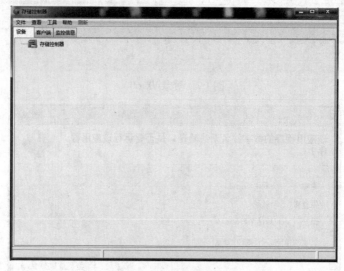

图 1.11　存储控制台启动

图 1.12　登录控制器

⑥在控制台"设备"页签中，鼠标右键单击"存储控制器"，选择【添加控制器】菜单项，系统弹出"添加控制器"对话框，如图 1.12 所示。

⑦输入 VX1600 网口的 IP 地址，管理员用户名和密码（用户名 admin，密码 password），进入 VX1600 的管理界面，如图 1.13 所示。

⑧登录存储控制台，修改对应的 VX1600 的名称以及 IP 地址：

在 VX1600 服务器名称图标上点右键选择【系

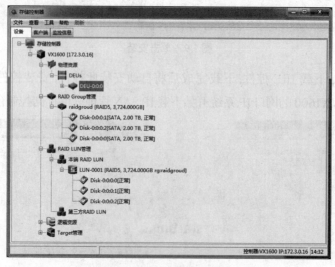

图 1.13　控制器管理界面

统维护】→【控制器名称设置】，系统弹出控制器名称设置窗口，如图 1.14 所示，输入新的主机名，单击【确定】，完成主机名的设置。系统弹出提示窗口，单击【确定】后，系统会重启控制器，如图 1.15 所示。

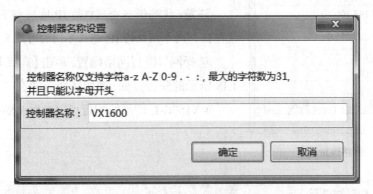

图 1.14 设置主机名

图 1.15 重启控制器

⑨在 VX1600 服务器名称图标上点右键选择【系统维护】→【网络配置】，进入网络配置界面，如图 1.16 所示。

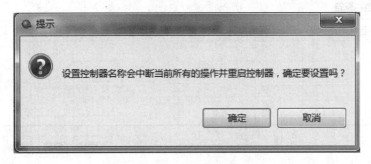

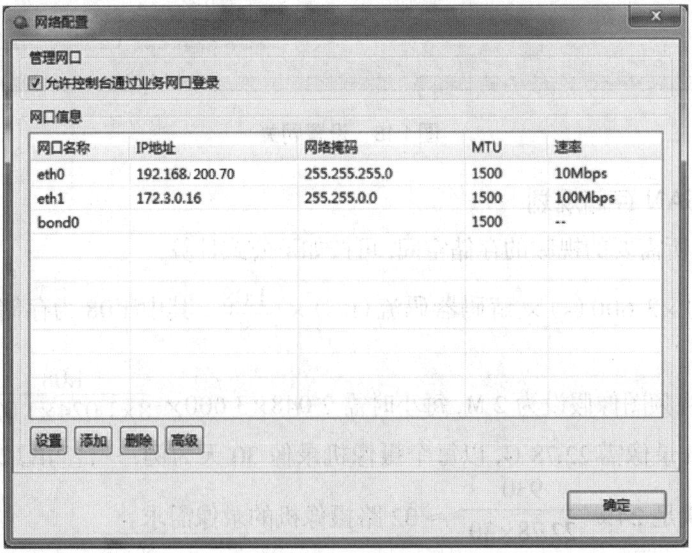

图 1.16 网络配置

图 1.17　网络地址配置

⑩选择网口进行网络配置, 单击【设置】, 系统弹出图 1.17 所示的配置界面, 例如选择 eth0。

注意: 请确保 3 个网口的 IP 地址都不在同一个网段 (即任何两个网口的 IP 都在不同的网段)。

选择网口进行网络配置, 单击【高级】, 系统弹出图 1.18 所示的配置界面, 例如选择 eth0。

VX1500-E 产品的配置可以参看 VX1600。

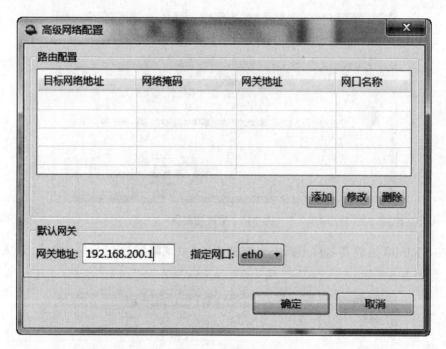

图 1.18　设置网关

步骤六:IPSAN 存储规划

每路摄像机所需要的视频的存储空间, 可按如下公式计算:

容量 $=N(h) \times 3\,600\,(s) \times$ 解码器码流 $(b/s) \times \dfrac{1.08}{8}$, 其中 1.08 为存储所需空间加 8% 的余量。

例如: 每路视频图像假设为 2 M, 每小时需 $2\,048 \times 3\,600 \times \dfrac{1.08}{8 \times 1\,024 \times 1\,024} = 0.949\,2$ G, 这样如全天 24 h 录像需 22.78 G, 以每个摄像机录像 30 天为例, 一台满配 24 块 1 T 硬盘的 VX1600 最多可满足 $24 \times \dfrac{930}{22.78 \times 30} \approx 32$ 路摄像机的录像需求。

在为摄像机制订存储计划前,可根据录像所需空间提前规划每台 VX1600/VX500 的录像摄像机路数和每个摄像机的码率。

在为摄像机制订存储计划时,VM 系统已自动将 8% 的余量计算在所需的存储容量中。

VM3.5(VM2500)与 DM3.5、BM3.5、MS3.5 安装在一台服务器时,要求先安装 VM3.5(VM2500),然后再安装 DM3.5、BM3.5 或 MS3.5,此时 DM3.5、BM3.5、MS3.5 的部分参数会自动与已安装的 VM3.5(VM2500)参数关联;否则,必须先卸载 DM3.5、BM3.5 和 MS3.5 后,才能安装 VM3.5(VM2500)。

如果需要升级,则需要先停止 VM、DM、BM、MS 服务,然后先升级 VM,再升级 DM、BM、MS,注意升级时需要 VM、DM、BM、MS 版本匹配。

如果需要卸载并重新安装,请先卸载 DM、BM、MS,然后卸载 VM。

如果有补丁,需要安装完所有的组件后最后再实施补丁安装。

步骤七:IPC/DC 系列升级

IPC/DC 软件系统包含引导程序(u-boot.bin)、内核程序(uimage.bin)、用户程序(program.bin)3 个部分。一般升级只需要升级内核程序和用户程序两个文件。

本实验 IPC/DC 采用远程方式进行升级。远程升级,即通过网络连接的方式 Telnet 登录设备,通过 TFTP 或 FTP 等协议传输进行的升级操作。一般前端设备,如编解码器、IP 网络摄像机等都支持 Web 导入升级的方式,更简单快捷,建议在产品升级前仔细阅读所需升级版本的《版本说明书》,按照推荐的方式进行升级。若由于 Web 无法登录等原因不能按照推荐的方式升级,则建议采用 Telnet 方式:

a. Telnet 连接设备并登录。

b. 打开并设置好 TFTP Server 或 FTP Server,确定版本路径正确。

c. 从单板上 Ping 通 TFTP Server 或 FTP Server,确认网络连接畅通。

d. 执行升级命令 update [protocol] remote file [option]。

e. 升级结束。

升级过程可能会花费几分钟时间,可以通过升级进度条了解升级状态。升级后系统默认自动重新启动设备使新系统生效。

升级前可以通过 update-h 或 update-v 命令查看相关信息。

a. 执行 update-h 命令获取升级命令帮助。

b. 执行 update-v 命令查看版本信息。

DC2804-FH 升级过程如下:

①配置 TFTP 服务器,将下载目录指向 DC2804-FH 软件版本所处目录,如图 1.19 所示。

② Telnet 登录 DC2804-FH,用户名为 root,密码为 uniview,使用 update-v 查看当前版本,如图 1.20 所示。

图 1.19　设置下载目录

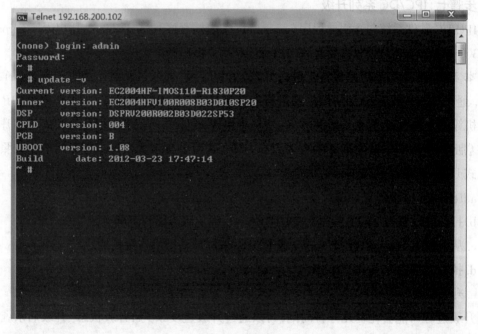

图 1.20　登录

③使用命令 update -tftp 192.168.200.200 all-f 进行升级, -tftp 参数表示使用 TFTP 协议传输版本文件, 192.168.200.200 参数表示提供 TFTP 服务的 PC 的 IP 地址, all 参数表示会同时升级内核程序（uimage.bin）和用户程序（program.bin）两个文件, -f 表示强制升级, 如图 1.21 所示。

④升级完成后, 设备重启, 启动后确认版本已经升级成功, 如图 1.22 所示。

图 1.21　升级程序

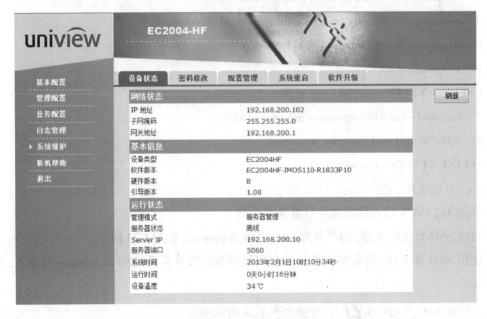

图 1.22　升级成功

其他 IPC、DC 系列，比如 HIC6621/6622/24XX/34XX/54XX/56XX 系列，升级方式类似。

步骤八：VM 安装升级

安装 VM 软件前需要在服务器上安装 CentOS 5.3 以上操作系统（具体 VM 软件支持的操作系统版本请查阅 VM 对应版本的使用指导书）。请放入 CentOS 5.3 的光盘，按照系统提示进行安装。安装系统时，请注意以下事项（详细系统安装，请参考实验 8）：

磁盘分区时，Boot 分区要求至少 200 M，Swap 分区至少 2 G，/mnt/syncdata 分区（数据库分区）40 G 以上，主分区 8 G 以上。

安装系统组件时，无须选择 pgsql 组件，其他组件建议全部安装。

系统安装完成进入系统后，请进入"system → administration → network"，配置服务器 IP 和网关，如果服务器有多网卡，配置 IP 时请注意选择正确的网卡。

服务器 CentOS 5.3 操作系统中的防火墙已关闭，否则无法通过 Web 访问；可以用如下命令关闭：

[root@vmserver10 ~] /etc/init.d/iptables stop // 关闭当前防火墙进程

[root@vmserver10 ~] chkconfig iptables off // 限制防火墙服务自动启动

服务器 CentOS 5.3 操作系统文件 /etc/selinux/config 中的 SELINUX=disabled。使用下面的方法修改：

[root@VM8500-A ~]# vi /etc/selinux/config

This file controls the state of SELinux on the system.

SELINUX= can take one of these three values:

enforcing - SELinux security policy is enforced.

permissive - SELinux prints warnings instead of enforcing.

disabled - No SELinux policy is loaded.

SELINUX=disabled

SELINUXTYPE= can take one of these two values:

targeted - Targeted processes are protected,

mls - Multi Level Security protection.

SELINUXTYPE=targeted

:wq // 按 ESC，退出保存。

修改 SELINUX 设备后需要重启服务器生效。

通过 SSH 登录服务器，用户名为 root，密码为 passwd，如图 1.23 所示。

使用 SSH 等工具，将安装文件压缩包拷贝到当前服务器系统的 /root/home 目录下，并解压缩。

首先在 SSH 界面单击 ，系统弹出图 1.24 所示的窗口。

左边窗口选择安装文件压缩包（注意压缩包格式是 .tar.gz，如果是 .rar 格式，需要先在电脑上解压），拖放到右边窗口，则安装文件将复制到服务器。

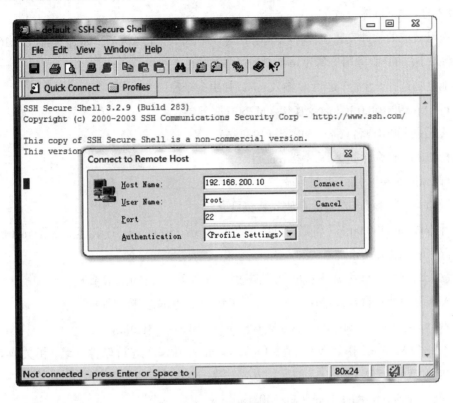

图 1.23 SSH 登录

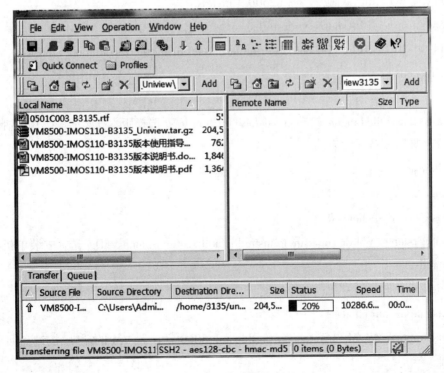

图 1.24 解压文件

如果是 VM2500 设备，由于 VM2500 设备不支持 SSH 传输文件，所以 VM2500 上传需要通过 FTP 的方式，具体方式如下：

假设已获取的软件安装包保存在本地电脑 D 盘，需要上传至 VM2500 服务器(192.168.0.10)的 root 目录下，FTP 服务用户名为 root，密码为 123456。

本地电脑选择 [开始 / 运行]，输入 cmd，弹出命令窗口。

执行 "ftp 192.168.0.10" 命令连接 VM2500 服务器。

输入 ftp 服务用户名（root）和密码（123456）。

执行 "cd root" 命令进入服务器 root 目录。

执行 "bin" 命令采用二进制传输。

执行 "lcd d:" 命令进入本地存放安装包目录。

执行 "put vm2500.tar.gz" 将当前目录下的文件 "vm2500.tar.gz" 上传至服务器 root 目录。

执行 "bye" 退出服务器。

注意：上传的本地目录不支持中文，请不要将版本文件放在中文目录下。

进入压缩包所在目录并使用命令 tar 进行解压缩，生成安装文件夹。

[root@ vmserver-10 home]# tar zxvf VMPS35-IMOS110-B3317.tar.gz

进入安装文件夹，执行安装脚本（source vminstall.sh）进行软件安装，相关操作如下 [VM2500 和 VM3.5（VM2500）] 的安装方式一致，这里不赘述）：

[root@vmserver-10]# cd /home/vm8500_Uniview/

// 如果是 VM2500，对应的是 vm2500_Uniview

[root@vmserver-10]# source vminstall.sh

2014-04-30 15:40:18 : Do not close the terminal during the installation; otherwise, unknown error might occur.

...

Please choose the language of vm （default 0.Chinese)// 选择版本安装语言（只能选择中文，选择英文会导致服务无法启动）

0.Chinese

1.English

Please input you choice:0

What version of VM do you want to install[default:1. stand-alone VM]:// 选择安装单机模式

1. stand-alone

2. high ability （HA）

Please input your choice:1

Please input Video Manager server port[default:5060]:// 设置 VM 的端口。按键盘回车键，选择默认值

Use default Server Port:5060

Please input SNMP port[default:162]:// 设置 SNMP 服务端口。按键盘回车键, 选择默认值

Use default Snmp Port:162

Please input Video Manager server IP address[such as 192.168.0.11]:// 设置 VM 的 IP 地址（该 IP 必须是 VM 服务器某网口的 IP）

192.168.200.10

Do you want to install database on local server?[yes/no]:// 设置数据库是否安装在本地, 若选择 no 则还需输入所要连接的数据库 IP 地址

y

start install database

等待 VM 安装完成后使用 vmserver.sh status 查看 VM 服务的状态, 都是 Running 表示服务正常。可以通过 vmserver.sh start/stop/restart 对 VM 的服务进行启动 / 停止 / 重启操作。

[root@vmserver-10 ~]# vmserver.sh status

================== VM8500 STATUS ==================

Service	Status
Service[img]	[Running]
Service[mcserver]	[Running]
Service[sgserver]	[Running]
Service[vmserver]	[Running]
Service[smart_community_sync]	[Running]
Service[smart_community]	[Running]
Service[adapter]	[Running]
Service[onvifserver]	[Running]
Service[httpd]	[Running]
Service[DiskReadOnlyCheck]	[Running]
Service[impserver]	[Running]
Service[pagserver]	[Running]
Service[serversnmpd]	[Running]
Service[paggbserver]	[Running]
Service[nmserver]	[Running]
Service[rptserver]	[Running]
Service[unpserver]	[Running]
Service[iscloud]	[Running]
Service[kbserver]	[Running]
Service[vmdaemon]	[Running]

如果对 VM 进行升级,请在 VM8500 目录下运行 vmupdate.sh 脚本,如果卸载 VM 软件则运行 vmuninstall.sh 脚本,具体操作过程略。

安装完成后可以通过 vmcfgtool.sh 脚本查看并配置 VM 服务器相关信息,如 VM IP 地址,数据库密码等。

[root@vmserver-10]# vmcfgtool.sh －q

LANGUAGE=0

DeviceID=iccsid

SnmpPort=162

SipPort=5060

ServerIP=192.168.200.10 //VM 服务器地址

DBBKUP_SWITCH=on

bk_operlog_eventrecord_switch=off

ImosWatchdogFlag=off

DBType=PostgreSQL

DBServerName=192.168.200.10:5432:imos //VM 的数据库地址

DBUserName=postgres

DBPassword=******

可以通过脚本 vmcfgtool.sh serverip 192.168.0.1,将 VM 服务器的地址修改为 192.168.0.1,修改完成后需要使用 vmserver.sh restart 重启 VM 服务。

步骤九:DM 安装升级

DM 的安装、升级和卸载操作和 VM 相似(DM 不需要数据库分区),注意在 DM 的安装过程中需要输入服务器的 IP 地址,此处输入的是 VM 服务器的 IP 地址(DM 和 VM 安装在同一台服务器上时,不需要设置服务器 IP)。

dm8500 installation begins...

What version of dm8500 do you want to install[default:1. stand-alone]// 选择安装单双机模式

1. stand-alone

2. high ability (HA)

Please input your choice:

Use default MODE:1. stand-alone

Please input dm8500 device ID[default:dmserver]// 设置 DM 设备 ID,请确保设备 ID 全网唯一。按键盘回车键,即选择默认值

Use default DeviceID:dmserver

Please input server port[default:5060]// 设置服务器端口。按键盘回车键,即选择默认值

Use default Server Port:5060

Please input RTSP port[default:554]// 设置 RTSP 端口。按键盘回车键, 即选择默认值

Use default Rtsp Port:554

Please input server IP address[such as 192.168.0.11]// 设置 VM 服务器 IP

192.168.200. 10

Please choose the type of database// 设置数据库类型为 3, 与 VM 数据库类型保持一致

0.SQLAnywhere

1.SQLServer

2.Oracle

3.PostgreSQL

4.Sqlite

Please input your choice（default 3.PostgreSQL）:

Use default database type:3.PostgreSQL

Please input database user name（default postgres）// 设置数据库用户名。按键盘回车键, 即选择默认值

Use default database user name:postgres.

Please input database password[such as passwd]// 设置数据库密码。按键盘回车键, 即选择默认值

Use default database password:passwd.

可以通过 dmcfgtool.sh 脚本查看和配置 DM 相关信息, 如对应 VM 服务器 IP 地址、DM ID、RTSP 参数、数据库类型等信息。

```
[root@dmserver-20 ~]# dmcfgtool.sh －q
LANGUAGE=0
DeviceID=dmserver
RtspPort=554
SnmpPort=162
ServerPort=5060
ServerIP=192.168.200.10                    //VM 的 IP 地址
ServerID=iccsid
NatAddr=
NatPort=
DBType=PostgreSQL
DBServerName=192.168.200.10:5432:imos      // 数据库 IP 地址
DBUserName=postgres
DBPassword=******
```

同样地,可以通过脚本 dmcfgtool.sh serverip 192.168.0.1,将 DM 服务器对应注册的 VM 地址修改为 192.168.0.1,修改完成后需要使用 dmserver.sh restart 命令重启 DM 服务。

通过 dmserver.sh status 命令查看 DM 服务的相关信息,所有的服务都处于 running 状态才属于运行正常,安装完成后务必检查服务运行状态。相应的 dmserver.sh stop|start|restart 命令对应将所有服务停止、启动、重启。

[root@dmserver-20 ~]# dmserver.sh status

Dmserver is running

serversnmpd is running

DiskReadOnlyChIPCk is running

Dmdaemon is running

步骤十:MS 安装升级

MS 的安装、升级和卸载操作和 VM 相似(MS 不需要数据库分区),注意在 MS 的安装过程中需要输入服务器的 IP 地址,此处输入的是 VM 服务器的 IP 地址(DM 和 VM 安装在同一台服务器上时,不需要设置服务器 IP)。

What version of ms8500 do you want to install[default:1. stand-alone]:

1. stand-alone

2. high ability (HA)

Please input your choice:1

Please input ms8500 device ID[default:msserver]:

msserver-30   // 输入 MS 的 ID

Please input Video Manager server port[default:5060]:

Use default Server Port:5060

Please input SNMP port[default:162]:

Use default Snmp Port:162

Please input Video Manager server IP address[such as 192.168.0.11]:

192.168.200.10   // 输入 VM 的 IP 地址

Route initialization succeeded

Route initialization succeeded!

Get system version 5.3.

Get Machine version i686.

……

Start msserver succeeded

SIOCSIFTXQLEN: No such device

Start msdaemon succeeded

Start servers succeeded

Install ms8500 succeeded

[root@msserver-30]#

可以通过 mscfgtool.sh 脚本查看和配置 MS 相关信息,如对应 VM 服务器 IP 地址、MS ID 等信息。

[root@ msserver-30 ~]# mscfgtool.sh -q

LANGUAGE=0

DeviceID=ms01

ServerPort=5060

SnmpPort=162

ServerIP=192.168.200.10   //VM 的 IP 地址

ServerID=iccsid

NatAddr=

NatPort=

DBType=PostgreSQL

DBServerName=192.168.200.10:5432:imos   // 数据库 IP 地址

DBUserName=postgres

DBPassword=******

同样地,可以通过脚本 mscfgtool.sh serverip 192.168.0.1,将 MS 服务器对应注册的 VM 地址修改为 192.168.0.1,执行后同样需要使用 msserver.sh restart 重启服务。

通过 msserver.sh status 命令查看 DM 服务的相关信息,所有的服务都处于 running 状态才属于运行正常,安装完成后务必检查服务运行状态。相应的 msserver.sh stop|start|restart 命令对应将所有服务停止、启动、重启。

[root@ msserver-30 ~]# msserver.sh status

Msserver is running

serversnmpd is running

DiskReadOnlyChIPCk is running

Msdaemon is running

1.5　思考题

某台 VM 完成安装后,通过 Web 客户端可以正常登录。如果此时修改了网口的 IP 地址(该地址网络可达),则是否可以直接使用新的 IP 地址在 Web 客户端登录? 如果不可以,如何解决?

答：不可以，因为修改了网口 IP 地址后 VM 服务的 IP 地址仍然为修改前的 IP 地址，所以在 Web 客户端无法使用新的 IP 地址登录。

可以使用 vmcfgtool.sh 脚本，将 ServerIP 参数设置为网口新的 IP 地址，重启 VM 服务后即可使用新的 IP 地址登录。如果安装了 DM 和 MS，则同样需要使用 dmcfgtool.sh 和 mscfgtool.sh 脚本将 ServerIP 参数设置为网口新的 IP 地址，并重启 DM 和 MS 服务。

实验 2 | 系统基本配置实验

2.1　实验内容与目标

完成本实验，你应该能够：

• 掌握编解码器的基本配置；

• 掌握平台的基本配置。

2.2　实验组网图

系统基本实验环境如图 2.1 所示。

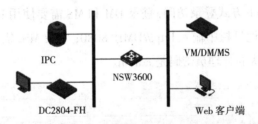

图 2.1　系统基本实验环境图

2.3　实验设备和器材

本实验所需的主要设备和器材见表 2.1。

表 2.1　实验设备和器材

名称和型号	版　本	数　量
VM3.5（VM2500）	当前发布最新版本	1
DM3.5	当前发布最新版本	1
MS3.5	当前发布最新版本	1
HIC6621EX22	当前发布最新版本	1
DC2804-FH	当前发布最新版本	1

续表

名称和型号	版　本	数　量
Web 客户端	IE8 以上版本	1
NSW3600	当前发布最新版本	1
第 5 类 UTP 以太网连接线	—	5
视频线	—	2
Console 线	—	1

2.4　实验过程

任务一　服务器及媒体终端基本配置

本实验基于实验 1 的环境, ID 和 IP 地址规划请参考实验 1。

步骤一:DM/MS 基本配置

DM/MS 可以通过 Web 方式登录访问, 登录 DM 和 MS 需要使用 IP+ 端口方式(图 2.2):
登录 DM, 需要在浏览器地址栏中输入 http://DMIP:8080; 登录 MS, 需要在浏览器地址栏中输入 http://MSIP: 8081。默认的管理员密码是 admin。

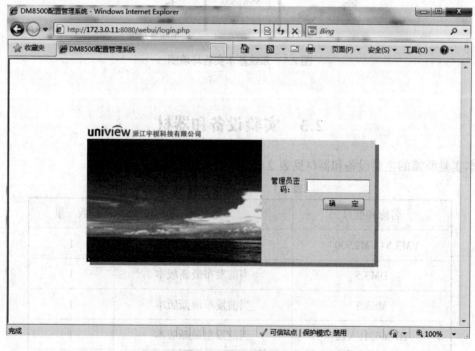

图 2.2　登录 DM 和 MS

登录服务器后进入"系统配置→通信参数配置"页面,检查服务器 IP 地址[VM3.5 (VM2500)的 IP 地址]是否正确,其他参数保持默认值即可。在设备维护页面可以进行日志的导出以及配置的导入和导出。

步骤二:IPC/DC 基本配置

IPC/DC 的配置主要为网络参数配置和注册相关的管理模式配置,其他参数配置可通过客户端统一配置并由 VM 下发。

所有的 IPC/DC 都内置 Web 服务器,用户可以通过 Web 页面非常直观地管理和维护设备。Web 页面提供的主要配置管理功能包括基本配置、管理配置、业务配置、日志管理和系统维护等。

所有 IPC 的出厂默认 IP 地址为 192.168.0.13,默认网关 192.168.0.1。所有 DC 的出厂默认 IP 地址为 192.168.0.14,默认网关 192.168.0.1。

登录前请检查 IPC/DC 与管理终端计算机的网络连接是否正常。登录 IPC/DC 的 Web 页面需要 Windows 管理终端计算机上安装 IE 8.0 或以上版本。

IPC/DC 首次登录时请输入默认的用户名: admin,密码: admin。

(1)按照实验 1 中的规划表,在"基本配置 / 网口设置"页面中正确配置 IPC 网络参数,包括 IP 地址、子网掩码和默认网关等。修改 IP 地址后,应该采用新的 IP 地址登录,如图 2.3 所示。

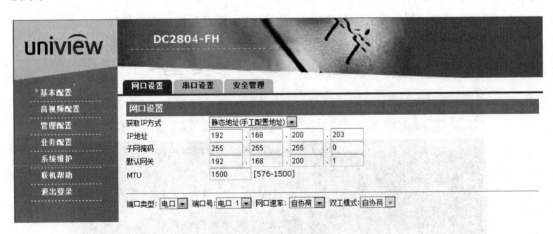

图 2.3 网口设置

(2)进入"管理配置 / 服务器设置"页面,选择"服务器管理"模式,如果是切换管理模式到"独立运行"则设备将恢复默认配置并自动重启。

正确配置设备 ID(注意全网唯一,此 ID 需要和 VM 上设备管理中配置的 ID 一致)和服务器地址(VM3.5/VM2500 的 IP 地址),其他采用默认配置即可,如图 2.4 所示单击【确定】。启动后,如果 VM 上已经配置好,IPC 即可成功注册并上线。

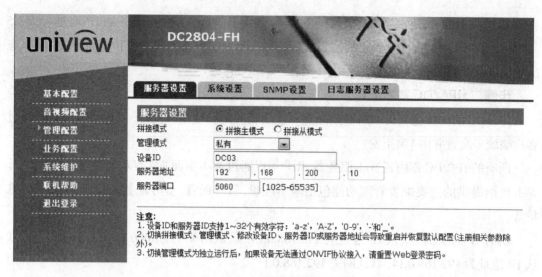

图 2.4　服务器设置

任务二　Web 客户端基本配置

步骤一:安装控件

客户端 PC 要求使用 IE8、IE9 版本(IE10 和 IE11 会存在部分兼容性问题),分辨率推荐使用 1440 像素 ×900 像素。

在 IE 浏览器地址栏中输入服务器的 IP 地址,首次登录会提示安装控件。

①单击【下载】按钮继续下一步操作,浏览器可能会弹出运行的提示框,如图 2.5 所示,右键单击提示框。

图 2.5　Web 客户端登录

②直接单击下载文件的【运行（R）】按钮，客户端开始从服务器上下载安装程序，下载完成后会提示是否运行此软件，如图2.6所示。

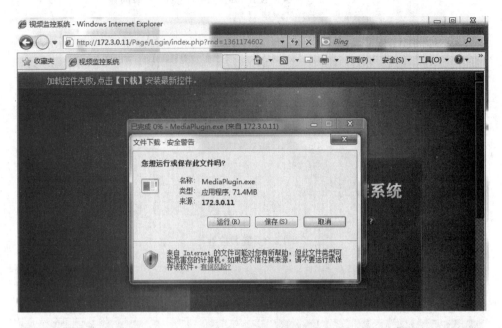

图2.6 运行安装程序

③单击【运行（R）】按钮（图2.7），然后按照安装向导的提示进行安装控件（图2.8）。安装过程中请关闭IE浏览器。

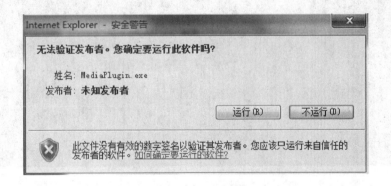

图2.7 运行控件

④安装完成之后重新开启IE进入VM Web客户端，单击【License管理】即可免登录进入license管理界面（图2.9）。

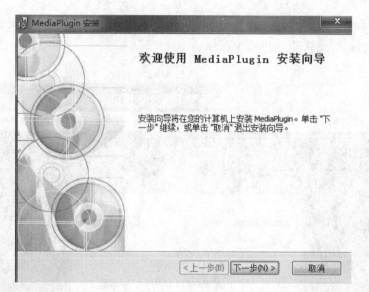

图 2.8　安装控件

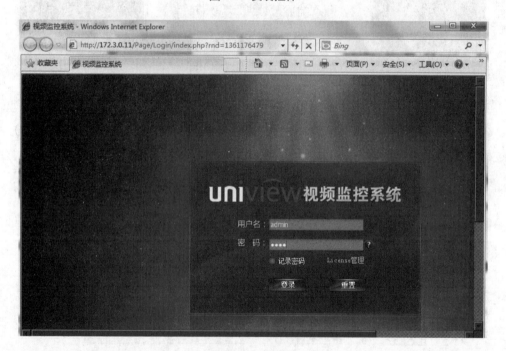

图 2.9　重新登录

步骤二：添加 License

License 即授权许可证书。要实现对系统以及设备的管理，首先要根据购买产品时获得的授权码和详细的用户信息申请 License，然后导入 License 文件到系统中完成 License 的注册。

①在登录界面，单击【License 管理】链接，进入 License 管理页面，填写申请 License 文件的用户信息和联系人信息（图 2.10）。

License文件定义了系统可以管理的设备和资源的授权许可信息。您要实现对系统以及设备的管理，请按照以下步骤操作：
1. 根据购买产品时获得的用户信息，在此页面申请host文件。
2. 当成功生成host文件后，凭该文件向本公司申请激活License。
3. 获取到License文件后，在此页面把License文件导入系统，完成License的注册。
详细操作步骤请参见联机帮助。

申请文件

用户信息

合同编号　　　　　　　　　　　　　　　　？
客户名称
国家
省
县市
公司
电话
地址
邮编
E-mail地址

联系人信息

联系人姓名
联系人所在公司
联系人电话
地址
联系人邮编
E-mail地址

文件保存路径

host文件保存路径　　　　　　　　　　　浏览

图 2.10　填写用户信息

②指定 License 申请文件的本地保存路径，如图 2.11 所示。

文件保存路径

host文件保存路径　　　　　　　　　　　浏览

图 2.11　选择保存路径

③单击"生成 host 文件"按钮，将生成 hostid.id 即 License 申请文件。当成功生成 License 申请文件后，在 uniview 公司网站服务支持→授权业务→License 首次激活界面，上传 hostid. id。填写客户信息和验证码后，获取激活码，激活码即为 License 文件，如图 2.12 所示。

License首次激活

要对从未注册激活过UNV软件的设备进行初次申请，请选择您要注册的产品分类；如果要对已注册激活UNV软件的设备进行规模扩容、功能扩展、时限延长等，请选择"License扩容激活申请"

请选择产品分类：
产品分类：　　　多媒体_iVS视频管理服务软件3.0　▼

请上传服务器主机信息文件：
服务器主机信息文件：　　选择文件　hostid.id　　　　如果是双机备份的情况，请先上传主机的授权服务器主机信息文件或主机
　　　　　　　　　　　　上传　　　　　　　　　　　　的设备信息文件。

用户信息：
最终客户单位名称：　　uniview　　　　*
申请单位名称：　　　　uniview　　　　*
申请联系人姓名：　　　张三　　　　　*
申请联系人电话：　　　13108977633　　*
申请联系人E-mail：　　zhangsan@univew.com　*

图 2.12　获取激活码

④获取到 License 文件后,再次进入 License 申请界面,将 License 文件导入,如图 2.13 所示。

图 2.13　导入 License

导入后会提示"导入成功",此时可以看到当前 License 授权信息,如图 2.14 所示。

授权码列表	业务类型	业务支持数量
SEMMSFV7A25NBKH79234CNPPGT	监控管理软件包数量	1
2M43EKDYD6MWVGJ34VWS8QZQZ2	本域摄像机数量	100
W62PZP69TZ6UDZ4BTZXNBLFTCA	存储数量	10
2VU6EQEUXVCQEHTQFCSS3CBL96	媒体服务器数量	1
ETGJUQMGUKXZRVFLLVM7U7CQ5M	数据管理服务器数量	1
F9ZUUER3Z3WB9YF67WV33FF6X2		100
59QMGUBS5GE46NUTDSKMCXDPY2		1
	SDC数量	2

创建日期	有效天数
2012-12-28 09:38:18	90

图 2.14　查看授权码

步骤三:登录系统

新安装的 VM3.5(VM2500)服务器只有两超级用户,用户名和密码分别为 admin/admin 和 loadmin/loadmin,其中 admin 只能单点登录,loadmin 支持多点登录。登录后首页如图 2.15 所示。

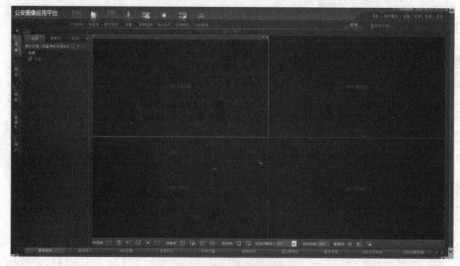

图 2.15　登录系统

首页视图包含实况窗口、资源目录树、基本功能键及各项配置链接选项。除 admin 用户外，其他用户支持多点登录，即同一个用户名可以在多个客户端或同一个客户端的多个 IE 进程中同时登录。

步骤四：设置与配置

①在首页视图，单击【设置】，可以进行本地配置、个人设置、切换用户、全屏切换，如图 2.16 所示。

图 2.16　设置

②本地配置可以设置外接键盘的串口参数、云台快捷键设置、告警声音配置、抓拍、录像的保存路径，设置客户端是否支持组播，设置播放品质等，如图 2.17 所示。

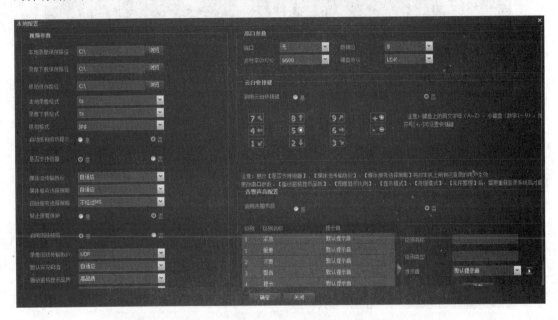

图 2.17　本地配置

③在首页视图，单击【配置】，可以进行监控系统的实况业务、系统配置、组织管理、设备管理、业务管理、计划任务、系统维护等配置，如图 2.18 所示。

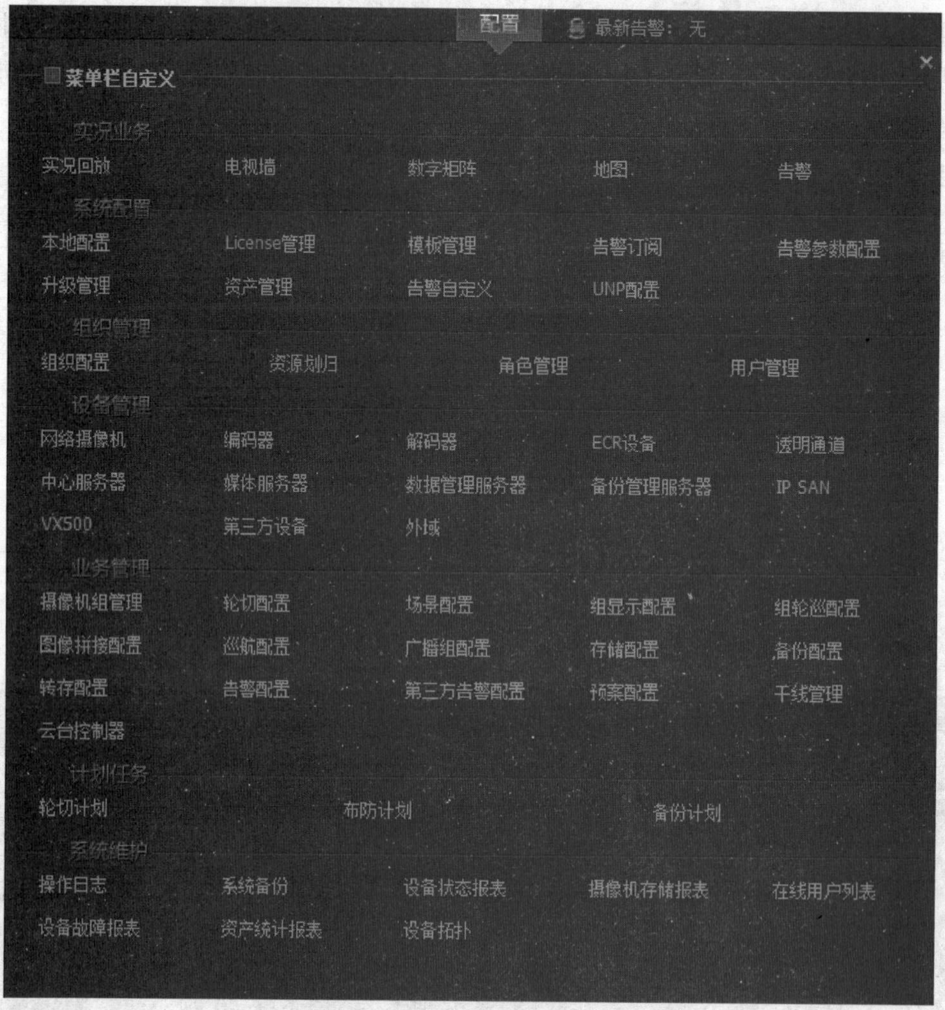

图 2.18　配置视图

步骤五:配置组织、角色和用户

　　组织是资源的集合。通过组织管理,可以轻松实现对各种设备等资源的管理和操作。为方便资源管理,应合理规划系统内的组织结构。

　　①本实验规划组织、角色和用户见表 2.2。

表 2.2　组织规划

组　　织			角　　色	用　　户
浙江省			省系统管理员	ZJADMIN
			省系统操作员	ZJUSER
	杭州市		杭州市系统管理员	ZJ-HZADMIN
			杭州市系统操作员	ZJ-HZUSER
		滨江区	滨江区系统管理员	ZJ-HZ-BJADMIN
		上城区	上城区系统管理员	ZJ-HZ-SCADMIN
	宁波市		宁波市系统管理员	ZJ-NBADMIN

②组织添加过程如下。

在组织管理界面, 选择"本域", 然后单击增加, 在增加组织界面填写组织的名称、编码和描述信息。本实验中, 此处组织名称为"浙江", 如图 2.19 所示。注意组织编码不能重复。

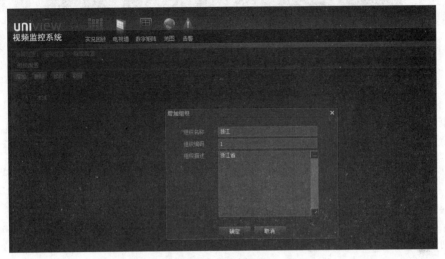

图 2.19 填写组织

同样的方法, 在浙江组织中, 增加子组织杭州市和宁波市, 如图 2.20 所示。

在杭州组织中增加子组织滨江区和上城区, 如图 2.21 所示。

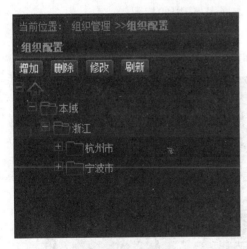

图 2.20 父级组织

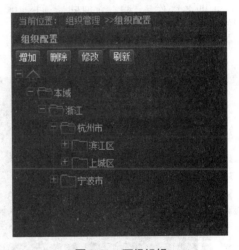

图 2.21 下级组织

角色是一组操作权限的集合。当把某角色分配给某个用户后, 该用户就拥有了该角色中定义的所有权限。用户是系统管理和操作的实体。只有给某个用户分配角色, 此用户才会拥有这个角色的权限, 如果给一个用户分配多个角色, 那么这个用户拥有的权限是所有分配角色的合集。

③为组织创建角色, 过程如下。

单击【配置】页签, 进入"组织管理"页面下的"角色管理", 如图 2.22 所示。

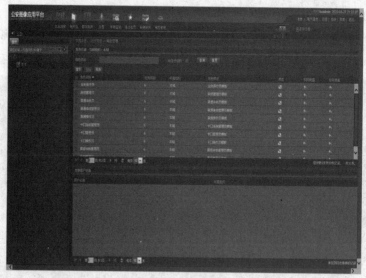

图 2.22　角色管理

目前，系统中默认有 5 种角色类型可供选择，其中包括：

a. 高级管理员：拥有所有权限；

b. 网络管理员：拥有系统配置、组织管理、设备管理的权限；

c. 高级操作员：拥有业务管理、实况回放、计划任务、日志报表、告警的权限；

d. 业务操作员：拥有实况回放、计划任务、日志报表、告警的权限；

e. 普通操作员：仅拥有实况回放权限。

学员可以根据需要修改默认角色或者增加新的角色并进行权限配置，如图 2.23 所示。

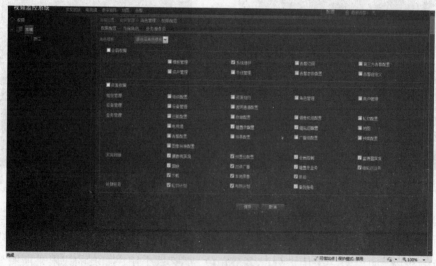

图 2.23　修改角色

④完成角色的创建后，创建组织中的用户。单击【配置】页签，进入"组织管理"页面中的"用户管理"。在页面左侧的组织树中选择某组织节点，单击【用户管理】，进入"用户管理"页面，

如图 2.24 所示。

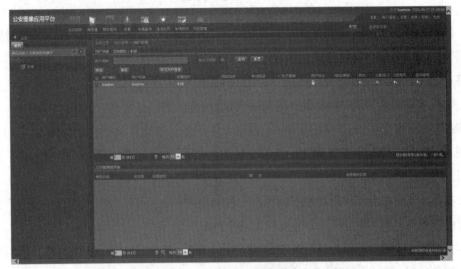

图 2.24　用户管理

⑤单击"增加"，为组织创建用户并分配角色，如图 2.25 所示。

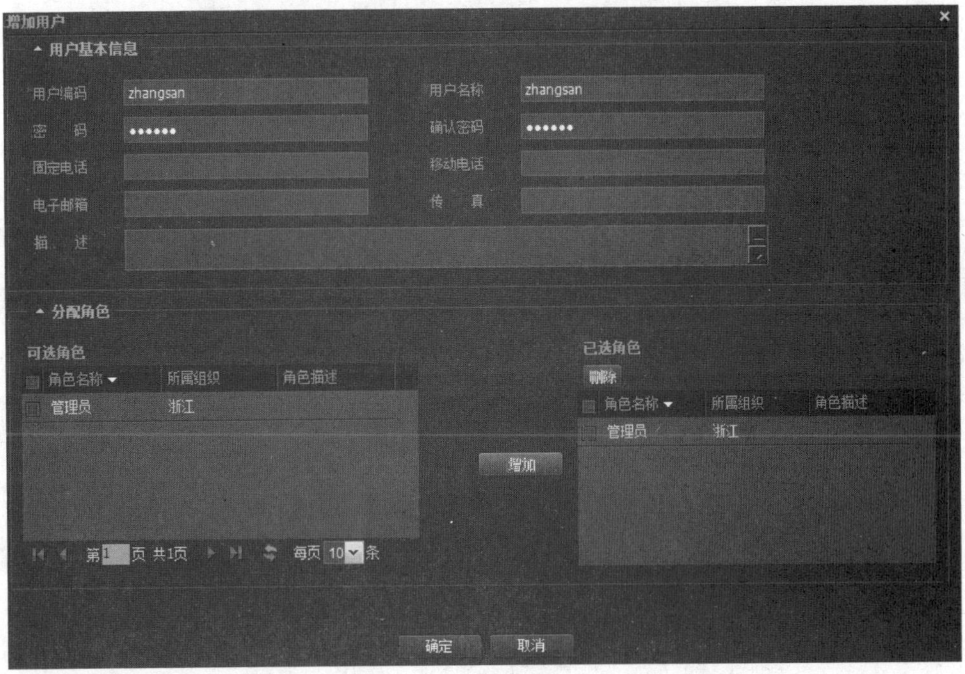

图 2.25　分配角色

2.5　思考题

1.如果 DM 和 MS 没有和 VM 安装在同一台服务器上,那么登录 DM 和 MS 的时候是否仍然需要采用 IP+ 端口号的方式?

答:是,DM 和 MS 的登录方式统一采用 IP+ 端口号的方式。

2.如果 VM 安装完成,Web 客户端无法登录,可能的原因是什么?

答:首先使用命令 vmserver.sh status 查看 VM 服务是否正常运行;确保 IE 版本为 IE8 或以上版本;查看控件是否安装成功;查看 VM 服务器防火墙是否关闭;查看 SELinux 服务是否关闭。

3.在本实验中,为杭州市组织中的用户分配角色时,是否可以分配滨江区的角色?为滨江区的用户分配角色时,是否可以分配杭州市的角色?

答:上级组织用户可以为其分配下级组织中的角色,反之不可以。所以为杭州市组织中的用户分配角色时,可以分配滨江区的角色;而为滨江区的用户分配角色时,不可以分配杭州市的角色。

实验 3 实时监控实验

3.1 实验内容与目标

完成本实验，你应该能够：

- 掌握编解码器/IPC 的参数配置；
- 掌握实况播放、云台控制、巡航等与实况业务相关的配置及操作。

3.2 实验组网图

实时监控实验环境如图 3.1 所示。

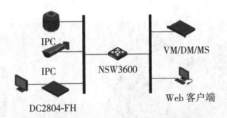

图 3.1 实时监控实验环境图

3.3 实验设备和器材

本实验所需的主要设备和器材见表 3.1。

表 3.1 实验设备和器材

名称和型号	版 本	数 量
VM3.5（VM2500）（VM2500）	当前发布最新版本	1
DM3.5	当前发布最新版本	1
MS3.5	当前发布最新版本	1
IPC 球机	当前发布最新版本	1
IPC 枪机	当前发布最新版本	1
DC2804-FH	当前发布最新版本	1

续表

名称和型号	版　本	数　量
Web 客户端	IE8 以上版本	1
NSW3600	—	1
第 5 类 UTP 以太网连接线	—	6
视频线	—	2
Console 线	—	1

3.4　实验过程

本实验基于实验 1、2 的环境，ID 和 IP 地址规划请参考实验 1。

步骤一：Web 客户端添加 DC、IPC 设备

①添加解码器的步骤，包含添加解码器、在解码器通道绑定监视器。

在滨江区组织，添加解码器。单击【配置】，在【设备管理】里面选择【解码器】，添加解码器，如图 3.2 所示。

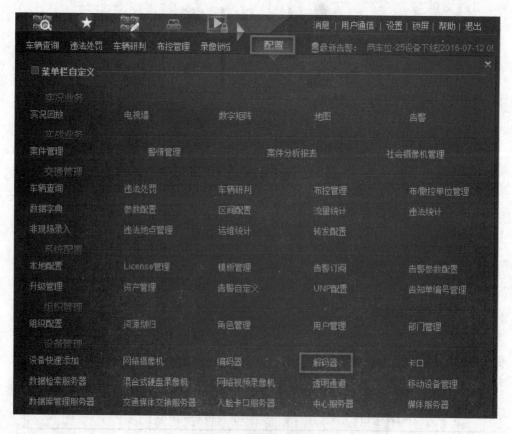

图 3.2　配置解码器

②选择设备类型为 DC2804-FH, 填写设备名称和设备编码, 如图 3.3 所示。注意设备编码必须和 DC 页面配置的设备 ID 保持一致。用户名密码和登录 DC 的 Web 界面保持一致。

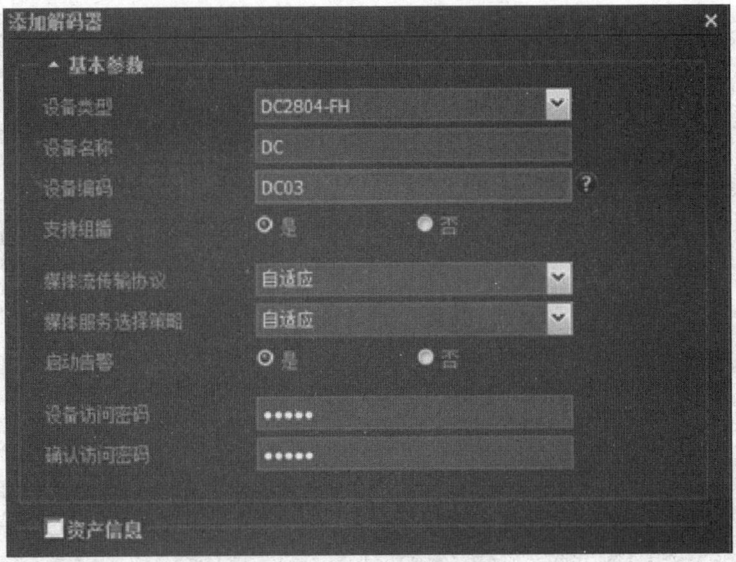

图 3.3　填写设备名称

③配置通道, 为四个通道绑定监视器, 如图 3.4 所示。

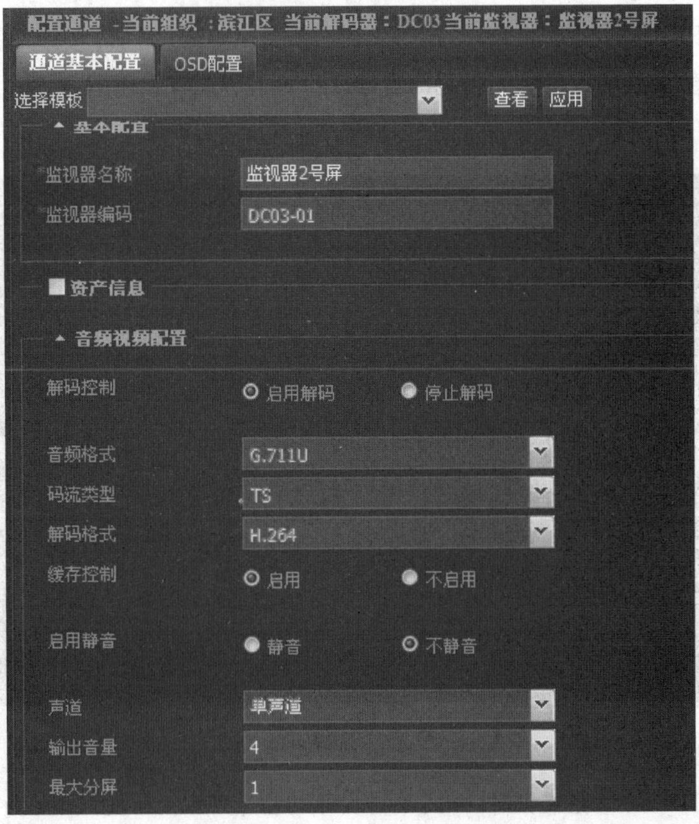

图 3.4　绑定监视器

④添加 IPC 设备的步骤,单击【配置】按钮,页面单击【设备管理】下【网络摄像机】,进入 IPC 配置界面,如图 3.5 所示。

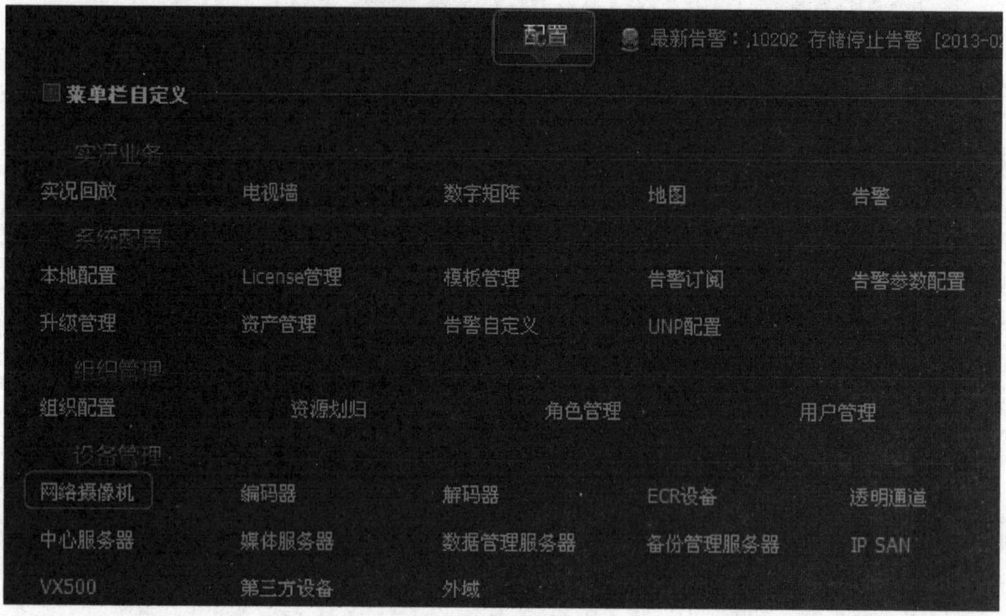

图 3.5　配置网络摄像机

⑤在左侧窗格,选择要添加 IPC 的组织,在右侧窗格单击【增加】按钮,输入 IPC 的型号、名称和 ID 等信息,此处的设备访问密码即为 IPC 的 Web 界面登录密码,默认为 admin,如图 3.6 所示。

图 3.6　选择 IPC

注意:选择 IPC 的设备类型时,一定要与实际的型号匹配。在输入 IPC 的 ID 时,必须与 IPC 的 Web 管理页面上的 ID 保持一致。此处,在上城区组织中添加 IPC。

音视频参数配置中可以配置 IPC 的制式。此处，选择 720P@25，如图 3.7 所示。

音视频参数
制式
720P@25
语音对讲音频输入源
凤凰头L/R输入

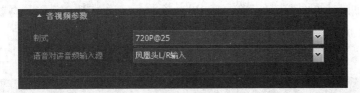

图 3.7　配置音视频参数

⑥添加完成一段时间后，IPC 显示在线，表示添加成功，如图 3.8 所示。

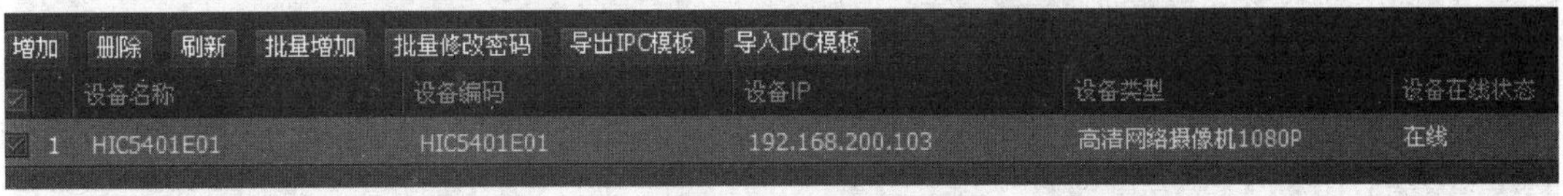
增加
删除
刷新
批量增加
批量修改密码
导出IPC模板
导入IPC模板
设备名称
设备编码
设备IP
设备类型
设备在线状态
1
HIC5401E01
HIC5401E01
192.168.200.103
高清网络摄像机1080P
在线

图 3.8　添加成功

⑦单击右侧【配置与操作】图标，则界面下方会显示 IPC 的通道信息，如图 3.9 所示。

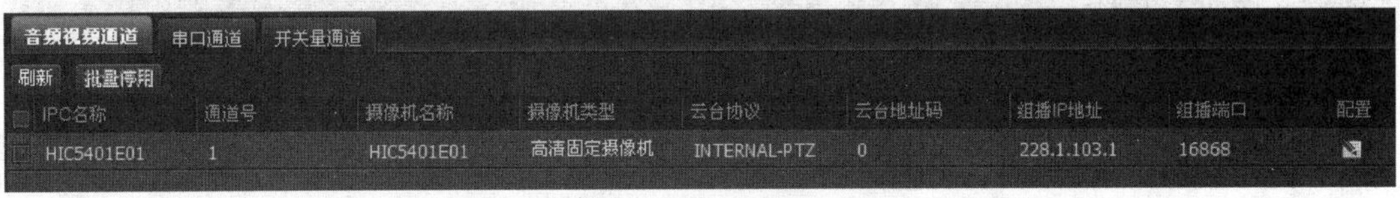
音频视频通道
串口通道
开关量通道
刷新
批量停用
IPC名称
通道号
摄像机名称
摄像机类型
云台协议
云台地址码
组播IP地址
组播端口
配置
HIC5401E01
1
HIC5401E01
高清固定摄像机
INTERNAL-PTZ
0
228.1.103.1
16868

图 3.9　显示通道信息

⑧在配置通道中，枪机类型为“高清固定摄像机”，同时可以配置组播和开启音频配置，如图 3.10 所示。

配置通道　当前组织：上城区　当前IPC：HIC5401E01 当前摄像机：HIC5401E01
通道基本配置
码流配置
通用拉框放大配置
区域增强配置
运动检测配置
增强OSD配置
摄像机配置
摄像机名称
HIC5401E01
摄像机编码
HIC5401E01_1
摄像机类型
高清固定摄像机
经度
纬度
组播配置
组播IP
228.1.103.1
组播端口
16868
音频配置
启用静音
静音
不静音
声道
单声道
音频编码
G.711U
采样率
8000

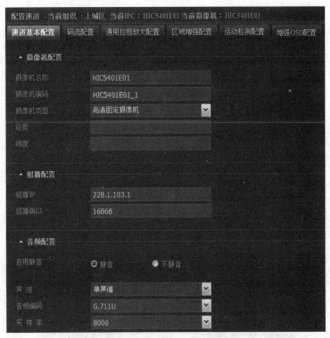

图 3.10　显示通道详细信息

步骤二：实况播放操作

①在【实况回放】页面，选择左侧窗格中的【资源】，在资源树中选择摄像机资源，双击某摄像机如 HIC5401E01，即可在右侧窗格中播放实况视频，也可以直接将摄像机拖放到某窗格中，如图 3.11 所示。

图 3.11　播放实况

在播放窗格下方有一排工具栏，可以进行本地录像、抓拍等操作。

②Web 客户端默认通过单播接收视频，编码器 /IPC 一个通道最多可以发送四路单播视频，如果超过 4 个接收者需要接收同一路视频，则需要使用组播。如果 Web 客户端需要接收组播视频，则可以在【系统配置】页面中的【系统参数设置】中选择支持组播，则该 Web 客户端将接收发送的组播视频流，如图 3.12 所示。

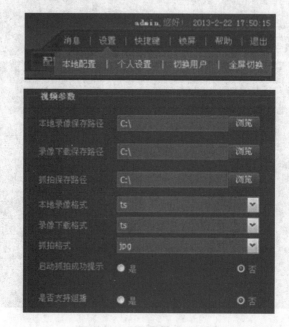

图 3.12　视频参数设置

如果需要在监视器上播放实况，则可以直接将摄像机拖至数字矩阵界面中的某个监视器图标上，如图 3.13 所示。

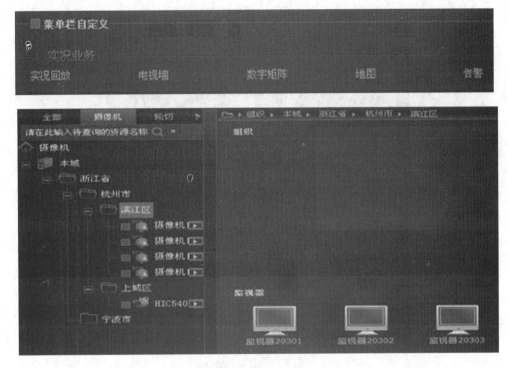

图 3.13　播放实况

③解码器默认通过组播方式接收视频，如果需要改为单播，则需要在解码器的配置中，取消支持组播选项，如图 3.14 所示。

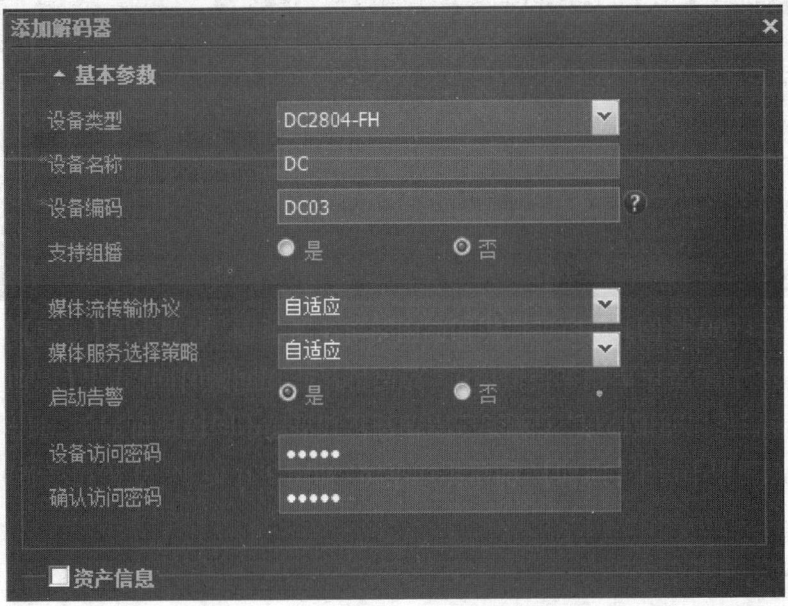

图 3.14　取消组播

④如果需要进行语音对讲,则在资源树中右键所需摄像机,选择"启动对讲"即可进行语音对讲,如图 3.15 所示。

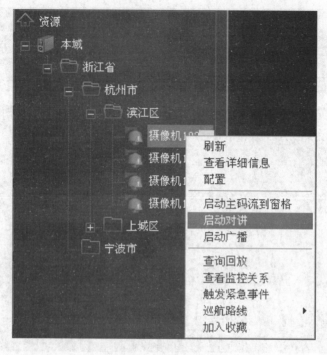

图 3.15　启动对讲

或者在实况播放时,选择播放窗格下工具栏中启动语音对讲,同样也可进入语音对讲中,如图 3.16 所示。

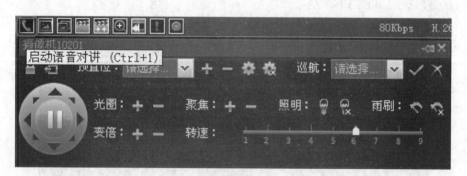

图 3.16　语音对讲

启动语音对讲后,可以在对讲列表中选择查看状态、结束对讲,调整麦克风和耳机音量大小,如图 3.17 所示。

语音对讲时,首先必须保证编码器 /IPC 远端综合接入设备在线,且在编码器 /IPC 远端综合接入设备端(MIC 接口或支持语音对讲的凤凰箍位端子)已连接音频输入、输出设备,在客户端(管理平台对应的 PC 端)已连接音频输入、输出设备。

图 3.17　对讲列表

⑤如果需要进行语音广播，切换为摄像机标签后可以在资源树中选取摄像机右键选择"启动广播"，如图 3.18 所示。

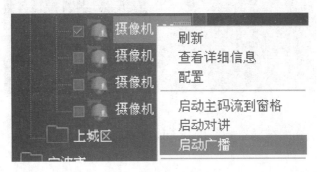

图 3.18　启动广播

步骤三：云台控制操作

如果进行实况的摄像机为云台摄像机，则可以对该摄像机进行云台控制。在进行云台控制前，需要检查云台控制的协议、地址码和波特率等参数是否和云台本身参数相匹配。

在云台控制面板，可以：

a. 控制云台方向、转速；

b. 锁定 / 释放云台；

c. 调整光圈、聚焦、变倍；

d. 设置预置位；

e. 手工启动巡航；

f. 对特殊的云台还可以提供辅助控制功能，包含雨刷、照明等。

①设置云台，如图 3.19 所示。

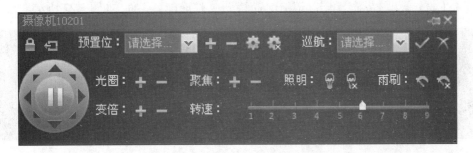

图 3.19　设置云台

②设置云台预置位时,首先将云台转到对应的位置,然后单击█,在弹出的窗格中,输入预置位位置编号和描述。同时可选择是否设置看守位,并设置看守时间(10~3600),如图3.20所示。

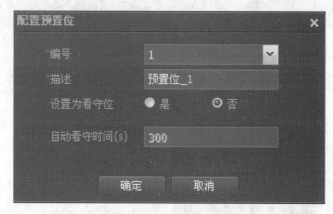

图3.20 设置看守时间

③当需要控制云台转到某个预置位时,可以在预置位下拉菜单中选择该预置位,并单击即可,如图3.21所示。

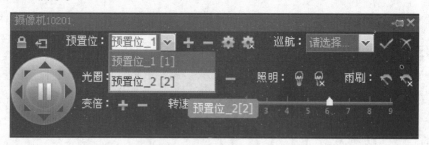

图3.21 设置预置位

步骤四:巡航计划的配置及操作

进入【业务管理】页面,可以对业务进行管理和配置。业务管理包含单资源业务、组合资源业务和系统业务。巡航属于单资源业务,即巡航业务只与某一个云台摄像机资源相关联。

巡航配置包含制订巡航路线、制订巡航计划和启动巡航。为云台摄像机配置巡航前,必须首先为摄像机设置2个以上的预置位。

①在【业务管理】界面,单击【巡航配置】,进入巡航配置界面,如图3.22所示。

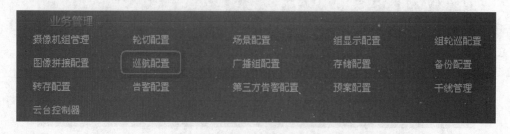

图3.22 巡航配置

②选择某一个在线的云台摄像机，在下方巡航路线列表窗格中单击【增加】，如图3.23所示。

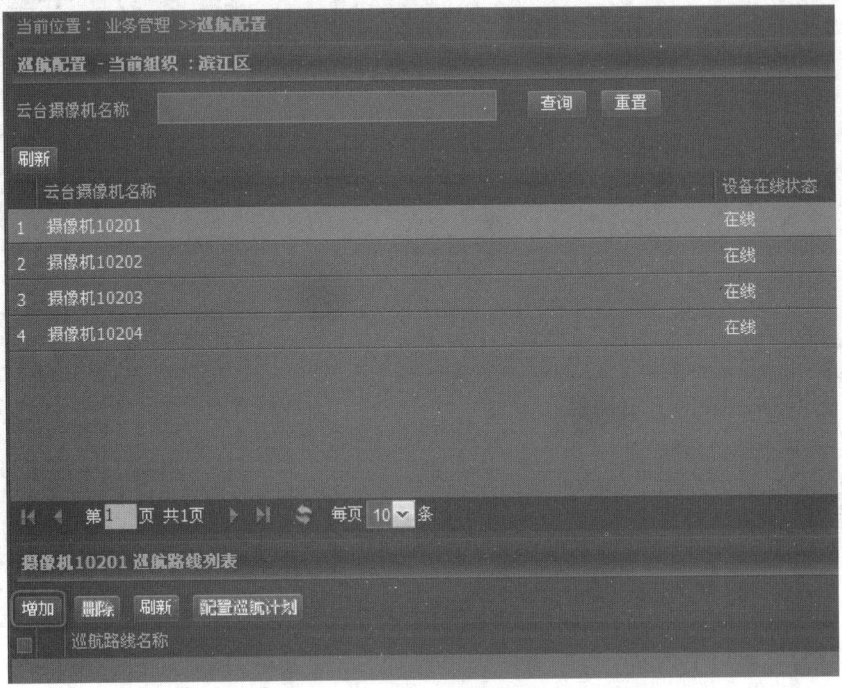

图 3.23　增加云台摄像机

在巡航路线配置界面，巡航类型分为预置位巡航和轨迹巡航两种配置方式，如图3.24所示。

图 3.24　巡航类型

配置好巡航路线后，单击【确定】，保存该巡航路线，如图3.25所示。

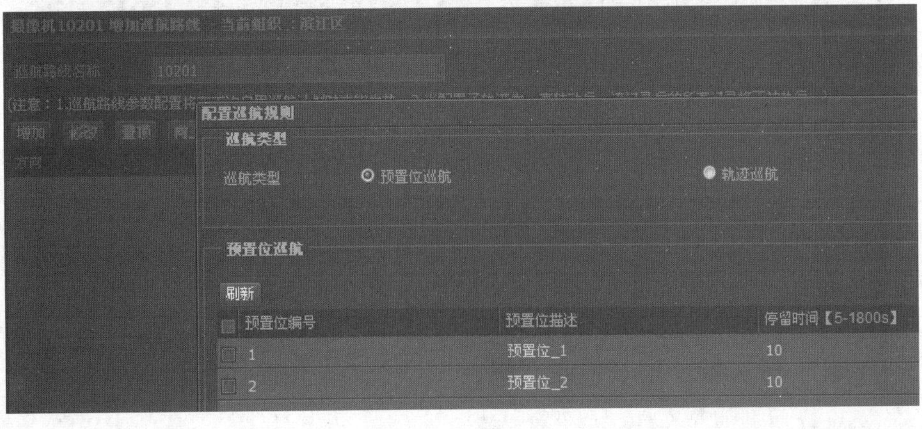

图 3.25　保存巡航

③同样的方式添加巡航路线 10202, 单击【配置巡航计划】进入巡航计划配置界面, 如图 3.26 所示。

图 3.26　配置巡航计划界面

④在配置巡航计划界面, 首先为计划取名称。在计划模板栏, 可以套用【系统配置】界面的"模板管理"中所创建的计划模板。也可以手工在计划时间栏中按周或按日制订巡航计划。每天可以选择 4 个时间段, 每一个时间段可以选择一个巡航路线。

在计划时间段内, 还可以指定一些例外时间段, 在例外时间段内, 可以指定另外一个巡航路线, 如图 3.27 所示。

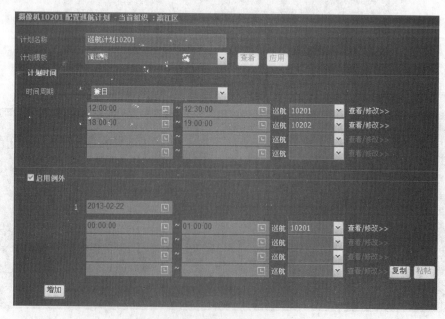

图 3.27　配置巡航计划

⑤回到巡航路线列表，单击【启动巡航计划】，在弹出窗格中单击【是】确认，如图3.28所示。此后云台摄像机会按照设定的计划时间，在巡航线路上巡航。

图 3.28　启动巡航计划

如果需要手工启用巡航，可以在云台控制界面，选择巡航路线，启动巡航即可，如图3.29所示。

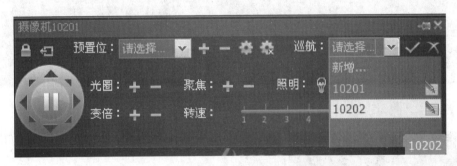

图 3.29　启动巡航

步骤五：轮切配置及操作

轮切属于组合资源业务，轮切业务与多个摄像机资源相关联。

①在【业务管理】界面，单击"轮切配置"进入轮切配置界面，如图3.30所示。

图 3.30　轮切配置

②在上侧窗格中单击【增加】，创建轮切资源，如图 3.31 所示。在轮切资源配置界面，左侧为当前可参与轮切的摄像机，右侧为已添加到轮切资源中的摄像机列表。如果要将摄像机加入轮切资源，只需要在左侧选择摄像机，然后设置轮切间隔时间，单击【增加】即可。轮切间隔时间为 5~3 600 s。同时可以选择轮切调用的媒体流类型。最后单击【确定】。

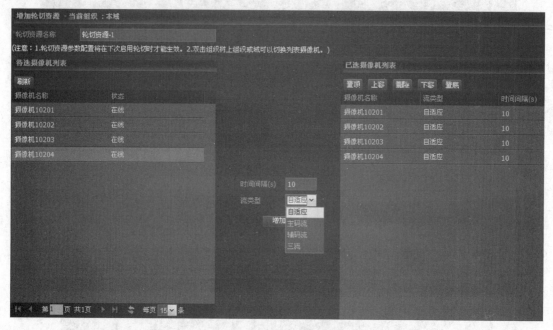

图 3.31　创建轮切资源

③回到轮切配置界面，增加轮切计划，如图 3.32 所示。

轮切计划的配置和巡航计划类似，可以套用计划模板，也可以手工制订轮切时间段。在轮切计划制订时，需要选择轮切资源将要在哪一个监视器上执行，如图 3.33 所示。

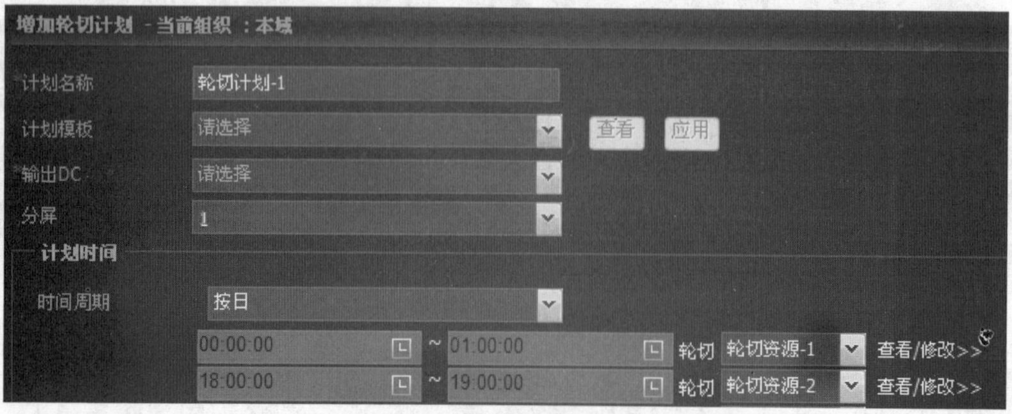

图 3.32　轮切计划列表

图 3.33　增加轮切计划

④在树形（资源）界面，通过刷新，此时可以在左侧资源树中，看到创建的轮切资源，如图 3.34 所示。

⑤如果要按照轮切计划在监视器上执行轮切，最后还需要在【计划任务】界面，单击【轮切计划】，然后启动某轮切计划，如图 3.35 所示。如果需要停止轮切计划的执行，也在该界面进行操作。

另外一种轮切操作为手动轮切，手动轮切时，可以将轮切资源视为一台虚拟摄像机，通过直接将该虚拟摄像机拖放到窗格或监视器图标，就可以实现在某窗格或监视器上执行轮切，如图 3.36 所示。

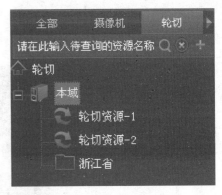

图 3.34 查看轮切资源

图 3.35 启动轮切计划

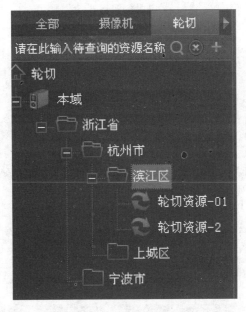

图 3.36 手动轮切

步骤六：电视墙配置

为了便于监视器图标和实际电视墙上的监视器相对应，系统中可以配置电视墙，并将电视墙上的窗格映射到对应的监视器上。

①在【业务管理】界面，单击【电视墙】进入电视墙配置界面，单击【增加】添加电视墙。

a. 首先为电视墙配置名称，如图 3.37 所示。

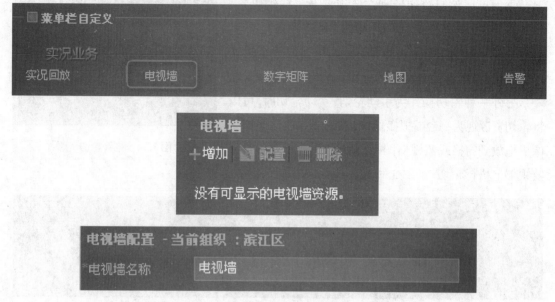

图 3.37　配置电视墙

b. 拖动监视器图标模拟电视墙设置，如图 3.38 所示。

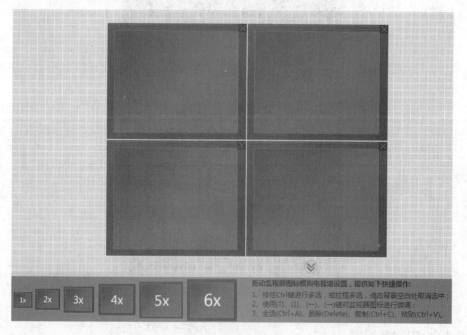

图 3.38　电视墙

②假设实际电视墙上有 4 个监视器，排列为 2 行 2 列，则此处电视墙也添加 4 个监视窗格，按照 2 行 2 列布置，左侧资源树中，选择对应的监视器拖曳至模拟电视墙中进行对应，

如图 3.39 所示。对应完成后，单击右上方【保存】按钮完成电视墙设定。

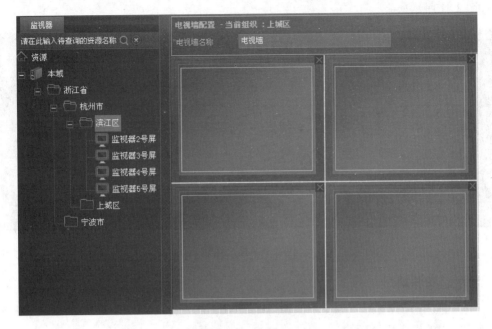

图 3.39　设置电视墙

③进入【电视墙】界面，在下方窗格选择创建的电视墙，并双击，则电视墙会显示在右方的窗格中，如图 3.40 所示。

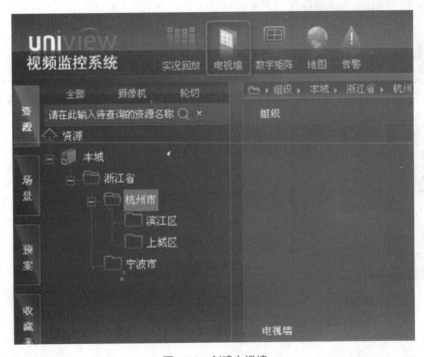

图 3.40　创建电视墙

④此时将摄像机拖放至电视墙上的某监视窗格,则实际电视墙上的对应监视器会播放视频,如图3.41所示。

图 3.41　播放视频

步骤七:资源划归

默认情况下,摄像机资源属于编码器/IPC所在组织,一个组织中的用户登录后是无法查看其他组织中的摄像机视频的。

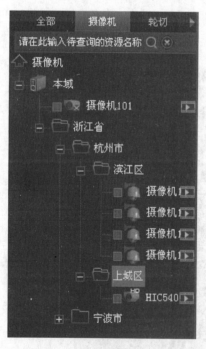

图 3.42　摄像机资源

例如,本实验中,编码器/IPC添加在本域,则浙江省用户、杭州市用户、滨江区的用户是无法查看摄像机视频的,如图3.42所示。

如果需要多个组织中的用户查看同一些视频,则可以通过配置资源划归来实现。

①在【组织管理】界面,单击【资源划归】,选择要划归的摄像机资源,单击【划归资源】,如图3.43所示。

选择划归的目标组织,如浙江省—杭州市—滨江区,如图3.44所示。

②回到【实况回放】界面,此时在滨江区组织下可以看到划归过来的摄像机资源,如图3.45所示。

此时滨江区的用户登录,就可以查看划归摄像机视频。

如果某组织不需要再查看划归过来的摄像机的视频,则可以在【资源划归】配置界面,选择划归的目标组织,然后选择划归的资源,单击【解除划归】即可。

注意:摄像机资源只能从划归的目标组织中解除,而无法从源组织中解除,源组织中可以删除摄像机资源,如图3.46所示。

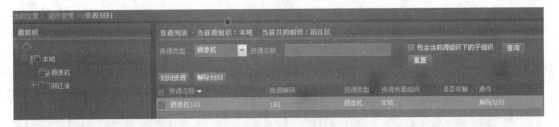

图 3.43 资源规划

图 3.44 选择划归目标

图 3.45 摄像机资源

图 3.46 删除摄像机资源

步骤八:组显示和组轮巡

①配置组显示之前,首先要配置摄像机组,在【业务设置】→【摄像机组配置】界面,增加摄像机组,如图 3.47 所示。

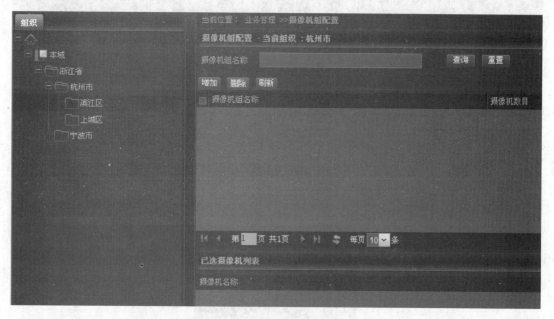

图 3.47　增加摄像机组

②设置摄像机组名称例如"camgroup1",然后选择当前已添加的摄像机,单击【增加】按钮,增加到已选择摄像机列表中,如图 3.48 所示。

③在【业务设置】→【组显示配置】界面,添加组显示,如图 3.49 所示。例如 "groupplay",选择客户端显示/电视墙显示的播放方式及对应的 XP 分屏/电视墙,页面下方将显示其布局,如图 3.50 所示。将需要组显示的摄像机组绑定到 XP 屏幕或监视器布局上。

图 3.48　设置摄像机组

图 3.49　增加组显示

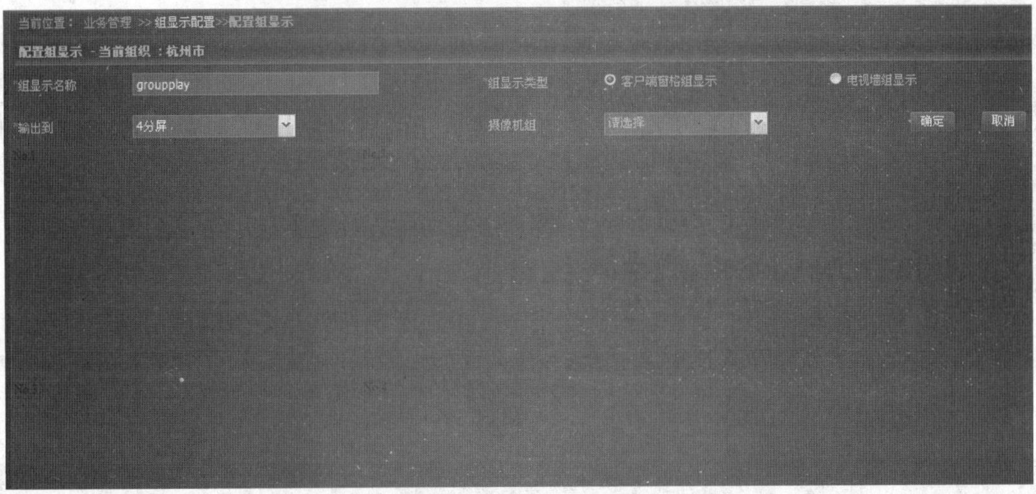

图 3.50　设置组显示

在布局上点右键可以取消或更改屏幕和摄像机的绑定关系。可以在"摄像机组"下拉框中选择某个摄像机组进行绑定，也可以选择在资源树的某个摄像机，拖动到对应的 XP 屏幕或监视器，直到完成所有需组显示的摄像机的绑定操作，如图 3.51 所示。

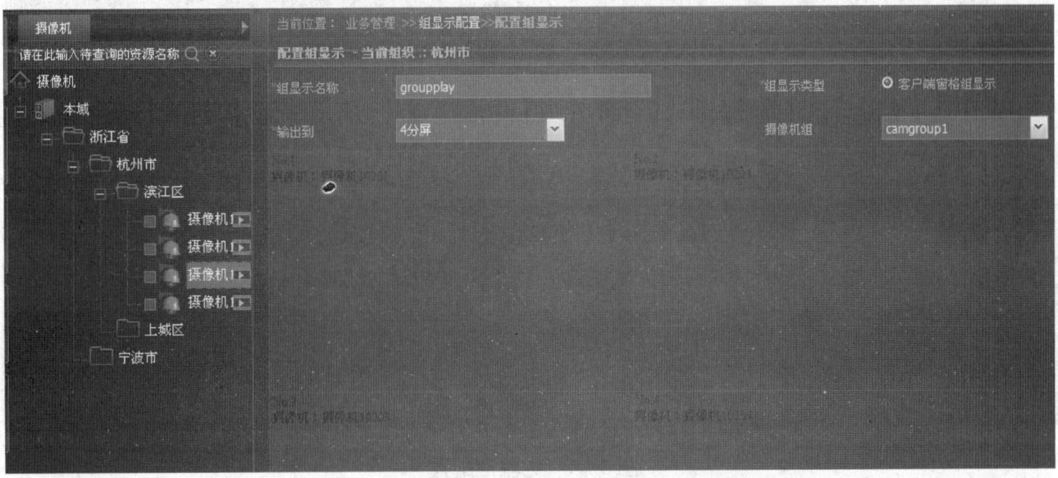

图 3.51　配置组显示

采用摄像机组的方式进行摄像机绑定时,摄像机组中的摄像机会按照 XP 窗格顺序或电视墙中监视器顺序依次匹配。为了能看到该组中所有摄像机的实况,请确保 XP 窗格或监视器数不小于摄像机数。若 XP 窗格或监视器数小于摄像机数,则无法查看多出的摄像机的实况;若 XP 窗格或监视器数大于摄像机数,则多出的 XP 窗格或监视器将空闲。

④在【实况回放】界面,在左侧资源树选择组显示资源,左侧"XP"字样,代表在 XP 窗格进行组显示。

若需要停止组显示中某个摄像机实况,请单击对应窗格右上角。

若需要停止组显示,请在该组显示资源上单击右键选择【停止】,如图 3.52 所示。若关闭组显示的所有摄像机实况,则该组显示也将停止。

轮巡配置分为组显示轮巡配置和自动布局轮巡。

组显示轮巡就是多个组显示循环显示。配置组显示轮巡前需要配置最少 3 个摄像机组,如图 3.53 所示。

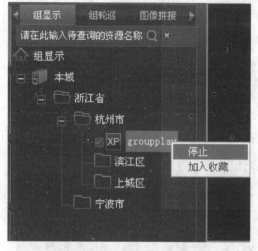

图 3.52　停止组显示

图 3.53　配置摄像机组

⑤单击【业务管理】页签,进入【业务管理】页面。单击【组轮巡配置】,进入【组轮巡配置】页面,如图 3.54 所示。

图 3.54　组轮巡配置

⑥单击【增加】，选择【组显示轮巡】配置。输入组轮巡名称，选择组显示类型，将显示对应的组显示列表。增加所需的组显示，在"时间间隔"中输入该组显示的播放时间，并按需调整位置，以决定其先后播放的顺序，如图 3.55 所示。

图 3.55 配置组轮巡

⑦在左边列表中选中组显示（支持按 Ctrl 或 Shift 键加鼠标点击进行多选），再单击【增加】，则所选组显示将被增加到右边列表中，如图 3.56 所示。

⑧单击【实况回放】，进入【实况回放】页面。选择资源树中某组织下标有 XP 字样的组轮巡资源，鼠标拖入某一窗格即可进行播放。对已启动的组轮巡资源单击右键选择快捷菜单，您可进行切换组显示、暂停 / 恢复组轮巡等操作。

若需要停止组轮巡，请在该组轮巡资源上单击右键选择【停止】，如图 3.57 所示。

图 3.56 增加组显示

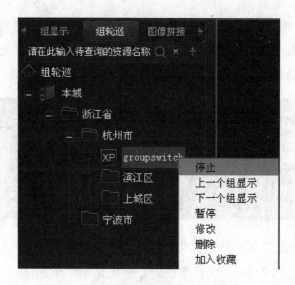

图 3.57　停止组轮巡

　　自动布局轮巡是选择一组摄像机，然后系统会根据当前电视墙／客户端窗格的分屏数自动显示对应的摄像机个数，自动布局轮巡如果遇到摄像机有离线，会自动跳过当前摄像机。

　　⑨在【轮巡配置】中选择自动布局轮巡，配置轮巡名称和间隔，并选择输出的分屏数。在左侧资源树中选择需要添加到轮巡的摄像机，单击【确定】即可配置完成，如图 3.58 所示。

　　自动布局启动和组显示轮巡启动类似。

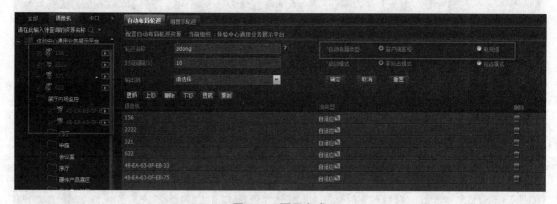

图 3.58　配置完成

3.5　思考题

　　1. 如果 EC/DC 添加后无法在线，则可能的原因及问题定位思路是什么？

　　答：首先检查 VM 服务器和 EC/DC 之间的网络，用 ping 命令测试网络是否连通；然后检查系统添加 EC/DC 时的 ID 以及设备类型，和 EC/DC 的 Web 界面的设置是否相同；检查 EC/DC 的版本是否和 VM 的版本保持匹配。

如果经过上述检查仍然离线,则需要抓取服务器和 EC/DC 之间的信令报文,并收集日志信息。

2. 如果无法正常播放某摄像机的实况,可能的原因及问题定位思路是什么?

答:

(1) 如果摄像机离线,检查编码器参数和网络,保证编码器在线。

(2) 如果显示"视频丢失",则检查摄像机是否上电、视频线是否良好、视频接口接触是否良好。

(3) 如果显示黑屏,首先检查监控关系是否建立,没有则抓信令报文分析,并排查网络;如果监控关系建立,在 EC 的 Web 界面检查 EC 是否发送媒体流,如果 EC 发送组播媒体流,需要检查网络是否启用组播;如果 EC 指定通过某 MS 转发,则检查该 MS 是否在线,如果不在线,请选择在线的 MS 或设置媒体服务策略为自适应;如果 Web 客户端通过抓包确认收到媒体流,则检查 Web 客户端是否启用防火墙,并检查硬件加速是否开启。

(4) 如果 DC 显示实况失败,出现"不支持的媒体流"提示,则应确保 EC/DC 编解码套餐匹配。

(5) 如果图像显示有停顿的现象,则检查网络是否有丢包,网络带宽是否满足要求。

3. 如果摄像机云台不可控,可能的原因及问题定位思路是什么?

答:首先检查云台控制线制作是否正确;检查云台控制协议、地址码、波特率是否设置正确,云台本地的参数和 Web 客户端配置的参数要保持匹配。

实验 4 ｜ 存储回放实验

4.1 实验内容与目标

完成本实验，你应该能够：

- 掌握 IPSAN 的基本配置；
- 掌握添加存储、制订存储计划的配置；
- 掌握点播回放操作。

4.2 实验组网图

存储回放实验环境如图 4.1 所示。

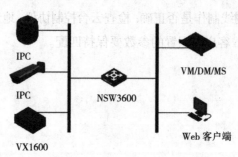

图 4.1 存储回放实验环境图

4.3 实验设备和器材

本实验所需的主要设备和器材见表 4.1。

表 4.1 实验设备和器材

名称和型号	版 本	数 量
VM3.5（VM2500）	当前发布最新版本	1
DM3.5	当前发布最新版本	1
IPC	当前发布最新版本	1
VX1600	当前发布最新版本	1

续表

名称和型号	版 本	数 量
Web 客户端	IE8 以上版本	1
NSW3600	—	1
第 5 类 UTP 以太网连接线	—	6
视频线	—	2
Console 线	—	1

4.4 实验过程

任务一 IP SAN 配置

本实验基于实验 1 的环境, ID 和 IP 地址规划请参考实验 1。

①在 IE 地址栏输入 VX1600 的 IP 地址, 弹出 NeoStor 控制台, 登录实验 1 添加的存储设备 VX1600-100, 如图 4.2 所示。

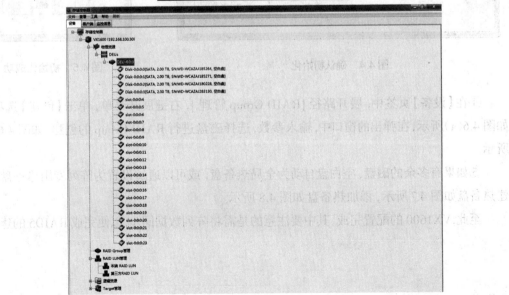

图 4.2 添加控制器

②选择要做 RAID 的磁盘，进行初始化，如图 4.3 所示。

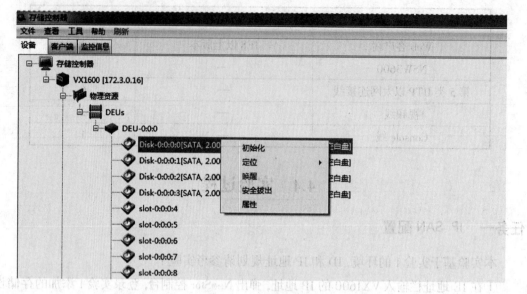

图 4.3　初始化磁盘

③选择初始化会出现如图 4.4 提示，输入"YES"完成初始化，如图 4.5 所示。

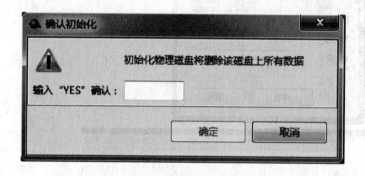

图 4.4　确认初始化

图 4.5　初始化成功

④在【设备】页签中，展开路径 [RAID Group 管理]，右键展开菜单，单击【创建】选项，如图 4.6(a)所示，在弹出的窗口中，输入参数，选择磁盘进行 RAID Group 的创建，如图 4.6(b)所示。

⑤如果有多余的磁盘，空白盘自动为全局热备盘，或可以通过设置为阵列专用热备盘，创建热备盘如图 4.7 所示，添加热备盘如图 4.8 所示。

至此，VX1600 的配置完成，其中要注意的是需将阵列数据同步，以便完成 RAID5 的建立。

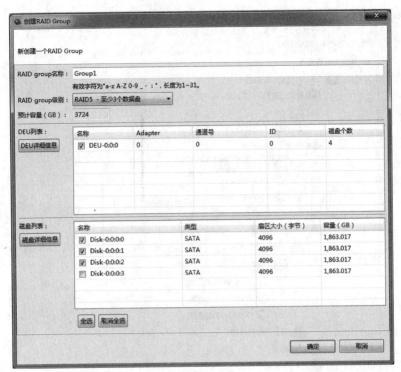

（a）

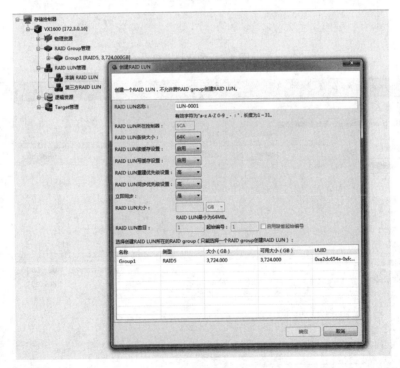

（b）

图 4.6　创建 RAID

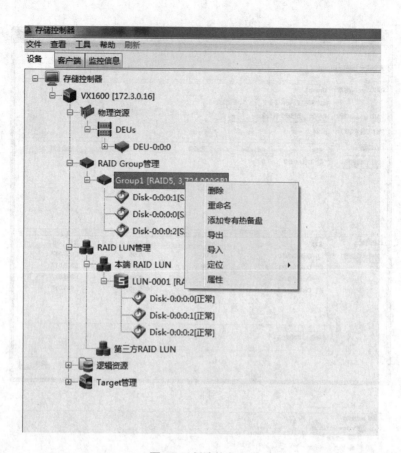

图 4.7　创建热备盘

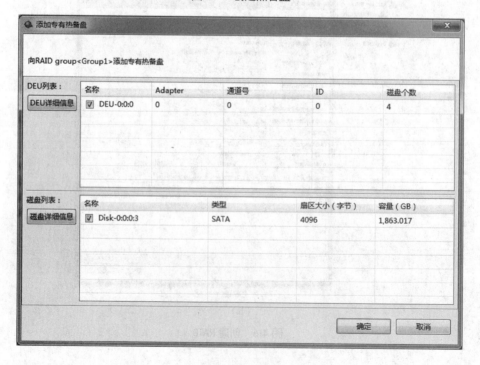

图 4.8　添加热备盘

任务二　Web 客户端进行存储回放配置和操作

步骤一：添加 DM

①在【设备管理】界面，单击【数据管理服务器】，进行 DM 的添加，如图 4.9 所示。

图 4.9　设备管理——数据管理服务器

②单击【添加】，输入 DM 的名称和编码（ID），此处设置名称设为 dmserver，编码（ID）设置为 dmserver-20，如图 4.10 所示。

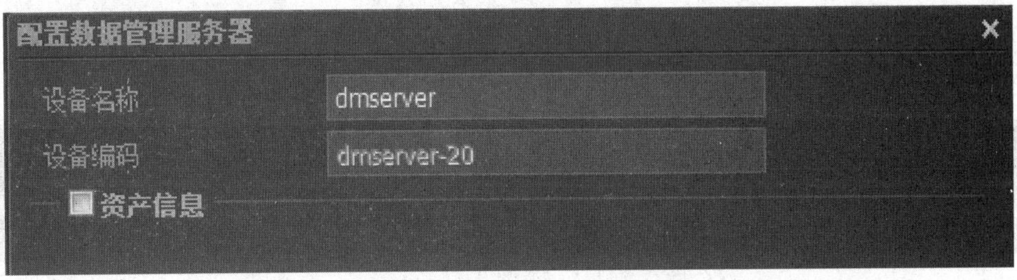

图 4.10　设置设备名称、设备编码

③设置好后，单击【确定】，一段时间后，DM 显示在线，如图 4.11 所示。

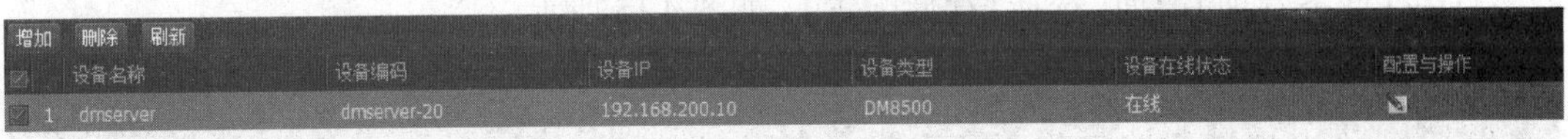

	设备名称	设备编码	设备IP	设备类型	设备在线状态	配置与操作
1	dmserver	dmserver-20	192.168.200.10	DM8500	在线	

图 4.11　设置完成

步骤二：添加存储

首先添加 VX1600。

①在【设备管理】界面，单击【IP SAN】，进行 VX1600 的添加，如图 4.12 所示。

图 4.12　设备管理——IP SAN

②单击【添加】，输入 IP SAN 的类型、名称、编码、IP 地址，并为 IP SAN 指定一个当前在线的 DM 作为管理服务器，如图 4.13 所示。

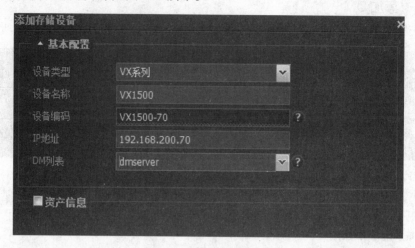

图 4.13　添加存储设备

③单击【确定】，可以看到 VX1600 添加成功，如图 4.14 所示。

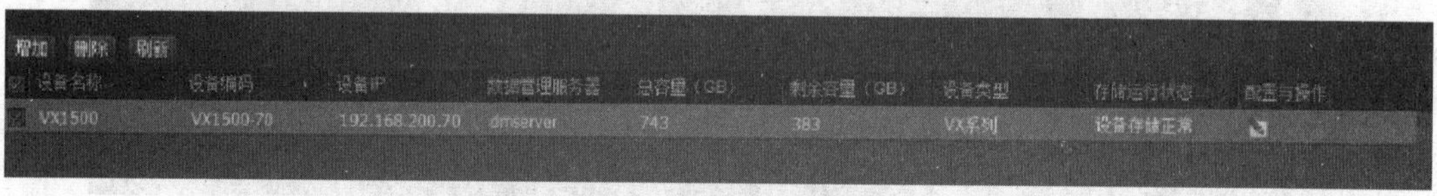

图 4.14　添加成功界面

步骤三：VX1600 上制订存储计划并回放

①在【业务管理】界面，选择【存储配置】，如图 4.15 所示。

图 4.15　存储配置 1

②选择需要存储录像的摄像机，单击【操作】→【配置】，如图 4.16 所示。

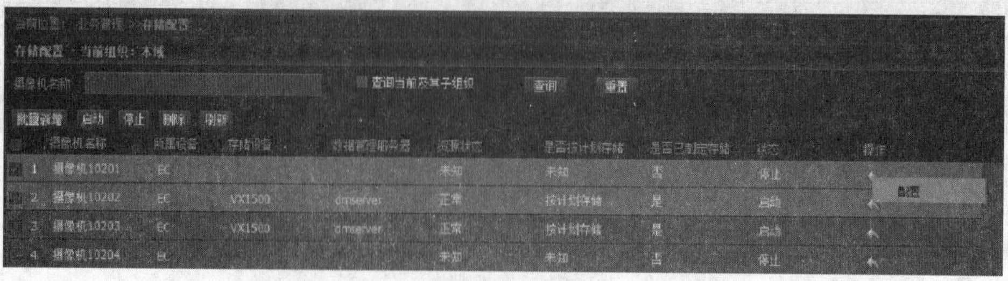

图 4.16　存储配置 2

③进入存储配置界面后，根据需求进行配置。此处，容量分配 180 G，也可以选择按天数进行容量分配，系统会根据天数以及码流大小自动计算出所需的容量并分配，如图 4.17 所示。

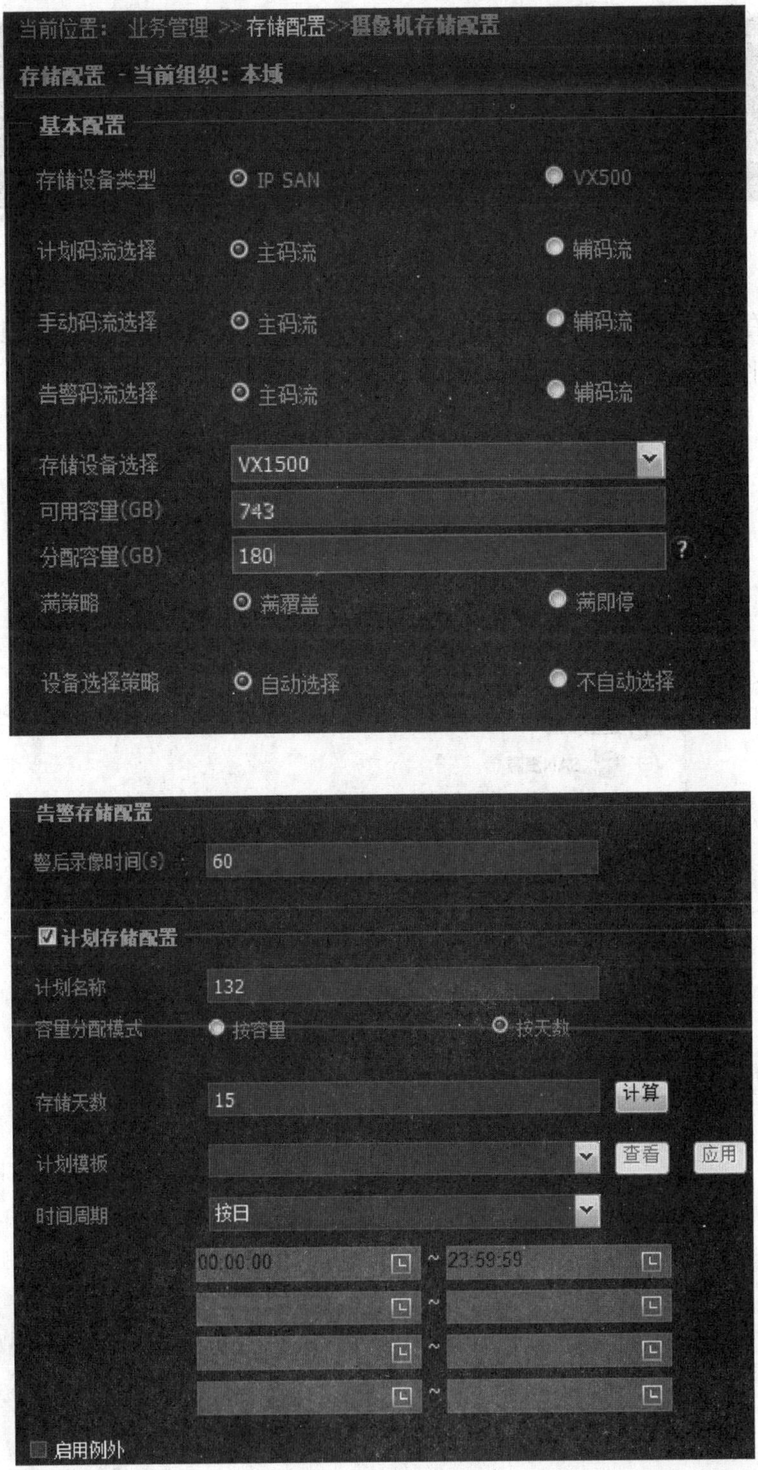

图 4.17　存储配置 3

④设置好后，单击【确定】，完成存储配置，如图 4.18 所示。

	摄像机名称	所属设备	存储设备	数据管理服务器	资源状态	是否按计划存储	是否已制定存储	状态	操作
1	摄像机10201	EC	VX1500	dmserver	正常	按计划存储	是	启动	
2	摄像机10202	EC	VX1500	dmserver	正常	按计划存储	是	启动	
3	摄像机10203	EC	VX1500	dmserver	正常	按计划存储	是	启动	
4	摄像机10204	EC			未知	未知	否	停止	

图 4.18　存储配置完成

⑤登录存储设备可以看到 VM 服务器下发存储计划后，VX1600 自动创建了逻辑资源、Target 管理（图 4.19）和客户端（图 4.20）。

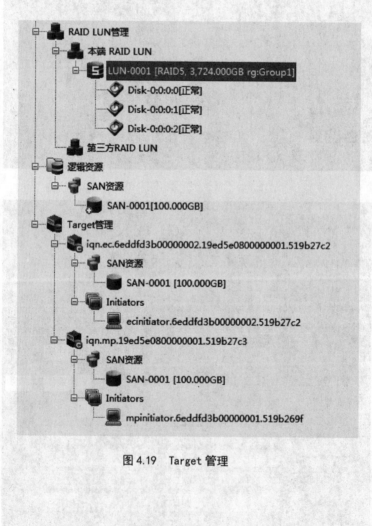

图 4.19　Target 管理

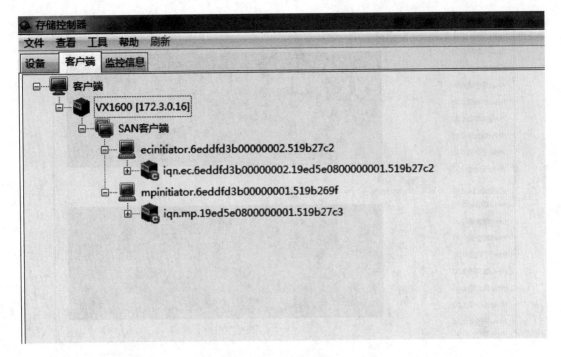

图 4.20　客户端

⑥右键单击逻辑资源，可以查看性能统计，并可看到资源上在进行写操作，如图 4.21、图 4.22 所示。

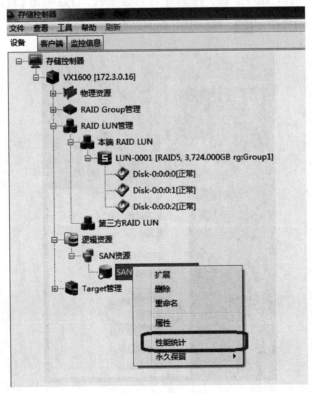

图 4.21　性能统计

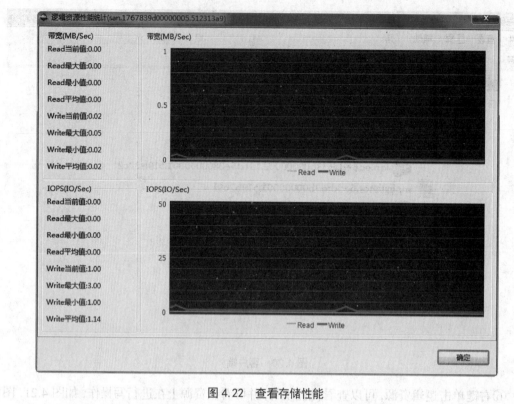

图 4.22　查看存储性能

⑦【实况回放】界面，选择指定了存储计划的摄像机，右键单击【查询回放】，如图 4.23 所示；或者单击查询回放按钮 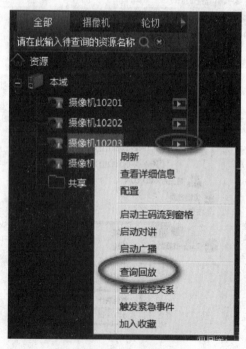，然后单击查询录像。

图 4.23　实况回放

⑧选择开始时间和结束时间，单击检索录像，如图 4.24 所示。

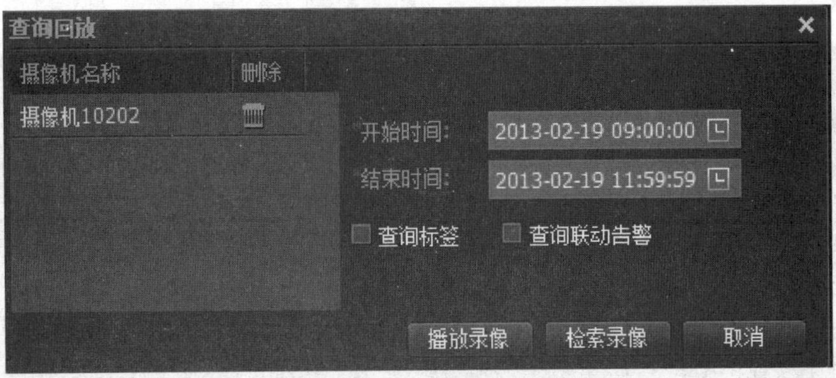

图 4.24 查询回放

⑨查到录像后，选择窗口，单击播放，可以看到存储录像的视频，如图 4.25 所示。

图 4.25 播放存储录像

在实况播放的窗格下方有一排浮动工具栏，可以进行单张抓拍 ▣、连续抓拍 ▣、本地录像 ▣、数字放大 ▣ 以及录像图像参数调节 ▣ 等。

同时在进度窗格可以进行录像倍数调节以及录像标签的添加等。

本地存储将录像存在本地 Web 客户端，存储路径在"系统参数设置"中指定。中心存储将录像存在 IP SAN 中。

注意：手工录像中心存储和计划存储共享为该摄像机分配的存储空间。

步骤四：扩容操作

当为某摄像机分配的存储容量不够需要扩容时，可以在【业务管理】界面单击【存储配置】，选择需要扩容的摄像机，单击【操作】→【配置】。根据需要的容量选择扩展容量的大小，然后单击确定，如图 4.26 所示；或者修改【存储的天数】单击【计算】，系统会自动算出【扩展容量】，如图 4.27 所示。

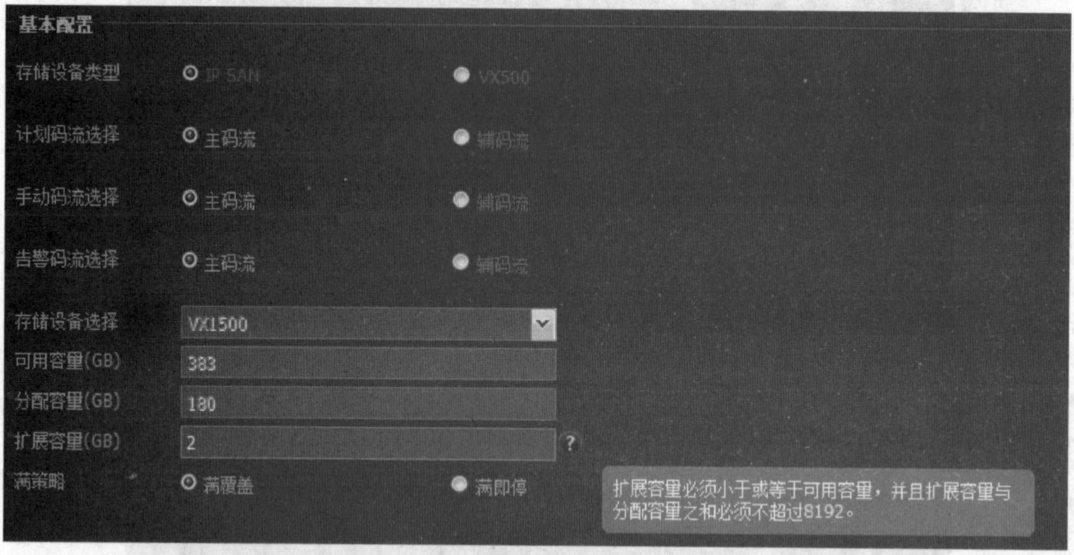

图 4.26 存储扩展容量 1

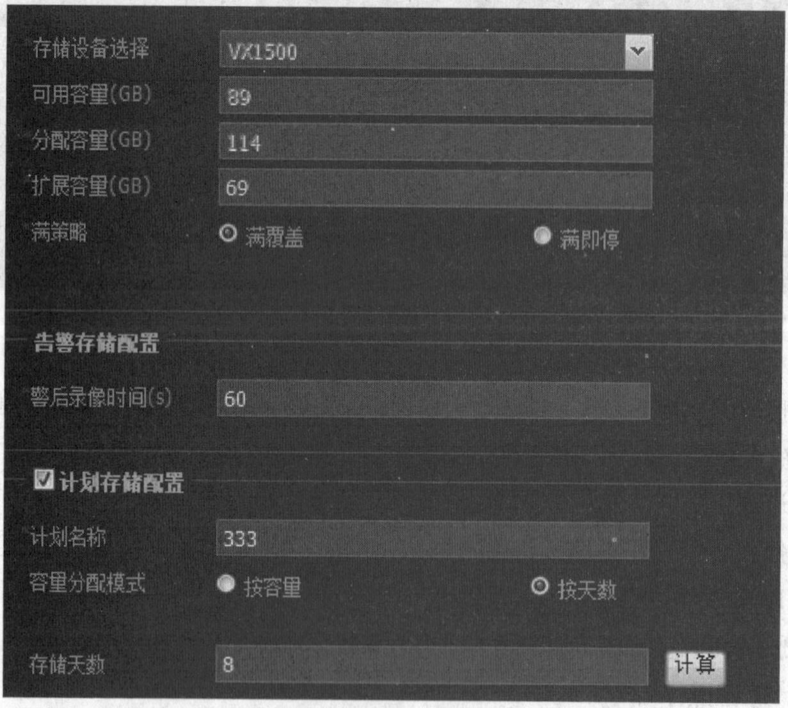

图 4.27 存储扩展容量 2

4.5　思考题

1. 添加 VX1600 后显示可用容量为 0, 如何操作?

答: 检查 VX1600 是否正确创建阵列, 如果没有创建阵列, 则会显示容量为 0。

2. 若录像无法回放, 则应检查哪些项目?

答: 检查设备间网络是否正常; 检查 DM 是否在线; 检查存储是否添加正常; 检查存储计划是否制订正确, 回放检索时间段是否在存储计划时间段内; 检查 EC 的时区和服务器的时区是否一致; 检查 EC 是否正确挂载 SAN 资源并进行写操作。

实验 5 | 告警联动实验

5.1　实验内容与目标

完成本实验，你应该能够：

- 理解告警联动的流程；
- 掌握运动检测告警联动的基本配置。

5.2　实验组网图

告警联动实验环境如图 5.1 所示。

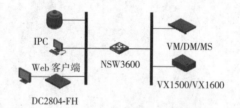

图 5.1　告警联动实验环境图

5.3　实验设备和器材

本实验所需的主要设备和器材见表 5.1。

表 5.1　实验设备和器材

名称和型号	版　本	数　量
VM3.5（VM2500）（VM2500）	当前发布最新版本	1
DM3.5	当前发布最新版本	1
MS3.5	当前发布最新版本	1
DC2804-FH	当前发布最新版本	1
VX1600	当前发布最新版本	1
Web 客户端	IE8 以上版本	1

续表

名称和型号	版　本	数　量
NSW3600	—	1
第 5 类 UTP 以太网连接线	—	6
视频线	—	2
Console 线	—	1

5.4　实验过程

任务一　运动检测告警联动基本配置

本实验基于实验 1 的环境，ID 和 IP 地址规划请参考实验 1。

监控系统的告警源分为内部告警源和外部告警源。内部告警源指编解码器，其产生的告警包含设备级别的温度告警、风扇告警以及通道级别的运动检测告警和视频丢失告警，如图 5.2 所示。

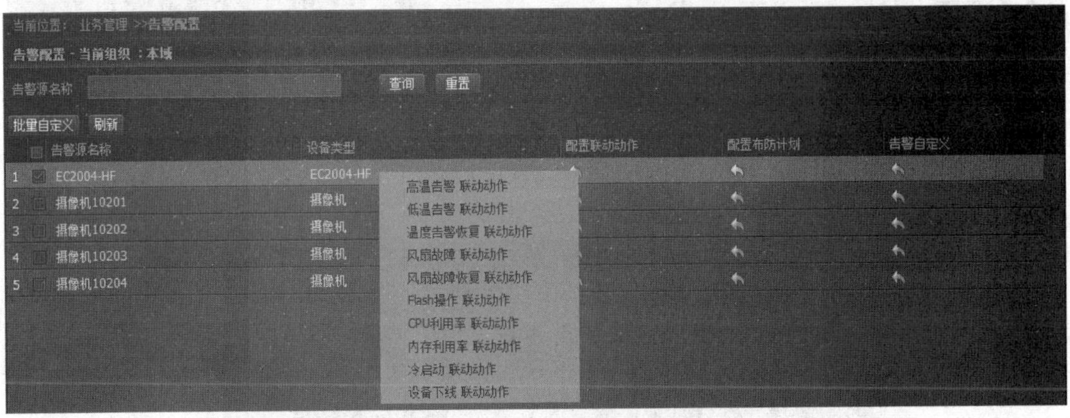

图 5.2　告警分类

告警配置如图 5.3 所示。

外部告警源指通过编解码器的告警输入通道所连接的外部告警设备。配置外部告警源，需要首先通过编解码器的 Alarmin 接口连接告警设备，然后在【设备管理】界面的编解码器配置界面，选择【开关量通道】，如图 5.4 所示。

选择输入类型的开关量，单击【配置】，输入开关量名称、状态等参数，如图 5.5 所示。

图 5.3　告警配置

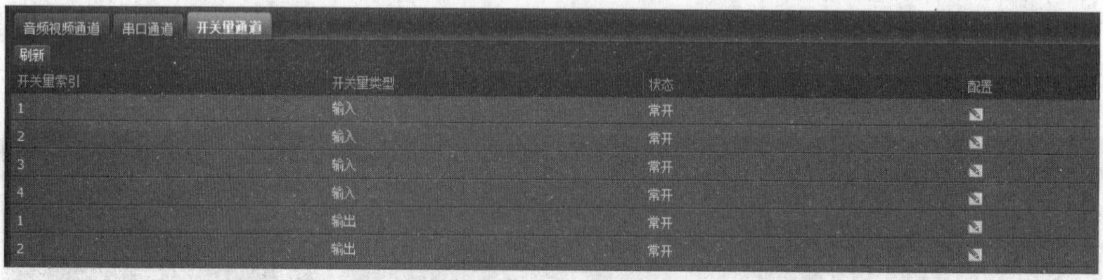

图 5.4　配置外部告警源

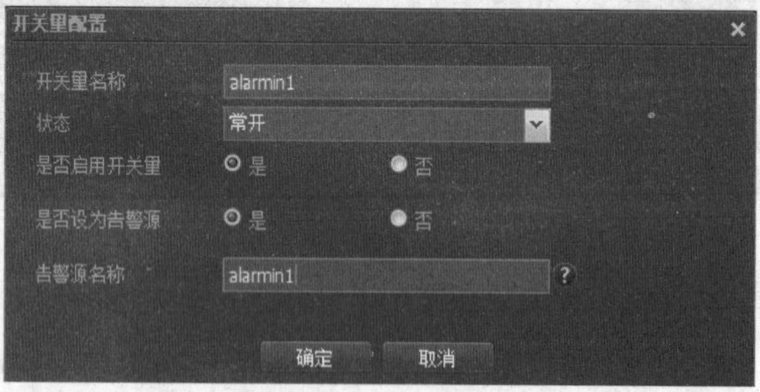

图 5.5　开关量配置

此后在告警源列表中就可以看到外部告警 alarmin1, 可以为其设置联动动作, 如图 5.6 所示。

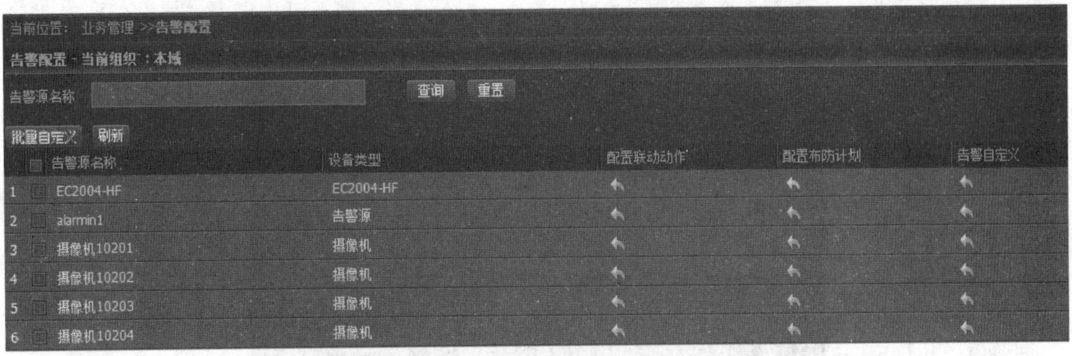

图 5.6　设置联动动作

本实验以摄像机为告警源、运动检测为告警类型，介绍各种联动动作的配置方法。

步骤一：配置运动检测告警源

①在 Web 客户端，进入【配置】→【设备管理】界面，单击【网络摄像机】，再单击【配置通道】，如图 5.7 所示。

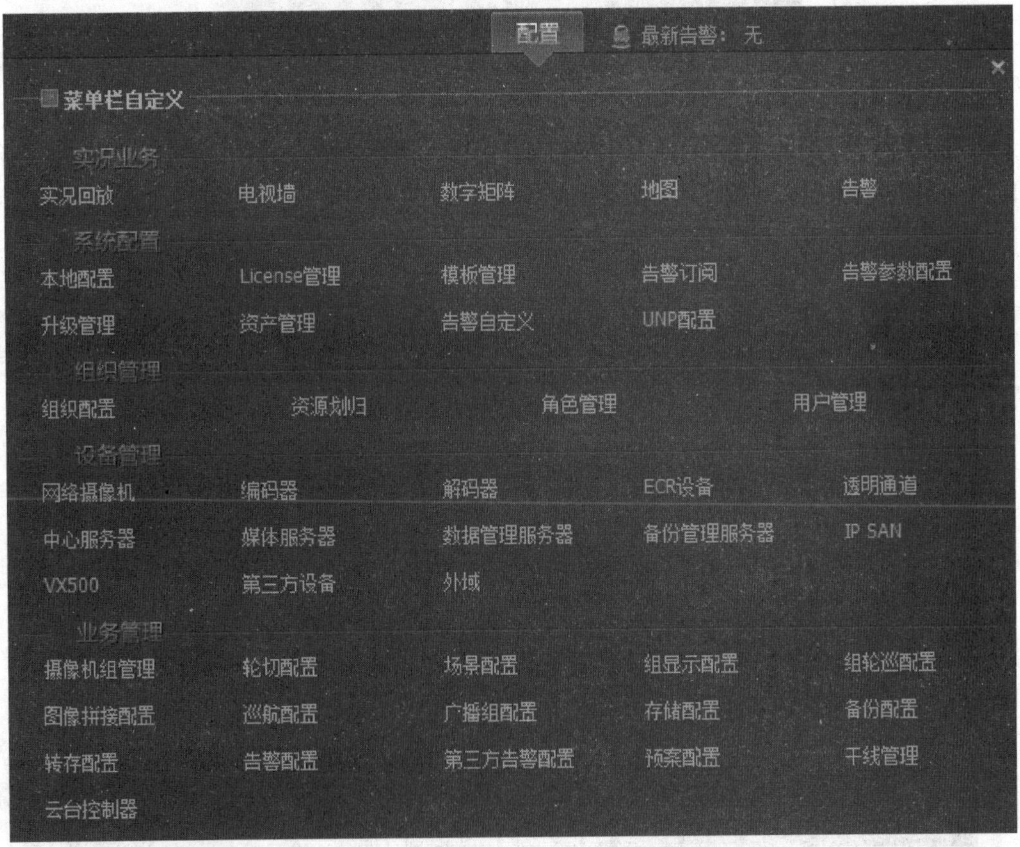

图 5.7　设备管理

②在【配置通道】→【视频配置】中启动运动检测告警，默认为【启用】，如图 5.8 所示。

图 5.8　视频配置

③在【配置通道】→【通道区域相关配置】，设置运动检测的区域以及检测灵敏度。最多可以设置 4 个检测区域。灵敏度可以设置 5 个等级，取值从 1 到 5，1 为最高，如图 5.9 所示。

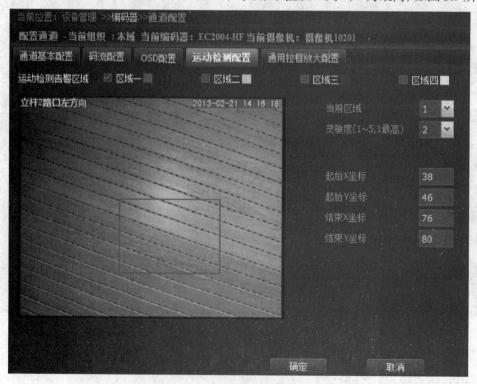

图 5.9　通道区域相关配置

添加网络摄像机,检查通过 Web 客户端窗格和监视器均可以正常播放实况视频。确定存储设备添加在线且工作正常,确定云台控制正常。

步骤二:配置布防计划

布防计划,即布置防御时间的计划,只有在布防计划设置的时间段内,中心服务器才能接受告警或根据配置产生相应的告警联动。可根据实际需要,选择不同时间段进行布防。

①在 Web 客户端的【业务管理】界面,单击【告警配置】,如图 5.10 所示。

图 5.10 告警配置

②选择【布放 / 告警级别配置】,选择对应的摄像机,单击后面的【配置布放计划】,如图5.11 所示。

（a）

（b）

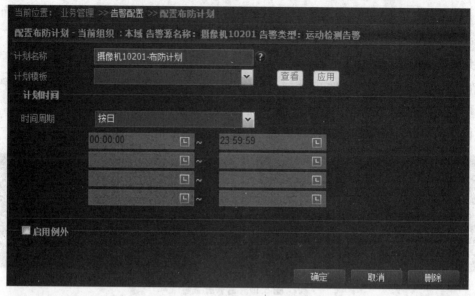

图 5.11　配置布防计划 1

③设置布防计划名称,选择计划模板。如果不选择计划模板,请继续往下操作。

设置布防计划时间。选择按日或周的时间周期,并设置周期内的开始时间和结束时间。选择是否启用例外时间的设置。如果设置了例外时间,则在例外时间生效的日期内,将根据例外时间来布防,如图 5.12 所示。

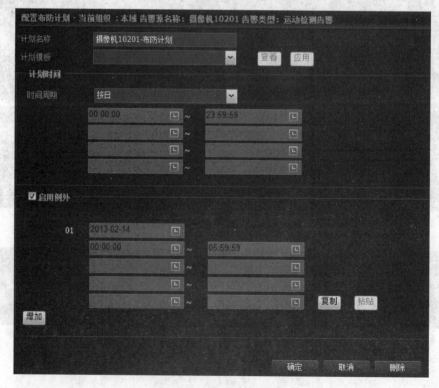

图 5.12　配置布防计划 2

④单击【确定】,完成布防计划的配置。

⑤停止布防计划,可以在【计划任务】界面选择【布防计划】,然后在操作栏单击【停止】,如图 5.13 所示。

计划状态	布防计划名称	告警源名称	告警类型	创建时间	操作
启动	摄像机10204-布防计划	摄像机10204	运动检测告警	2013-02-21 10:44:57	↰
启动	摄像机10203-布防计划	摄像机10203	运动检测告警	2013-02-21 10:44:22	↰
启动	摄像机10202-布防计划	摄像机10202	运动检测告警	2013-02-21 10:43:54	↰
启动	摄像机10201-布防计划	摄像机10201	运动检测告警	2013-02-21 10:43:20	↰ 启动
启动	alarmin1-布防计划	alarmin1	输入开关量告警	2013-02-21 10:49:09	停止

当前位置:　计划任务 >> 布防计划
布防计划 - 当前组:本域
计划名称 [　　　　　　]　查询　重置

图 5.13　配置布防计划 3

注意:设备类告警(温度告警、风扇告警)及视频丢失告警是全天候布防,不需要制订布防计划。

任务二　运动检测联动实况到用户窗格

联动实况到用户窗格,即当告警产生时,实况会直接在指定用户的指定窗格上进行播放,让用户第一时间了解告警发生的事情。

①在【业务管理】界面,单击【告警配置】,选择【告警联动】,进入告警联动配置界面,如图 5.14 所示。

告警订阅
　　告警订阅

告警业务配置
　　告警联动　　布防告警级别配置　　第三方告警配置　　告警联动报表

告警参数配置
　　告警参数配置

图 5.14　告警联动 1

②选择视频类告警,找到对应的摄像机和告警类型,如图 5.15 所示。

图 5.15　告警联动 2

③选择【联动警前录像与实况到用户窗格】页签，单击【配置动作】，如图 5.16 所示。

④在图 5.17 左侧组织树区域选择【摄像机列表】页签，双击组织树列表的组织，在右侧列表中单击选中需要进行联动实况到用户窗格的摄像机。

单击【切换为用户数据源】按钮，切换到用户选择界面，选择对应的用户，如图 5.18 所示。

选择用户的实况窗格，单击选择对应的窗格分屏数，如图 5.19 所示。

⑤单击【确定】，完成配置，如图 5.20 所示。

此后，当摄像机通道检测区域有图像变化时，窗格 3 就会显示图像。

注意：联动实况到用户窗格时，指定用户窗格上的业务会被告警联动抢占，如图 5.21 所示。

图 5.16　告警联动配置 1

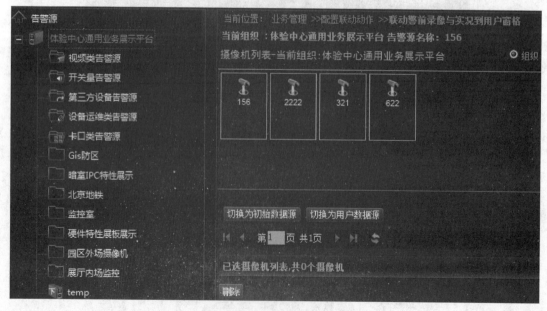

图 5.17　告警联动配置 2

图 5.18 切换为用户数据源

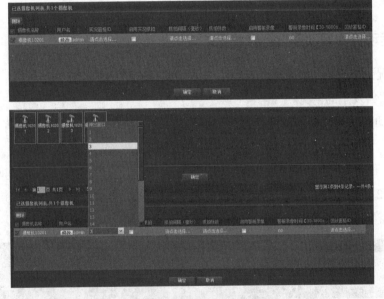

图 5.19 选择用户窗口

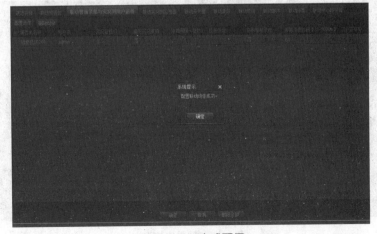

图 5.20 完成配置

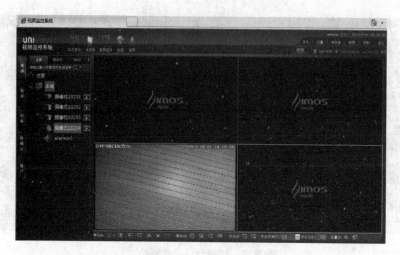

图 5.21　告警联动抢占

任务三　运动检测联动实况到监视器

联动实况到监视器,即当告警产生时,实况会直接在指定的监视器上进行播放,让用户第一时间了解告警发生的情况。

告警联动实况到监视器的配置和之前的配置一样,区别在于联动动作选择【联动实况到监视器】。

①选择【联动实况到监视器】页签,单击【配置动作】,弹出【配置联动实况到监视器】页面。

在图 5.22 左侧组织树区域选择【摄像机列表】页签,双击组织树列表的组织,在右侧列表中单击选中需要进行联动实况到监视器的摄像机。

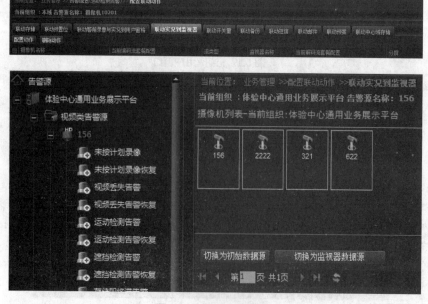

图 5.22　配置告警联动

②单击【切换为监视器数据源】页签,切换到监视器列表选择,选择对应的监视器,如图5.23所示。

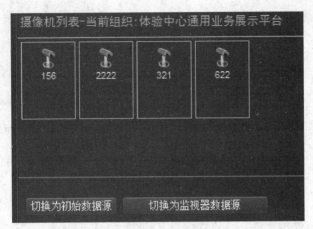

图 5.23　切换数据源

③单击【确定】按钮,保存配置,如图5.24所示。

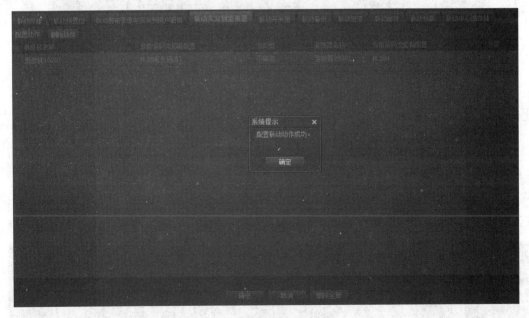

图 5.24　保存配置

此后,当摄像机通道检测区域有图像变化时,监视器20301就会显示图像,如图5.25所示。

图 5.25　播放视频

注意：联动实况到监视器时，指定监视器上的业务会被告警联动抢占。

任务四　运动检测联动云台转到预置位

联动云台预置位，即当告警产生时，通过联动预置位把摄像机调到指定位置，便于用户有针对性地捕捉现场画面。

①在【业务管理】页面左侧资源树中选择【组织】后单击【告警配置】，进入"告警配置"页面。在告警联动配置中选择"联动预置位"页签，如图 5.26 所示。

图 5.26　联动预置位

在摄像机列表中，单击某组织，选择联动目标摄像机。选择预置位，单击【预置位编号】进行选择，如图 5.27 所示。

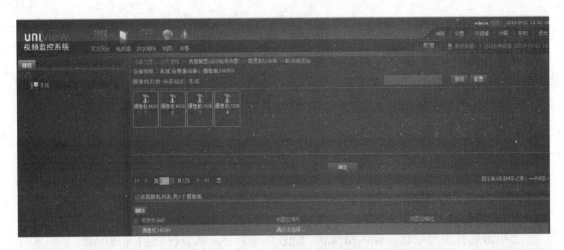

图 5.27 预置位编号

②单击【确定】完成配置。

当摄像机 10201 检测到运动后，转到预置位 1，如图 5.28 所示。

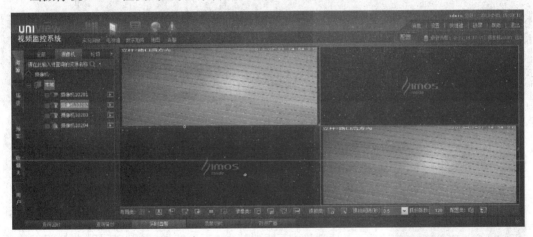

图 5.28 完成配置

注意：联动到预置位，并不限于告警源摄像机自身的预置位。当告警源摄像机检测到告警时，可以联动任一台云台摄像机转到某预置位。前提条件是，该目标云台设置了预置位。

例如，上述操作中，可以设置摄像机 10201 为告警源，当告警发生后，可以将摄像机 10204 转到某预置位。

任务五　运动检测联动存储

联动存储,即当告警产生时,通过摄像机把告警发生时的情况进行录像存储,供事后查阅取证。

①在【告警联动】配置界面,联动动作选择为【联动存储】,如图5.29所示。

图 5.29　告警联动配置1

②单击选择需要联动存储的摄像机,如图5.30所示,单击【确定】完成配置,如图5.31所示。

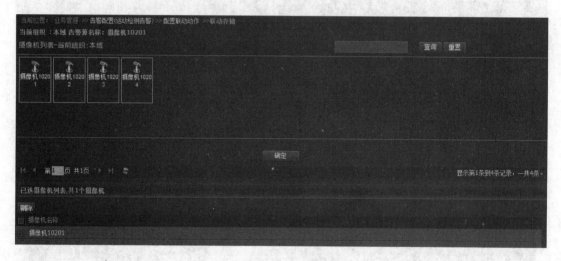

图 5.30　告警联动配置2

图 5.31　告警联动配置成功

③在【业务管理】界面,单击【存储配置】,选择要联动存储的摄像机,单击【存储配置】。在存储设置界面可以设置告警联动存储的警后录像时间,取值范围为30~1 800 s,如图5.32所示。

注意:告警联动存储、手工存储、计划存储使用同一个存储空间。

图 5.32　存储配置

任务六　运动检测联动开关量输出

联动开关量即当告警产生时,通过编解码器的 Alarmout 接口发送告警信号给告警接收者,
如警铃。

①在【设备管理】界面,选择告警输出设备如 DC2804-FH,选择【开关量通道】页签,
如图 5.33 所示。

②选择连接告警接收者的输出接口,单击【配置】。输入开关量名称、设置告警输出、输
入告警输出名称,如图 5.34 所示。

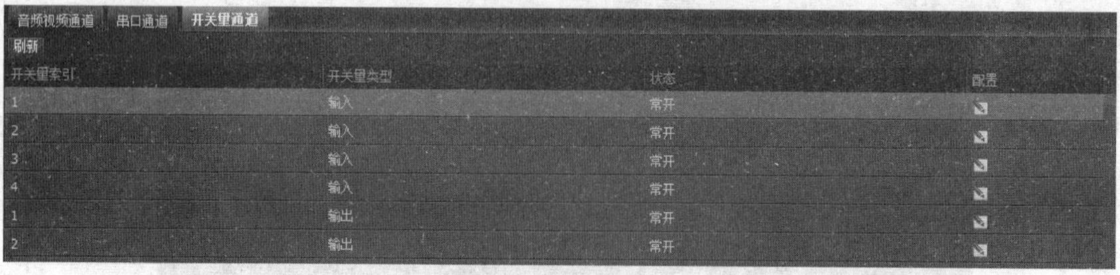

音频视频通道	串口通道	开关量通道			
刷新					
开关量索引		开关量类型		状态	配置
1		输入		常开	
2		输入		常开	
3		输入		常开	
4		输入		常开	
1		输出		常开	
2		输出		常开	

图 5.33　开关量通道

开关量配置

开关量名称	alarmout1
状态	常开
是否设为告警输出	◉ 是　　　○ 否
告警输出名称	alarmout1
告警持续时间(秒)	30

确定　　取消

图 5.34　开关量配置

③在配置联动动作界面，选择【联动开关量】页签，如图 5.35 所示。

图 5.35　联动开关量

④在左侧选择告警设备所在组织，在右侧选择【告警输出的接口】，如图 5.36 所示。

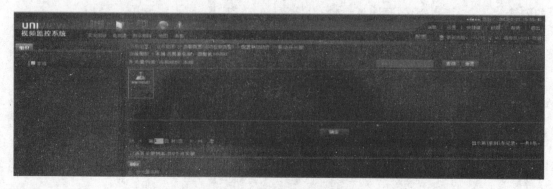

图 5.36　选择告警输出接口

⑤选择【确定】完成。

此后，如果摄像机检测到运动发生，则会从解码器 DC2804-FH 的告警输出通道 1 中，输出开关量告警信号，告警接收设备如警铃收到告警信号后会响铃，并通知相关人员有告警发生。

5.5 思考题

如果配置了运动检测告警联动到窗格，发现摄像机前有移动发生时，没有产生联动，应如何操作？

答：需要检查如下几点：①检查摄像机通道是否启用运动检测；②是否设置运动检测区域；③是否设置了布防计划，当前时间是否在布防计划时间内；④是否正确配置了联动动作。

实验 6 | 多级多域实验

6.1 实验内容与目标

完成本实验，你应该能够：

- 掌握多级多域基本配置；
- 掌握域间业务流程。

6.2 实验组网图

多级多域实验环境如图 6.1 所示。

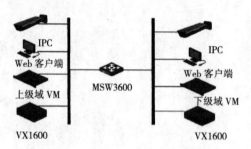

图 6.1 多级多域实验环境图

6.3 实验设备和器材

本实验所需的主要设备和器材见表 6.1。

表 6.1 实验设备和器材

名称和型号	版 本	数 量
VM3.5（VM2500）（VM2500）	当前发布最新版本	2
DM3.5	当前发布最新版本	2
MS3.5	当前发布最新版本	2
IPC	当前发布最新版本	2
VX1600	当前发布最新版本	2

名称和型号	版　本	数　量
Web 客户端	IE8 以上版本	2
NSW3600	—	1
第 5 类 UTP 以太网连接线	—	7
视频线	—	2
Console 线	—	1

6.4　实验过程

任务一　系统规划

上级域的系统规划见表 6.2。

表 6.2　上级域系统规划

设　备		ID/ 码率 / 组播地址	地址 / 掩码 / 网关	跨域相关设置
上级域	VM3.5（VM2500）	除 IP 地址，其他无须配置	192.168.200.10/24	域等级: 5 跨域互联编码: exdomain200-10-code 跨域互联用户编码: exdomain200-10-user-code
			192.168.200.1	
	DM3.5	ID: dmserver-10	192.168.200.10/24	无
			192.168.200.1	
	MS3.5	ID: msserver-10	192.168.200.10/24	无
			192.168.200.1	
	VX1600	ID: VX1600-70	192.168.200.70/24	无
			192.168.200.1	
	IPC	ID: IPC02 码率: 2M	192.168.200.102/24	无
		组播地址: 228.1.102.1 ~ 228.1.102.4	网关: 192.168.200.1	
		组播端口: 16868		
		摄像机名称: 摄像机 10201		

下级域的系统规划见表6.3。

表 6.3　下级域系统规划

设　备	ID/ 码率 / 组播地址	地址 / 掩码 / 网关	地址 / 掩码 / 网关
下级域	VM3.5（VM2500）	除 IP 地址, 其他无须配置	192.168.200.100/24	域等级：3 跨域互联编码：exdomain210-10-code 跨域互联用户编码：exdomain210-10-user-code
			192.168.200.1	
	DM3.5	ID: dmserver-100	192.168.200.100/24	无
			192.168.200.1	
	MS3.5	ID: msserver-100	192.168.200.100/24	无
			192.168.200.1	
	VX1600	ID: VX1600-71	192.168.200.71/24	无
			192.168.200.1	
	IPC	ID: IPC04　码率: 2M	192.168.200.103/24	
		组播地址：228.1.102.5 ~ 228.1.102.8	网关: 192.168.200.1	共享摄像机 ID：cam1-share
		组播端口: 16870		
		摄像机名称: 摄像机 10208		

任务二　上下级域配置

步骤一：配置上级域和下级域的本域

①在上级域的【设备管理】界面, 选择【中心服务器】, 如图 6.2 所示, 在跨域互联配置中选择【跨域互联通讯协议】为 DB33, 设置本域等级为 5, 设置【跨域互联域编码】为 exdomain200-10-code,【跨域互联用户编码】为 exdomain200-10-user-code, 单击【确定】完成配置, 如图 6.3 所示。

②在下级域的【设备管理】界面, 选择【中心服务器】, 在跨域互联配置中选择【跨域互联通讯协议】为 DB33, 设置【本域等级】为 3, 设置【跨域互联域编码】为 exdomain210-10-code,【跨域互联用户编码】为 exdomain210-10-user-code, 单击【确定】完成配置, 如图 6.4 所示。

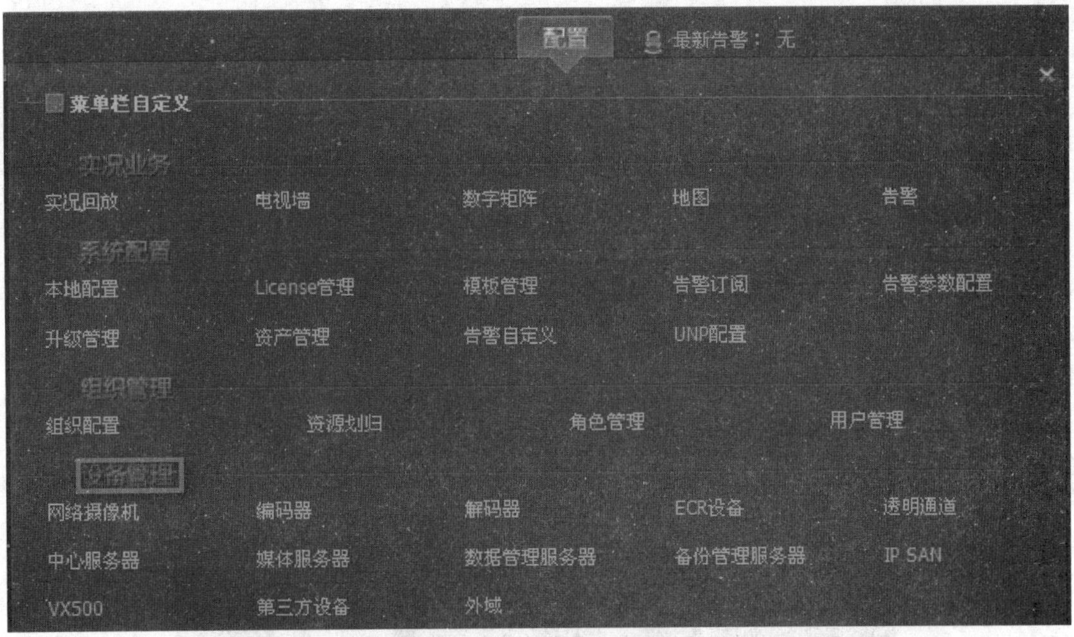

图 6.2　进入设备管理

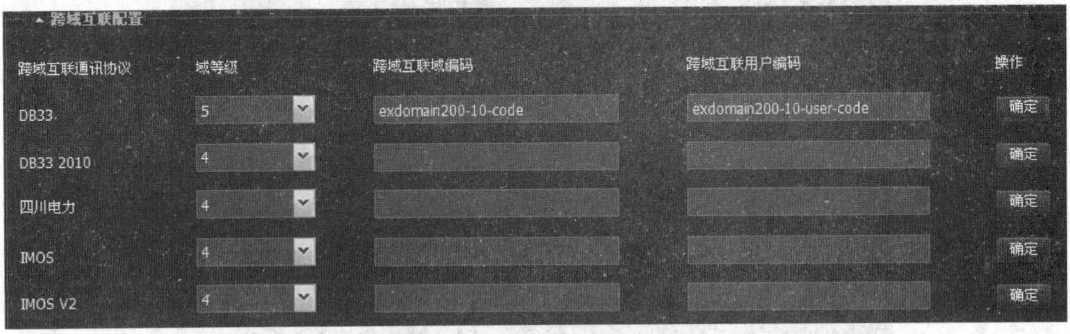

图 6.3　配置上级域本域

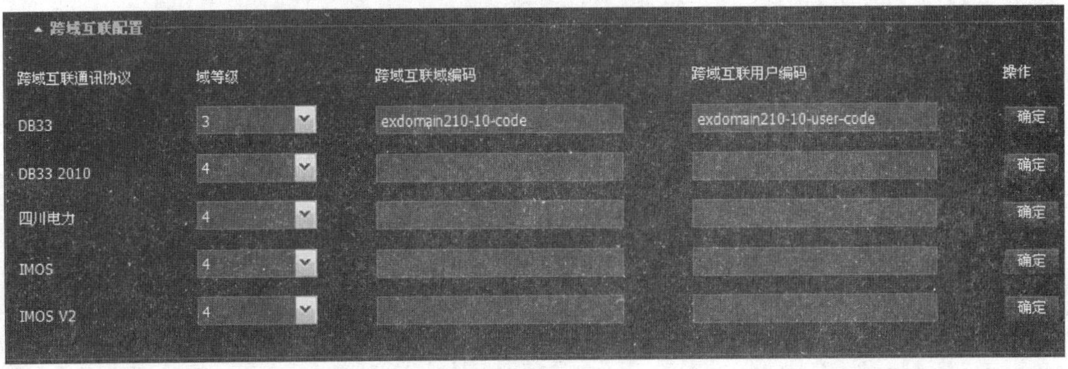

图 6.4　配置下级域本域

步骤二：配置上级域和下级域的外域

设置完本域参数后，回到【设备管理】界面，选择【外域】进行外域的添加。

首先在上级域添加下级域，设置【外域编码】为 xjy，【外域名称】为下级域，【外域类型】为下级域。外域编码为在本域内部使用的外域编码，在本域范围内不重复；外域名称为在本域内部使用的外域名称，命名时应简单以方便记忆。其余参数参照图 6.5 进行配置。

图 6.5　外域添加

注意：上级域添加下级域时，【跨域互联域编码】和【跨域互联用户编码】即为下级域的中心服务器配置中的对应值，并且此处所添加的下级域的外域等级必须小于上级域自身中心服务器的本域等级。

然后在下级域添加上级域，设置【外域编码】为 sjy，【外域名称】为上级域，【外域类型】为上级域，其余参数参照图 6.5 进行配置。

注意：下级域添加上级域时，【跨域互联域编码】和【跨域互联用户编码】即为上级域中心服务器配置中的对应值，并且此处所添加的上级域的外域等级必须大于下级域自身中心服务器的本域等级。

步骤三：下级域共享资源

在下级域添加完上级域后，单击【操作】→【共享资源】，跳转至共享资源界面，如图 6.6 所示。

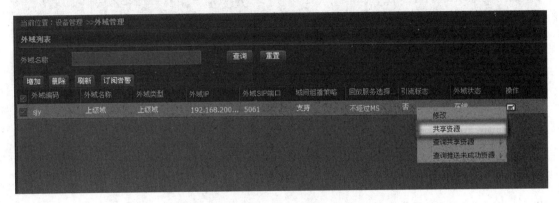

图 6.6 共享资源

展开本域中的组织，再选择一个组织，先共享组织，截图中组织共享编码为 2154；在右侧该组织摄像机列表中选择一个或多个摄像机，再单击【共享摄像机】按钮，然后在共享摄像机列表中填入共享编码并选择权限，最后单击【确定】可完成摄像机资源的共享操作，如图 6.7 所示。

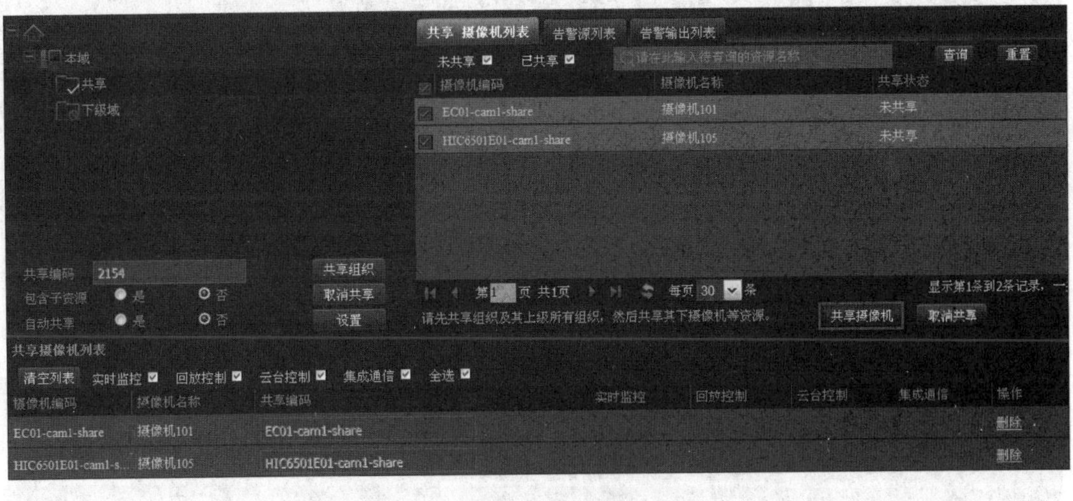

图 6.7 共享资源

单击【操作】→【查询共享资源】，可以查看共享的摄像机信息，如图 6.8 所示。

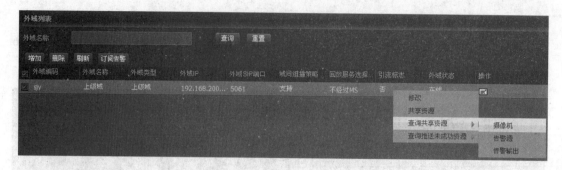

图 6.8 查看共享资源

步骤四：上级域设备划归

登录上级域平台，可以看到下级域共享给上级域的摄像机资源全部位于下级域组织中，此时没有权限的其他组织中的用户可能无法查看下级域共享的摄像机视频。如果想让其他组织中的用户也可以查看共享的摄像机视频，需要将这些摄像机划归到对应的组织，如图 6.9 所示。

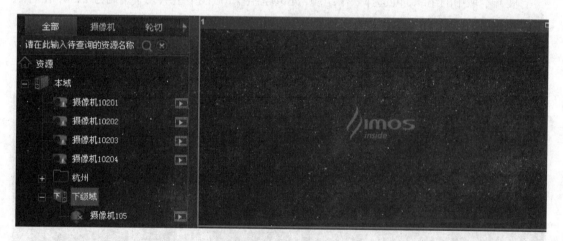

图 6.9 划归摄像机

在资源划归里找到外域下的摄像机，单击【划归资源】，然后再选择要划归到本域的目的组织，最后单击【确定】按钮即可，如图 6.10 所示。

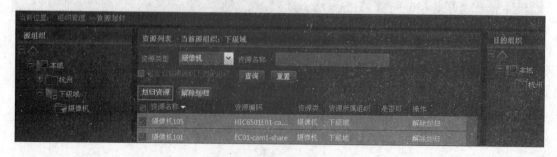

图 6.10 划归资源

完成后在本域相关组织下会看到共享摄像机资源。回到【实况回放】界面,可以看到摄像机已经被划归到杭州组织中,如图 6.11 所示。

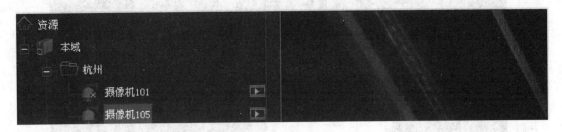

图 6.11 划归完成

步骤五:上级域业务操作

实况操作:选择一个窗格,然后双击共享摄像机,可以看到下级域的摄像机图像,单击控制云台方向按钮,可以控制摄像机转动等操作,如图 6.12 所示。

图 6.12 实况操作

录像检索、回放:选择摄像机单击右键,选择【查询回放】,如图 6.13 所示。

在弹出的窗格选择相应的检索时间,单击【检索录像】。若要回放录像,则单击【播放录像】,如图 6.14 所示。

如果查询到录像,会有蓝色的进度条显示出来,如图 6.15 所示。

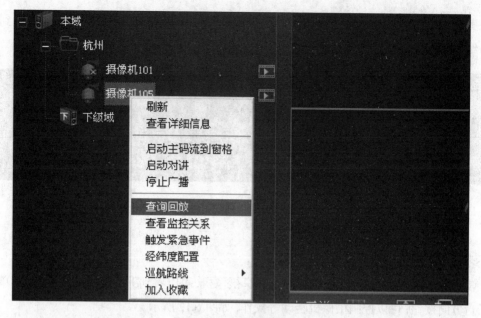

图 6.13　查询回放

图 6.14　检索录像和播放录像

图 6.15　查询录像

任务三　平级域配置

平级域可以视为上下级域的特例,即上级域和下级域的域等级相同,此时,平级域双方可以互相向对方推送摄像机。本实验设定平级域双方域名称分别为 xihu 和 binjiang。

步骤一：配置平级域双方的本域

首先配置 xihu 域，在【设备管理】界面，选择【中心服务器】进行本域配置，如图 6.16 所示。

图 6.16　本域配置

binjiang 域的配置和 xihu 域的配置过程相同，此处不再重复。

步骤二：为平级域双方添加外域

首先配置 xihu 域，在【设备管理】界面，选择【修改外域】进行对端域的添加，如图 6.17 所示。

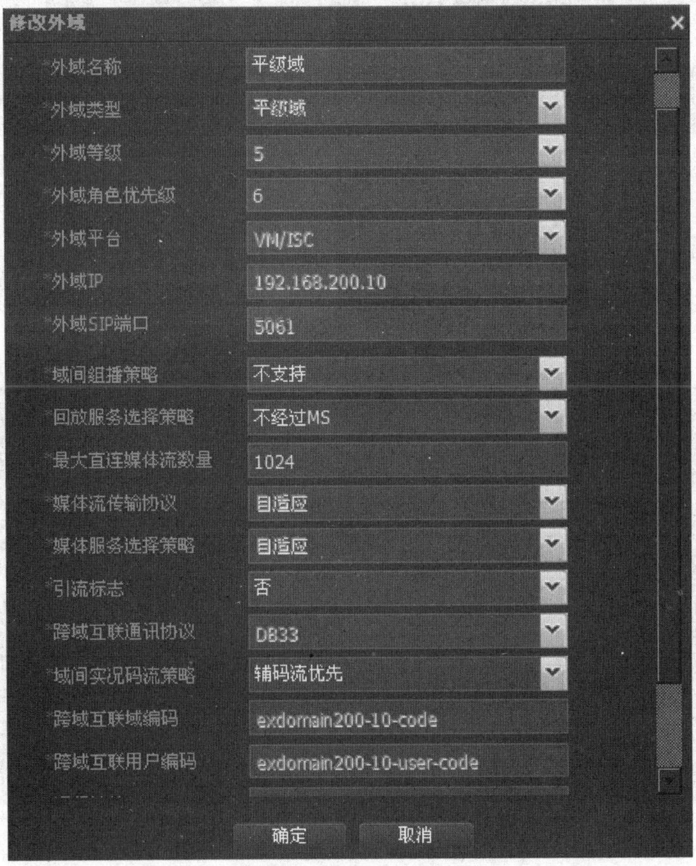

图 6.17　添加外域

几秒钟后，可以看到外域状态为"在线"，如图 6.18 所示。

图 6.18　添加外域成功

binjiang 域的配置和 xihu 域的配置过程相同，此处不再重复。

步骤三：共享资源

在外域列表中选择添加的某外域，选择【操作】→【共享资源】，如图 6.19 所示。

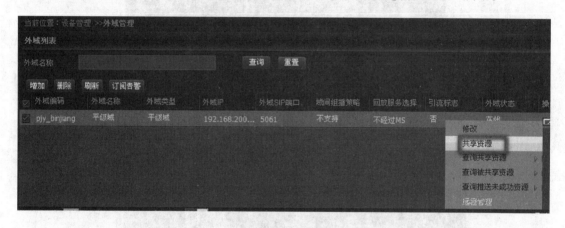

图 6.19　共享资源

进入共享资源界面，展开本域中的组织，再选择一个组织，在右侧摄像机列表中选择一个或多个摄像机，再单击【共享摄像机】按钮，然后在共享摄像机列表中填入共享编码并选择权限，最后单击【确定】可完成摄像机资源的共享操作，如图 6.20 所示。

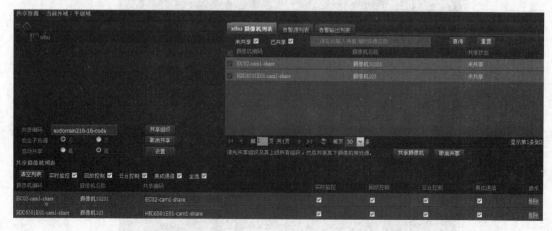

图 6.20　共享资源

配置好后，单击【确定】，完成配置。在外域里单击【操作】→【查询共享资源】，可以查看到共享的资源，如图 6.21 所示。

图 6.21　查看共享资源

步骤四：设备划归

对方域共享后的摄像机资源全部位于下级域组织中。如果本域的其他组织中的用户也需要查看这些摄像机，则需要将外域共享来的摄像机划归到本域的其他组织中，如图 6.22 所示。

图 6.22　划归摄像机

资源划归完成后，在实况界面可以看到共享的摄像机已经划归到杭州组织下，如图 6.23 所示。

步骤五：域业务操作

在【实况回放】界面，用户可以对外域共享的摄像机进行实况、录像检索回放等操作，和上下级域业务操作一致，此处不再介绍。

图 6.23　查看资源

6.5　思考题

1. 上下级域实况过程中, MS 如何工作?

答: 实况时, 首先进行单播组判断, 如果系统可以支持组播, 则直接通过组播发送。如果接收方不支持组播, 则判断系统中是否存在 MS。

如果下级域有 MS, 上级域没有 MS, 则 IPC 发送实况到下级域 MS, 由 MS 转发到上级域的 Web 客户端。

如果下级域没有 MS, 上级域有 MS, 则 IPC 发送实况到上级域 MS, 由 MS 转发到上级域的 Web 客户端。

如果下级域有 MS, 上级域有 MS, 则 IPC 发送实况到下级域 MS, 由下级域 MS 转发到上级域 MS, 再由上级域 MS 转发到上级域的 Web 客户端。

如果上下级域均没有 MS, 则 IPC 直接单播到上级域的 Web 客户端。

2. 外域配置中为什么添加上级域或平级域需要输入外域的 IP 地址?

答: 因为注册是下级域主动发起向上级域注册, 故在下级域外域配置中需输入上级域的 IP 地址。平级域之间是互相注册的, 故也需要输入外域的 IP 地址。

3. 下级域给上级域推送共享摄像机资源, 但是在上级域为什么无法查看到此摄像机资源?

答: 此共享摄像机资源编码与其他摄像机资源编码冲突导致, 在下级域修改共享编码即可推送成功, 需确保推送共享编码唯一。

4. 多级多域对接中常见有 IMOS 协议、DB33 协议和国标协议, 如果是国标协议对接, 需要注意什么?

答: 如果是国标协议对接, 需要注意将中心服务器中的码流格式设置为 RTP+PS 格式, 而且国标协议对接需要按照国标协议标准设置标准的国标平台编码和摄像机共享编码。

实验 7 │ 系统维护实验

7.1　实验内容与目标

完成本实验, 你应该能够:

- 掌握系统升级管理以及备份方法;
- 掌握系统基本维护和问题定位方法。

7.2　实验组网图

系统维护实验环境如图 7.1 所示。

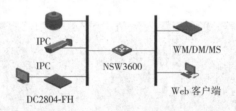

图 7.1　系统维护实验环境图

7.3　实验设备和器材

本实验所需的主要设备和器材见表 7.1。

表 7.1　实验设备和器材

名称和型号	版　本	数　量
VM3.5（VM2500）	当前发布最新版本	1
DM3.5	当前发布最新版本	1
MS3.5	当前发布最新版本	1
IPC	当前发布最新版本	1
DC2804-FH	当前发布最新版本	1
VX1600	当前发布最新版本	1

续表

名称和型号	版 本	数 量
Web 客户端	IE8 以上版本	1
NSW3600	—	1
第 5 类 UTP 以太网连接线	—	6
视频线	—	2
Console 线	—	1

7.4 实验过程

任务一 升级管理

本实验基于实验 1 的环境, ID 和 IP 地址规划请参考实验 1。

步骤一:导入版本配套表

在【配置】—【系统配置】界面, 单击【升级管理】进入升级管理界面, 如图 7.2 所示。

图 7.2 升级管理界面

在升级设置栏, 导入版本配置表, 如图 7.3 所示。

图 7.3 导入配置表

步骤二：导入 IPC/EC/DC 的版本文件

选择要升级的终端设备，上传对应的版本文件，如图 7.4 所示。上传版本文件之前，需要将包含 program、uimage、uboot 的文件夹的名称设置为版本配套表中对应版本的名称。然后进行压缩，压缩格式为 ZIP。

图 7.4 获取版本信息

例如，版本配套表中，HIC6621 的版本名称为 HIC6621-IMOS110-R2213，则需要将 HIC6621 的版本文件夹名称修改为 HIC6621-IMOS110-R2213，然后压缩为 ZIP 格式的文件 HIC6621-IMOS110-R2213.zip。

如果在升级设置栏，选择【上线设备自动升级】，则不需要制订升级计划。当设备上线时，系统会检查有没有版本配套表，如果有配套表，系统会检查编解码器的当前版本和配套表中的版本是否匹配，如果不匹配，设备将马上执行升级。

步骤三：制订升级计划

在【升级管理】界面的设备列表栏，单击【升级计划】为编解码器指定升级计划，如图 7.5 所示。

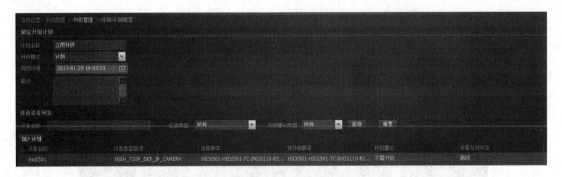

图 7.5 升级管理

计划模式可以选择计划或立即，如果是按计划模式则需要制订调度时间，如果选择立即模式，则指定完成后加入升级计划的编解码器将立即升级。单击【确定】完成升级计划的制订。

任务二 操作日志管理

在【配置】—【系统维护】界面，选择操作日志栏，单击【操作日志】，如图 7.6 所示。

图 7.6　系统维护

在操作日志界面,可以根据操作用户、操作类型、IP 地址、日志类别、操作对象、操作结果、操作时间对日志进行过滤查看,如图 7.7 所示。日志中记录系统的所有操作记录,日志的查询在问题定位有着重要的作用。

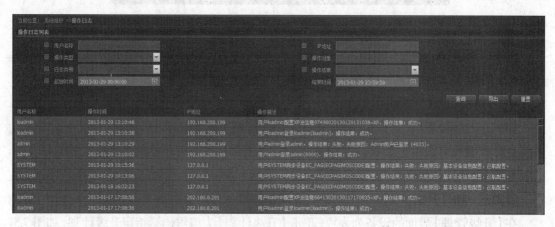

图 7.7　操作日志

任务三　系统备份、数据库恢复

步骤一:系统备份(页面备份)

在【配置】—【系统维护】界面,选择日志管理栏,单击【系统备份】。可以对配置、数据库和日志进行备份和导出,如图 7.8 所示。

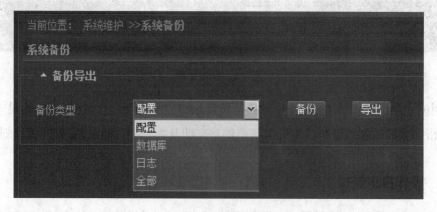

图 7.8　系统备份

步骤二：数据库命令行恢复

①使用 SSH 登录 VM 服务器，把备份出来的 dbbackup.sql 上传到 VM 服务器的 /var/dbbr 目录下（如果没有这个目录，可以手动新建一个），如图 7.9 所示。

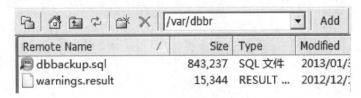

图 7.9　新建目录

②执行 vmserver.sh stop 关闭所有的服务。

[root@ vmserver ~]# vmserver.sh stop

Stop vmdaemon succeeded

serversnmpd is already stopped

stop rvl: 0wn PAGSERVER services:　　　　　　　　　　　　　[OK]

Stop pagserver succeeded

stop rvl: 0wn SGSERVER services:　　　　　　　　　　　　　[OK]

Stop sgserver succeeded

stop rvl: 0wn IMGSERVER services:　　　　　　　　　　　　[OK]

Stop img succeeded

stop rvl: 0wn MCSERVER services:　　　　　　　　　　　　　[OK]

Stop mcserver succeeded

stop rvl: 0wn VMSERVER services:　　　　　　　　　　　　　[OK]

Stop vmserver succeeded

stop rvl: 0wn IMPSERVER services:　　　　　　　　　　　　[OK]

Stop impserver succeeded

Shutting down ADAPTERSERVER services: stop rvl: 0

Stop adapter succeeded

xl2tpd is already stopped

Stopping Postgresql:　　　　　　　　　　　　　　　　　　[OK]

Stop postmaster succeeded

③执行 service postgresql start 开启数据库服务。

[root@ vmserver ~]# service postgresql start

（新版本请使用 pgsql_ctl start 开启数据库服务）

④执行命令 imosdbbr.sh，在出现的选项中选择 2。

[root@ vmserver ~]# imosdbbr.sh

What do you want to do?

1.backup

2.recovery

3.vacuum

c.cancel

Please have a choice :2// 数据库恢复，选择 2

⑤根据提示输入 VM 的 IP 数据库密码（默认为 passwd）。

Please enter DB address : 192.168.200.10

recover success!

⑥执行 vmserver.sh start 启动 VM 服务。

数据库的备份也可以通过选择 1.backup 的方式进行数据库的备份，备份的数据库文件保存在 /var/dbbr/ 目录下的 dbbackup.sql，即为备份出来的数据库。

步骤三：数据库页面导入

在【配置】—【系统维护】—【系统备份】界面，选择数据库导入，首先需要浏览到数据库文件所在的文件夹选择备份出来的数据库压缩文件，单击【导入】即可，如图 7.10 所示。

图 7.10　数据库导入

任务四　设备报表、告警管理

步骤一：设备状态报表

在【配置】—【系统维护】界面，选择【设备状态报表】。

在设备状态报表中，可以查看设备是否在线、是否状态异常；设备类型包含摄像机、监视器、EC、DC、VX500、MS、DM，如图 7.11 所示。

步骤二：摄像机存储报表

在【配置】—【系统维护】界面，选择【摄像机存储报表】。

通过摄像机存储报表功能，可以查询摄像机对应的存储信息（包括存储设备名称、存储计划制定与启动情况、存储状态等），还可以把报表导出至 Excel 表格，保存到本地，如图 7.12 所示。

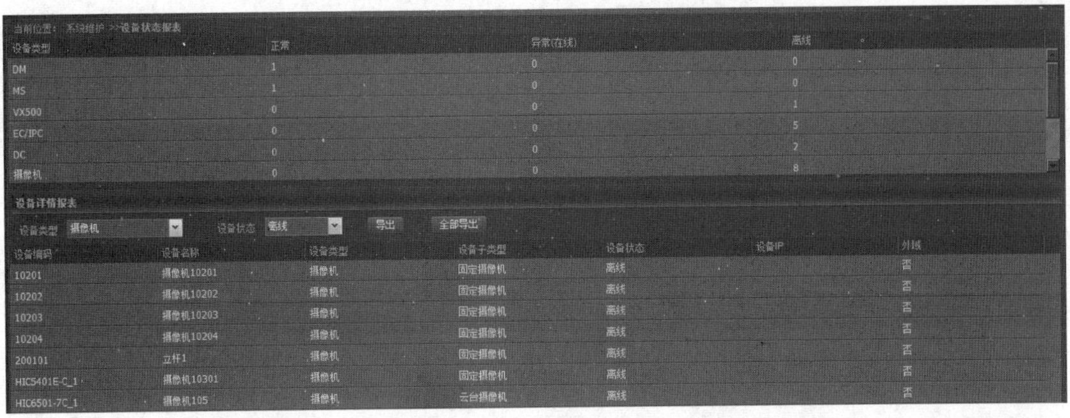

图 7.11 查看设备

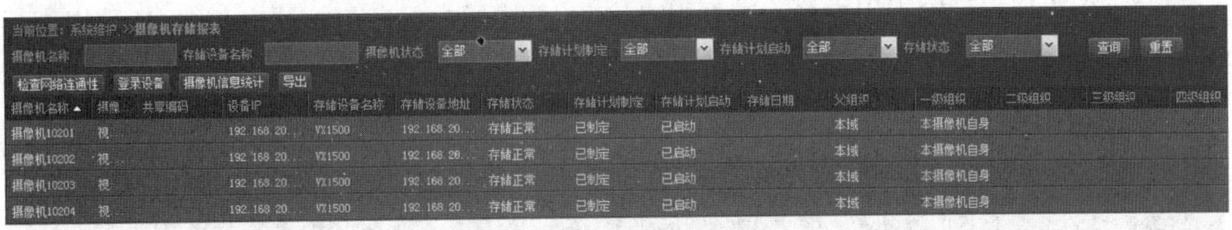

图 7.12 摄像机存储报表

①查询报表：可以按照以下几种方式查询摄像机的存储报表，如：摄像机名称、存储设备名称、摄像机状态、存储计划制定、存储计划启动、存储状态，如图 7.13 所示。

图 7.13 查询报表

②导出至 Excel 表格：把上述查询到的报表数据导出至 Excel 表格，保存到本地（导出 Excel 表需要计算机安装 Office 组件）。

③检查网络连通性：检查摄像机所属编码器、IPC 与中心服务器之间的网络连接是否正常，如图 7.14 所示。

图 7.14 检查网络

④登录摄像机所属的编码器或 IPC：中心服务器界面上登录摄像机所属编码器或 IPC 的管理界面。

⑤统计摄像机信息：按照多种方式（例如，外域摄像机、本域摄像机、本域在线摄像机等）统计摄像机数量，如图7.15所示。

图7.15　统计摄像机信息

步骤三：在线用户列表

在线用户列表可输入用户名称查看用户状态，其中用户状态包括用户名称、所属组织、用户IP地址等，如图7.16所示。通过单击【下线】，可以使用户强制下线（用户只能下线比自己权限低的用户）。

图7.16　查看用户状态

步骤四：设备故障报表

在设备故障报表中可查看并可导出目前系统中的设备故障、故障频次信息，系统只支持对下级域进行跨域设备故障报表统计，并且该下级域必须只有一个上级域，即本域。

故障设备统计：系统将自动统计本域及其下级域共享的所有设备故障，并以报表形式显示，如图7.17所示。下级域或本域的故障设备信息变更后，可通过全网统计操作获取全网最新的故障设备信息。

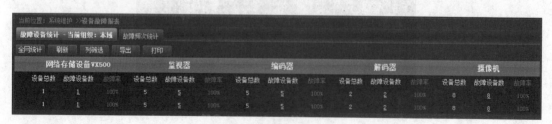

图7.17　故障设备统计

故障频次统计：系统将自动统计本域及其下级域共享的所有设备故障频次，并以报表形式显示。进入"设备故障报表"页面，选择【故障频次统计】页签，启用故障频次统计功能，系统将自动统计本域及其下级域所有设备的故障频次，如图7.18所示。

图7.18 故障频次统计

步骤五：告警

在【告警】界面，可以查看和确认实时告警和历史告警，及时地了解设备的异常情况、定位系统问题。

实时告警列表显示本次登录后收到的最近50条告警信息。

告警信息包括告警名称、设备名称、告警级别、告警类型、告警时间、告警描述及告警确认状态。

可通过单击 并在弹出的对话框中输入描述完成告警信息的确认；或者选中一个或多个告警信息，单击 并在弹出的对话框中输入描述完成告警信息的确认，如图7.19所示。

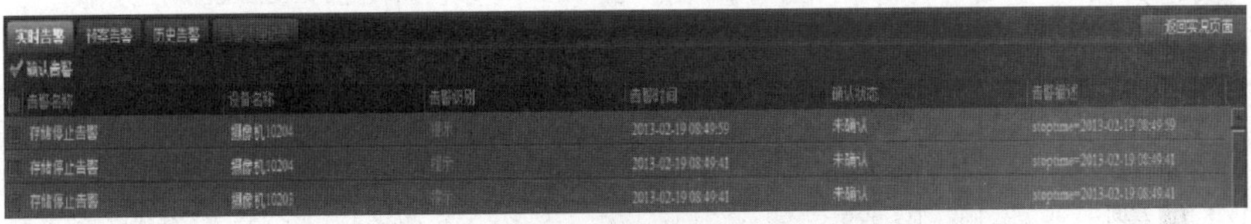

图7.19 确认告警

历史告警页面中可以查询历史告警信息并对历史告警信息进行相应操作：确认告警信息、查看告警信息详细情况及查看联动录像。

可以按照设备名称、告警级别、告警类型、确认状态、起止时间及确认用户或者是它们的任意组合来查询历史告警。

可通过单击 并在弹出的对话框中输入描述完成告警信息的确认；通过单击 查看告警信息的详细情况；通过单击 并选择对应的文件进行联动录像文件或联动录像的点播回放，如图7.20所示。

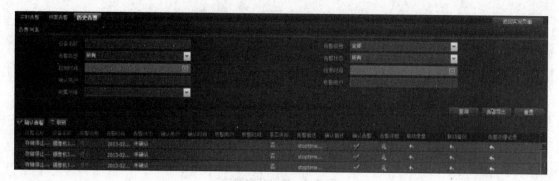

图 7.20　告警信息确认

任务五　常用日志收集方法

步骤一: Web 客户端 /SDC/DA 日志收集

VM 服务器 Web 客户端:根据安装位置不一样在不同的目录下(默认路径 C:\Program Files (x86)\Surveillance\MediaPlugin)。

ISC/ECR-HF/ECR-HF-E 的 Web 客户端日志在相应的安装录下把 log 打包压缩,如图 7.21 所示。

图 7.21　压缩日志 1

SDC:安装目录下 SDC3.0 中 log 目录打包压缩,如图 7.22 所示。

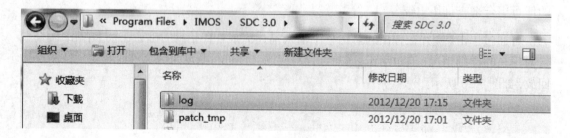

图 7.22　压缩日志 2

DA：安装目录下 log 目录打包压缩，如图 7.23 所示。

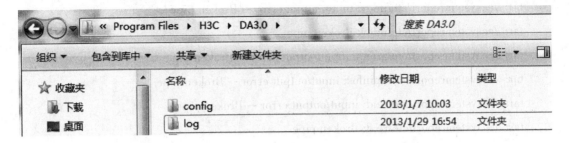

图 7.23　压缩日志 3

步骤二：EC/DC/ECR-HD 日志收集

登录 Web，进入【日志管理】→【日志维护】→【导出】页面，可以导出设备日志，如图 7.24 所示。

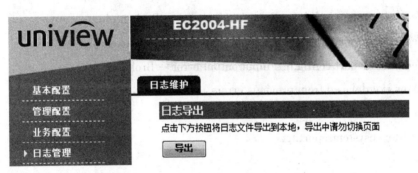

图 7.24　导出设备日志

Systemreport 信息（推荐）：telnet 到设备上执行 sh systemreport.sh ec/dc，将执行脚本目录下生成的 ec/dcsystemreport.tgz 使用 TFTP 导出即可。

~ # systemreport.sh ec

cp: /etc/hotplug.d/default/udev.hotplug: No such file or directory

cp: /tmp/disk_smart_info: No such file or directory

cp: /etc/lvm/backup/*: No such file or directory

cp: /usr/local/iscupdate/ss_config.xml: No such file or directory

tar: Removing leading '/' from member names

tar: Removing leading '/' from member names

gzip: can't write

tar: ./ecsystemreport/etc/profile: input/output error -- Broken pipe

tar: ./ecsystemreport/etc/softstate: input/output error -- Broken pipe

tar: ./ecsystemreport/etc/hotplug: input/output error -- Broken pipe tar: ./ecsystemreport/etc/hotplug: Broken pipe

tar: ./ecsystemreport/etc/udev: input/output error -- Broken pipe

tar: ./ecsystemreport/etc/udev: Broken pipe

tar: ./ecsystemreport/etc/group: input/output error -- Broken pipe

tar: ./ecsystemreport/etc/upinfos: input/output error -- Broken pipe

tar: ./ecsystemreport/etc/rc.d: input/output error -- Broken pipe

tar: ./ecsystemreport/etc/rc.d: Broken pipe

tar: ./ecsystemreport/etc/localtime: input/output error -- Broken pipe

tar: ./ecsystemreport/etc/initiatorname.iscsi: input/output error -- Broken pipe

tar: ./ecsystemreport/etc/mtab: input/output error -- Broken pipe

tar: ./ecsystemreport/etc/mwareversion: input/output error -- Broken pipe

tar: ./ecsystemreport/etc/snmp.conf: input/output error -- Broken pipe

tar: ./ecsystemreport/eclog.tgz: input/output error -- Broken pipe

tar: ./ecsystemreport/svconfig.tgz: input/output error -- Broken pipe

tar: ./ecsystemreport/config.tgz: input/output error -- Broken pipe

tar: Error exit delayed from previous errors

system report collect completely

Report file: ecsystemreport.tgz

~ # ls

bin	lib	sbin
config	lost+found	sys
dev	mnt	tmp
ecsystemreport.tgz	opt	usr
etc	proc	var
imoscfg	program	www

步骤三：ECR 系列产品日志收集

客户端中系统维护 / 系统备份页面进行日志备份和导出。

通过命令行方式收集日志 :telnet 到设备上执行 tar zcvf log.tar.gz /var/log/ 然后使用 TFTP 导出。

收集系统历史日志 : 导出 /var/logbackup 目录下相应时间的日志，如果不能够确定具体出问题的时间点，则尽量多导出。

~ # cd /var/logbackup/

/var/logbackup # ls -lh

-rw-r--r--   1 root   root   113.9k May 21 01:30 0521013001-log.tar.gz

-rw-r--r--	1 root	root	126.4k May 22 01:30	0522013001-log.tar.gz
-rw-r--r--	1 root	root	141.3k May 23 01:30	0523013001-log.tar.gz
-rw-r--r--	1 root	root	169.8k May 24 01:30	0524013001-log.tar.gz
-rw-r--r--	1 root	root	139.1k Sep 21 2003	0921013001-log.tar.gz
-rw-r--r--	1 root	root	151.6k Sep 21 2003	0921044751-log.tar.gz

Systemreport 信息（推荐）:telnet 到设备上执行 sh systemreport.sh ecr, 将执行脚本目录下生成的 ecrsystemreport.tgz 使用 TFTP 导出即可。

~ # systemreport.sh ecr

cp: /etc/lvm/backup/*: No such file or directory

tar: Removing leading '/' from member names

system report collect completely

Report file: ecrsystemreport.tgz

步骤四:ISC/VM/DM/MS/BM 日志收集

ISC/VM:【配置】—【系统维护】—【系统备份】进行日志备份和导出

DM/BM/MS: Web 页面 / 设备维护 / 日志导出 / 导出

VM/DM/MS/BM （推荐）: 使用 SSH 工具登录到服务器上执行 sh systemreport.sh vm/dm/ms/bm, 将执行脚本目录下生成的 VM/DM/MS/BMsystemreport.tgz 导出即可:

[root@vmserver ~]# systemreport.sh vm /root

Begin to collect information, please wait a moment.

Collecting system information......

Collecting network information.....

Collecting disk information......

Collecting memory information......

Collecting process information......

Collecting dt information......

Collecting log information......

dbbackup.sql

system report collect completely

Report file: vmsystemreport.tgz

[root@vmserver ~]# ls

10061.cap	2.cap	anaconda-ks.cfg	install.log	UDPSender	vmserver01.log
1.cap	3.cap	clone.sh	install.log.syslog	rtsp1.cap	VERSION.TXT

vmsystemreport.tgz

1.txt	aaa.pcap	Desktop	ipc.cap	rtsp.cap	ver.tmp

21.cap　　all.cap　　include　　lib　　sipipc.cap　vmserver00.log

　　收集 TMS 日志需要注意, 系统不支持 systemreport.sh tms 的命令, 所以收集 tms 的日志可以使用 systemreport.sh vm 代替, 收集下来的日志就是 TMS 的日志。

　　ISC 系列(推荐): telnet 到设备上执行 sh systemreport.sh ecr, 将执行脚本目录下生成 ecrsystemreport.tgz 使用 TFTP 导出:

~ # systemreport.sh

Usage: sh systemreport.sh vm/isc/dm/ms/vx/ec/dc/ecr [simple]

~ # systemreport.sh ecr

cp: /etc/lvm/backup/*: No such file or directory

tar: Removing leading '/' from member names

system report collect completely

Report file: ecrsystemreport.tgz

　　ISC6000/6500 收集 systemreport 信息方法同 VM/DM/MS/BM 方法

　　ISC/VM/DM/MS/BM 均可通过命令行方式收集日志 ssh 到设备上执行 tar zcvf log.tar.gz /var/log/, 然后导出

[root@vmserver ~]# tar zcvf log.tar.gz /var/log

tar: Removing leading '/' from member names

/var/log/

/var/log/vodserver00.log

/var/log/spooler.3

/var/log/imf_ndserver_0.log

/var/log/adapter_product00.log

/var/log/xferlog

/var/log/gdm/:0.log

/var/log/gdm/:0.log.4

/var/log/gdm/:0.log.1

/var/log/gdm/:0.log.2

/var/log/gdm/:0.log.3

/var/log/vmserver01.log

[root@vmserver ~]# ls

10061.cap　2.cap　anaconda-ks.cfg　install.log　　log.tar.gz　sipipc.cap　vmserver00.log

1.cap　　3.cap　　clone.sh　　install.log.syslog UDPSender　vmserver01.log

| 1.txt | aaa.pcap Desktop | ipc.cap | rtsp1.cap | VERSION.TXT |
| 21.cap | all.cap include | lib | rtsp.cap | ver.tmp |

步骤五：IPC 日志收集

命令行导出日志： telnet 登录后，执行命令 systemreport.sh ipc，产生文件 ipcsystemreport. tgz，使用 TFTP 导出：

root@Uniview: ~#systemreport.sh ipc

ipc diagnosis info collect completely

root@Uniview: ~#ls

ipcsystemreport.tgz

新版本 IPC 通过 telnet 到设备上之后，可以直接运行命令 systemreport.sh tftp，服务器 IP 地址将日志打包并下载到本地。

Web 导出日志：【配置】—【系统维护—【设备维护】选择诊断信息保存的路径，单击【下载】按钮即可，如图 7.25 所示。

图 7.25　导出日志

然后到指定的路径下拷出 log.tgz 压缩文件即可，如图 7.26 所示。

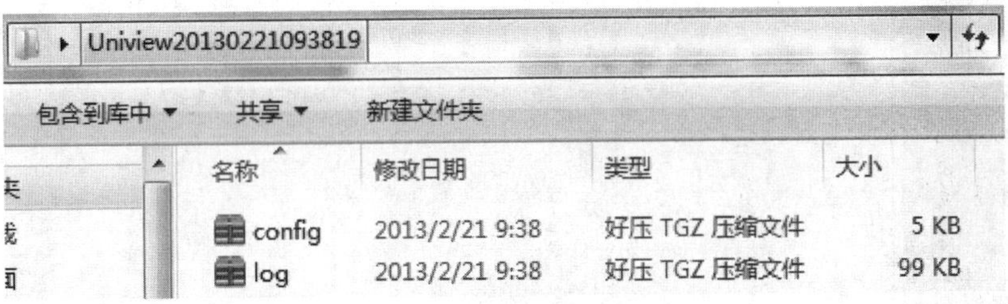

图 7.26　拷出日志

任务六　常见工具和命令

步骤一：上传下载工具

TFTP 工具（推荐），上传文件时选择好 TFTP 服务器，运行计算机的实际 IP 地址和上传文件所在的目录即可，下载文件时需要制订下载文件放置的目录，如图 7.27 所示。

上传文件：tftp －gr filename ipaddr

下载文件：tftp －pl filename ipaddr

FTP 工具如图 7.28 所示。

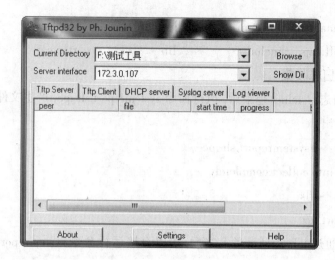

图 7.27　TFTP 工具

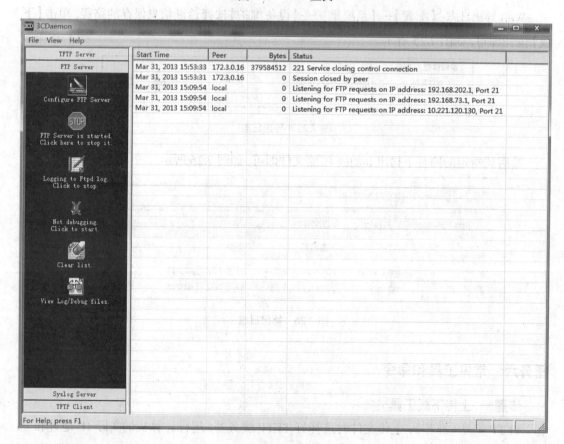

图 7.28　FTP 工具

下载文件：ftpget -u username -p password ipaddr local-file remote-file

上传文件：ftpput -u username -p password ipaddr /filename

步骤二：tcpdump、wireshark 抓包工具使用

在设备上可以使用 tcpdump 命令抓取信令或业务报文，命令格式和介绍如下：

tcpdump-s 0-i eth1 port 5060 or 161 or 162-w filename.cap

[root@vmserver ~]# tcpdump -s 0 port 5060 or 161 or 162 -w filename.cap

tcpdump: listening on eth0, link-type EN10MB（Ethernet）, capture size 1500 bytes

32 packets captured

38 packets received by filter

0 packets dropped by kernel

[root@vmserver ~]# ls

10061.cap	2.cap	anaconda-ks.cfg	include	lib	sipipc.cap

vmserver00.log

1.cap	3.cap	clone.sh	install.log	UDPSender	vmserver01.log
1.txt	aaa.pcap	Desktop	install.log.syslog	rtsp1.cap	VERSION.TXT
21.cap	all.cap	filename.cap	ipc.cap	rtsp.cap	ver.tmp

[root@vmserver ~]#

说明: -s 为抓包的大小,一般为 1500(如果为 0 表示不限制包大小),也即是一般的 MTU(网络传输单元)大小; port 5060 or 161 or 162 为抓包的端口,其中 5060 为默认 SIP 端口, 161 为默认 SNMP 配置下发端口, 162 为默认 TRAP 上报告警端口; -w 为存储文件; -i 表示抓取对应物理网口的报文, -i any 表示抓取所有报文。需要更多的信息可以通过 tcpdump-h 查询。

步骤三:Windows 下抓包

直接在 Windows 下运行抓包软件,单击【Start】即开始抓取该网卡下全部报文,如图 7.29 所示。

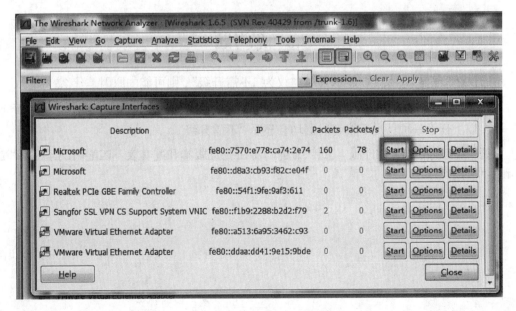

图 7.29　抓包工具

也可以过滤部分条件抓取报文,单击快捷菜单按钮 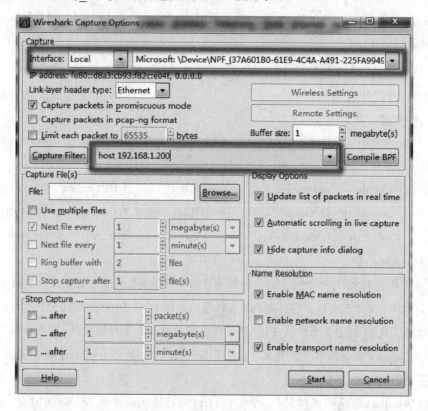,在弹出的窗口中选择抓取的网卡和过滤条件,单击【Start】开始抓包,如图 7.30 所示。

图 7.30　开始抓包

7.5　思考题

在升级管理界面,某 EC 显示升级建议为"不需升级",则可能的原因是什么?

答:版本配套表没有上传、软件版本没有上传、设备离线、设备当前版本和配套表中版本一致,以上任意一种情况下编解码器均会显示"不需升级"。

只有当配套表上传,软件版本上传,编解码器在线且版本和配套表不匹配时,才会显示"需要升级"。

实验 8 │ Linux 操作系统安装（虚拟机）实验

8.1 实验内容与目标

完成本实验，你应该能够：
- 掌握虚拟机的安装方法；
- 掌握虚拟机的使用方法。

8.2 实验过程

本实验所需的主要设备为高性能台式机一台。

步骤一：安装 VMware 软件

首先安装 VMware 虚拟机软件，跟普通程序安装方法一致，单击【下一步】，一般默认即可，如图 8.1 所示。

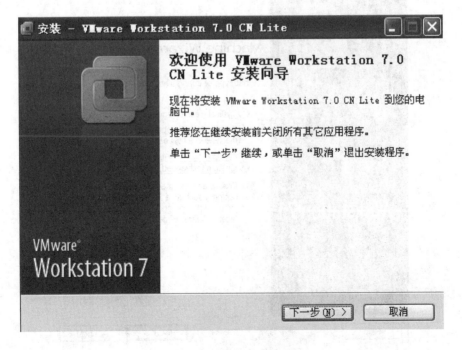

图 8.1　虚拟机软件安装

步骤二：新建虚拟机系统

新建虚拟机系统的过程如图 8.2—图 8.6 所示。

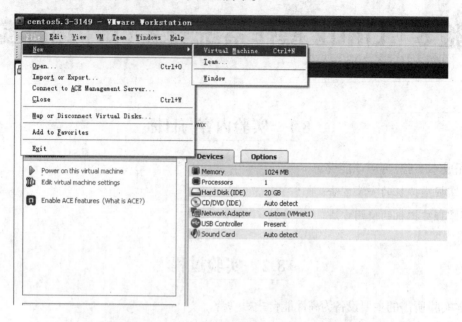

图 8.2　新建虚拟机

图 8.3　自定义安装

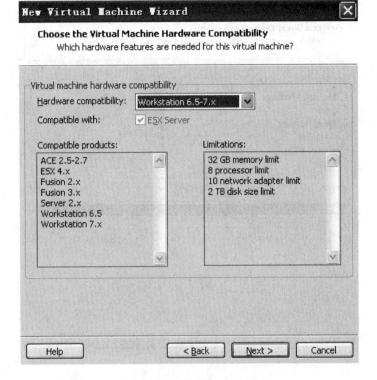

图 8.4　选择虚拟机版本

图 8.5　选择后面安装系统

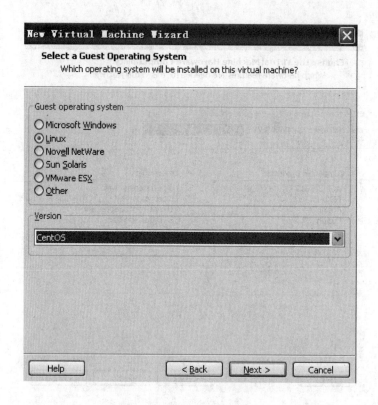

图 8.6 选择安装 CentOS 系统

在 Linux 系统里面可以找到 CentOS 系统，根据安装的操作系统位数选择对应的系统，如果是 64 位就选择 CentOS 64 ，如果找不到，可以选择其他的 Linux 系统，如 Redhat，如图 8.7 所示。

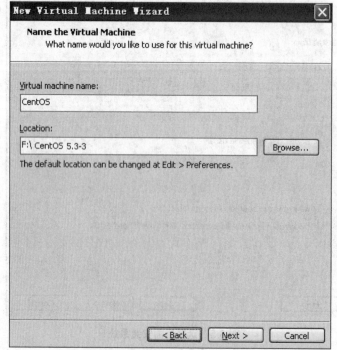

图 8.7 选择安装系统安装路径

选择 CPU 的个数以及核数,一般保持默认,如图 8.8 所示。

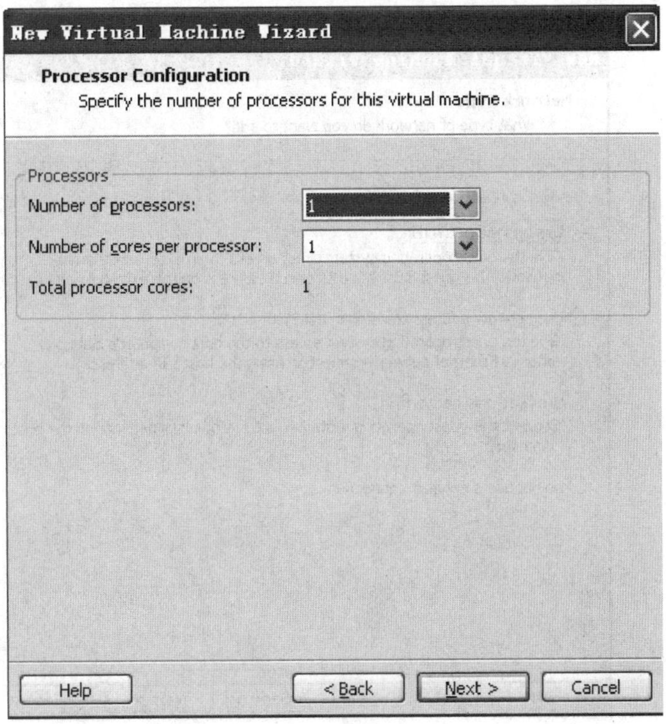

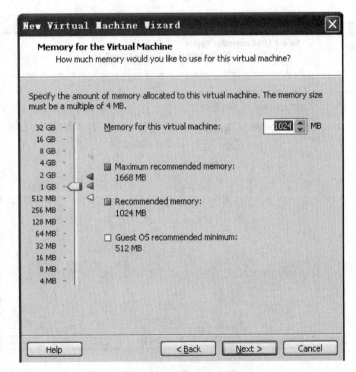

图 8.8 系统 CPU 设置

内存一般设置为 1 024 M,会占用物理机器的内存,合理分配,如图 8.9 所示。

图 8.9 系统内存设置

网络连接一般选择桥接模式（bridged），这种模式适用于普通的局域网内使用，如图 8.10 所示。

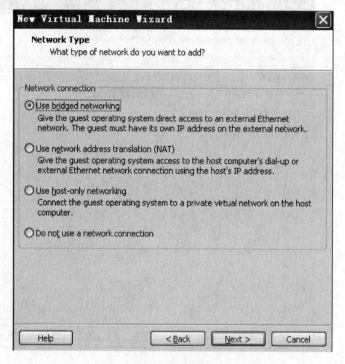

图 8.10　系统网络设置

系统 SCSI 控制器设置如图 8.11 所示。

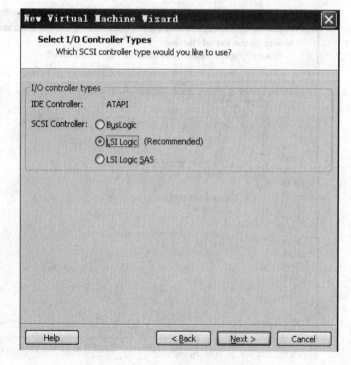

图 8.11　系统 SCSI 控制器设置

一般选择创建一个新的虚拟硬盘，下面两个选项不建议使用，如图 8.12 所示。

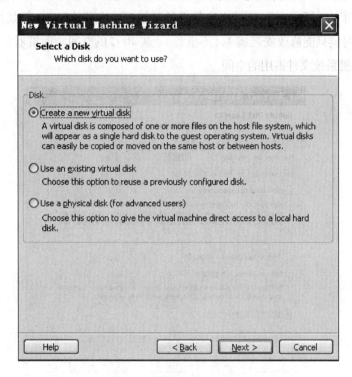

图 8.12　虚拟机系统硬盘设置

一般类型选择默认即可，有问题的话先删除，重新选择 IDE，如图 8.13 所示。

图 8.13　虚拟机系统硬盘类型设置

这里的硬盘大小尽量保持在 40 G 以上，因为安装 VM 软件的时候需要给根目录 10 G 以上的空间，如图 8.14 所示，注：安装 VM 软件的时候提示空间不足，一般就是根目录大小不满足 10 G，这个时候只能修改安装脚本（不推荐）。这 40 G 的空间物理机器并不是不能使用，主要取决于虚拟机系统文件占用的空间。

图 8.14　设置磁盘空间

虚拟硬盘文件的名称，一般保持默认，如图 8.15 所示。

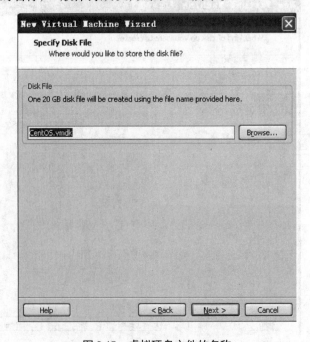

图 8.15　虚拟硬盘文件的名称

到这里整个新建虚拟系统的框架完成了，接下去就是为虚拟机系统安装操作系统，如图 8.16 所示。

图 8.16 完成设置

步骤三：安装操作系统

使用 ISO 镜像文件安装操作系统，如图 8.17 所示，选择 CD/DVD（IDE）→选择 ISO 镜像文件→单击绿色箭头运行，系统会弹出安装选择项，选择第一个选项【Install or upgrade an existing system】，如图 8.18 所示。

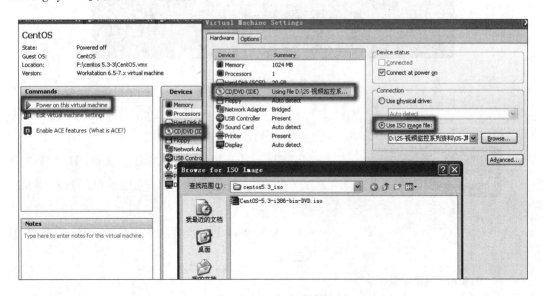

图 8.17 设置安装镜像

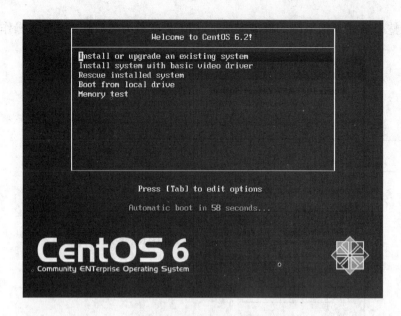

图 8.18　选择第一个选项

回车后系统会检测升级文件，当出现图 8.19 的提示时，选择【Skip】跳过检测。

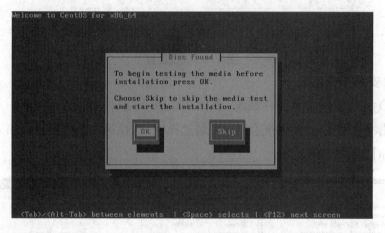

图 8.19　跳过检测

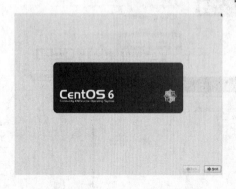

图 8.20　继续安装

接下来会进入图形化安装界面，单击【Next】进入安装设置，如图 8.20 所示。

单击【Next】后进入系统语言选择，默认选择英文安装（中文安装后续 VM 安装会有乱码），如图 8.21 所示。

选择存储设备类型 Basic Storage Devices，如图 8.22 所示。

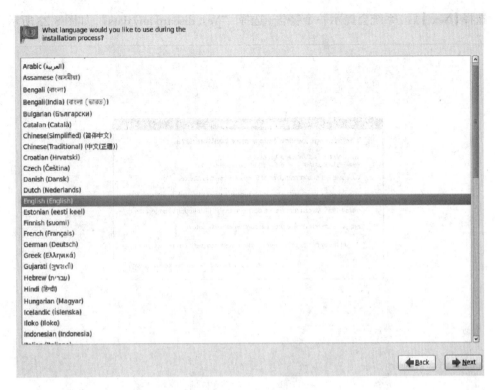

图 8.21　选择语言

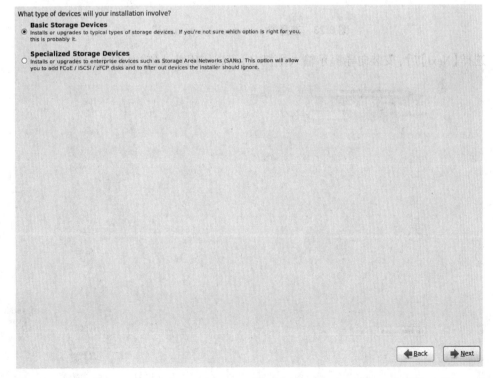

图 8.22　选择存储设备类型

选择【Next】后，系统会提示一个警告，选择 "Yes, discard any data"，如图 8.23 所示。

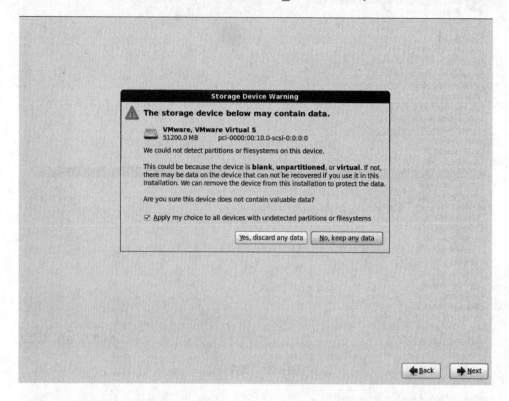

图 8.23　选择 "Yes,discard any data"

选择【Next】后，安装向导提示输入主机名，可以使用默认值，如图 8.24 所示。

图 8.24　输入主机名

选择【Next】后，进入时区选择界面，选择 Asia/Shanghai，注意左下角有一个 System clock uses UTC 选项，默认是选中，这里要修改成不选中，如图 8.25 所示。

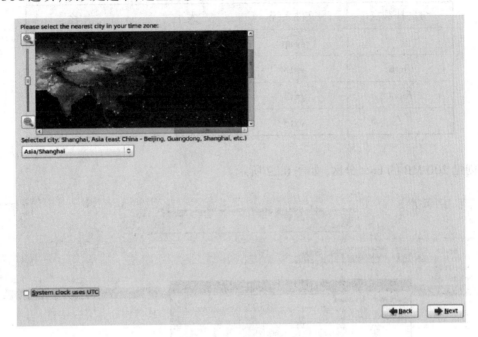

图 8.25　选择时区

选择【Next】后，进入磁盘分区相关配置，选择【Create Custom Layout】进行用户配置，如图 8.26 所示。

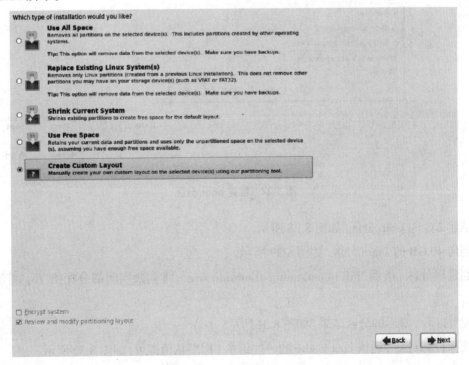

图 8.26　选择自定义

选择【Next】后,进行分区配置,分区步骤和分区规划按照表 8.1 进行设置。

表8.1　分区步骤和分区规划

分区挂载点	文件系统	大小	用途
	swap	2 GB	交换分区
/share	ext3	40 GB	双机热备分区
/boot	ext3	200 MB	boot 分区
/	ext3	剩余空间	根分区

创建 200 MB 的 boot 分区,如图 8.27 所示。

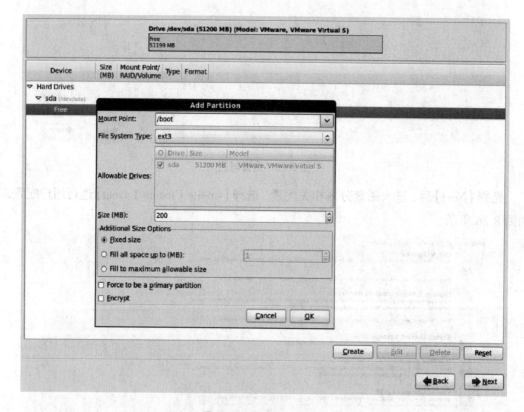

图 8.27　创建 boot 分区

创建 2 G 的 swap 分区,如图 8.28 所示。

创建 40 GB 的 share 分区,如图 8.29 所示。

创建根分区,选择"Fill to maximum allowable size",将剩余空间都分配给"/",如图 8.30 所示。

配置好后,显示的分区结果,如图 8.31 所示。

选择【Next】后,确认 boot loader 的一些信息,用默认值即可,如图 8.32 所示。

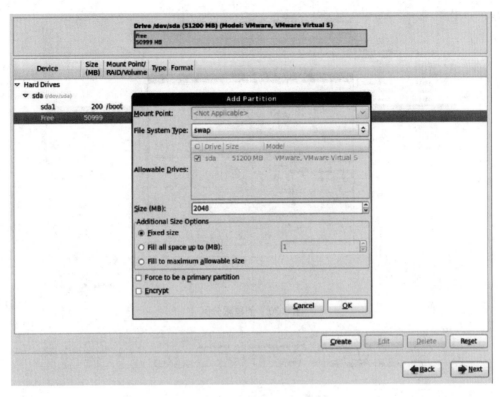

图 8.28 创建 swap 分区

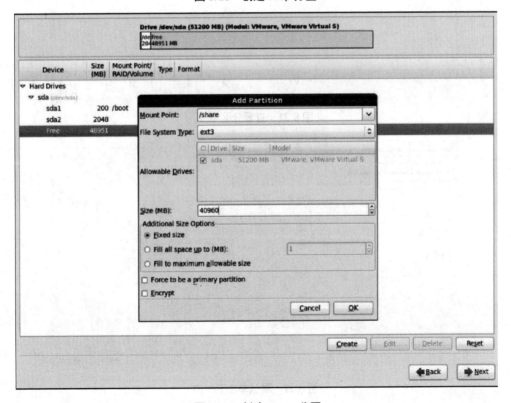

图 8.29 创建 share 分区

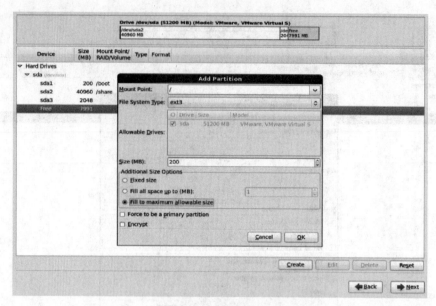

图 8.30　创建根分区

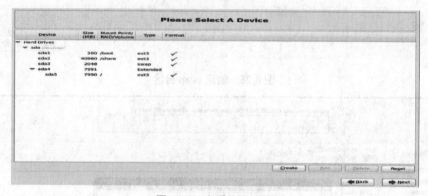

图 8.31　查看分区结果

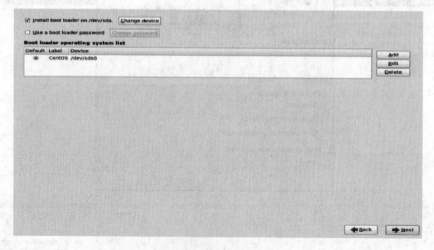

图 8.32　默认单击下一步

选择【Customize now】后单击【Next】进入安装组件选择界面，如图 8.33 所示。

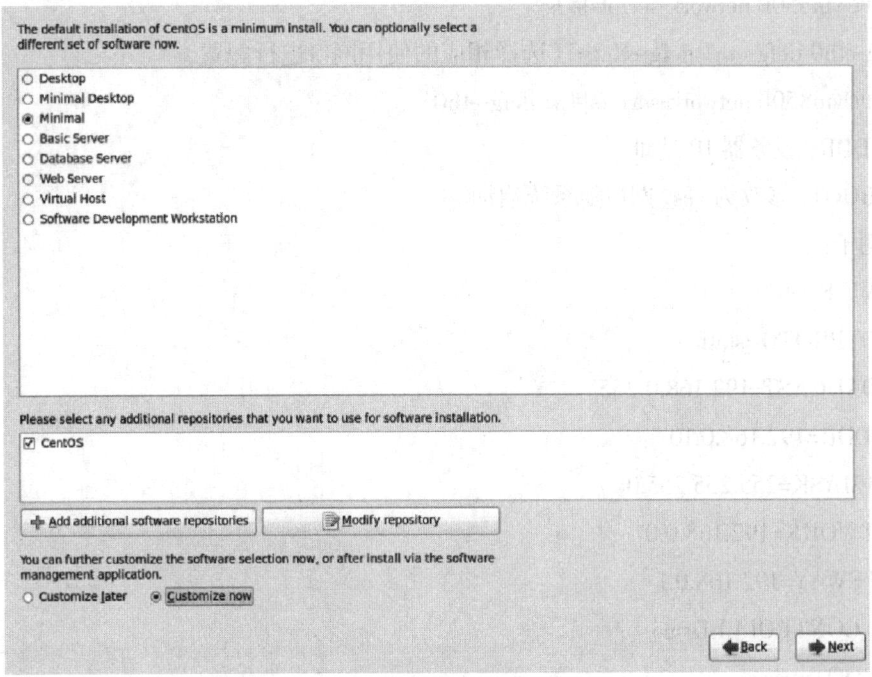

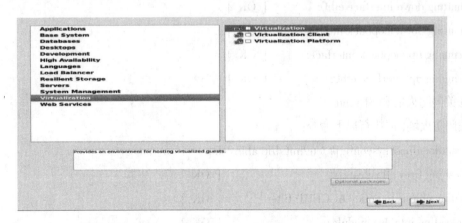

图 8.33 选择安装界面

在软件包的安装中把 MySQL、PostgreSQL、iscsi 以及 Virtuallize 组件前的复选框去掉，其他的组件全部选中，如图 8.34 所示。

图 8.34 选择软件包

后面就是系统的安装过程，略过。

安装好之后，需要对服务器进行部分设置。

①修改网口配置文件。

网卡配置文件位置 /etc/sysconfig/network-scripts/

[root@vm8500 ~]# cd /etc/sysconfig/network-scripts

[root@vm8500 network-scripts]# ls

ifcfg-eth0 ifcfg-eth1 ifcfg-eth2…（选择相应的使用网口进行配置）

[root@vm8500 network-scripts]# vi ifcfg-eth0

IPADDR：服务器 IP 地址。

ONBOOT：修改为 yes，网口随系统启动。

举例子：

DEVICE=eth0

BOOTPROTO=static

BROADCAST=192.168.0.255

IPADDR=192.168.0.10

NETMASK=255.255.255.0

METWORK=192.168.0.0

GATEWAY=192.168.0.1

NM_CONTROLLED=no

ONBOOT=yes

修改完毕保存

②重启网络服务。

[root@vm8500 network-scripts]# service network restart

Shutting down interface eth0:　　　　[OK]

Shutting down loopback interface:　　[OK]

Bringing up loopback interface:　　　[OK]

Bringing up interface eth0:　　　　　[OK]

③关闭防火墙和 SELinux。

关闭防火墙，请执行以下命令：

[root@localhost sysconfig]# /etc/init.d/iptables stop

Flushing firewall rules:　　　　　　　　[OK]

Setting chains to policy ACCEPT: filter　　[OK]

Unloading iptables modules:　　　　　　[OK]

[root@localhost sysconfig]# chkconfig iptables off

[root@localhost sysconfig]#

④关闭 SELinux。

使用 vi 修改 /etc/selinux/config 文件中的 SELINUX=disabled，并重启系统使配置生效。

如下所示：

[root@localhost ~]#

[root@localhost ~]# cat /etc/selinux/config

This file controls the state of SELinux on the system.

SELINUX= can take one of these three values:

#　　enforcing - SELinux security policy is enforced.

#　　permissive - SELinux prints warnings instead of enforcing.

#　　disabled - No SELinux policy is loaded.

SELINUX=disabled

SELINUXTYPE= can take one of these two values:

#　　targeted - Targeted processes are protected,

#　　mls - Multi Level Security protection.

SELINUXTYPE=targeted

步骤四：打开已有虚拟机文件

打开虚拟机，如图 8.35 所示。

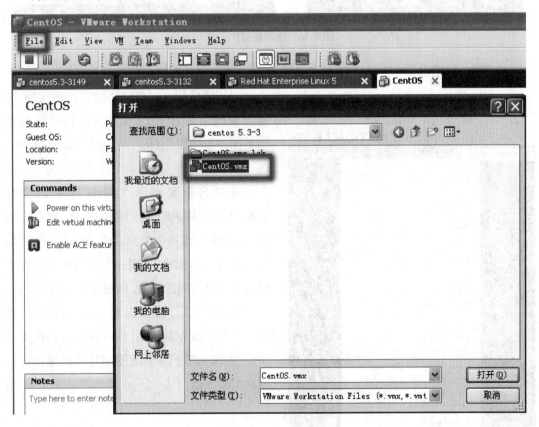

图 8.35　打开虚拟机

若不想新建安装系统, 则可以从其他地方将已经安装好的虚拟机文件拷过来, 直接打开文件夹里面的 vmx 文件, 运行即可。

步骤五:进入及退出系统

进入系统——直接单击左键就可以在虚拟机系统里面进行操作

退出系统——同时按下 Ctrl、Alt 和鼠标即可退出系统操作

或者安装 Vmware Tools 之后, 不需要按组合键, 鼠标就能来回切换, 如图 8.36 所示。

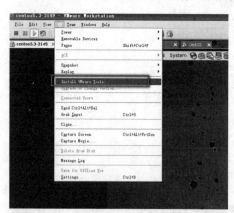

图 8.36　安装虚拟机工具

步骤六:网络设置

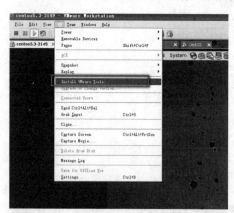

图 8.37　设置网络

局域网使用——将网络设置为桥接模式, 将虚拟机系统 IP 地址设置为与物理机器 IP 地址同一个网段(在同一个网络), 如图 8.37、图 8.38 所示。

选择自定义网卡, Vmware 后默认会有 VMnet1 和 VMnet8 两张虚拟网卡, 如图 8.39 所示, 到网络连接中找到对应的网卡, 将 IP 地址设置为与虚拟机 IP 同一个网段即可实现本机与虚拟机之间的通信, 如图 8.40 所示。

安装好之后, 虚拟机 Linux 系统就可以充当一个 VM 服务器使用, 但注意只是提供实验室使用, 实际项目中不能使用计算机虚拟机充当真实服务器。

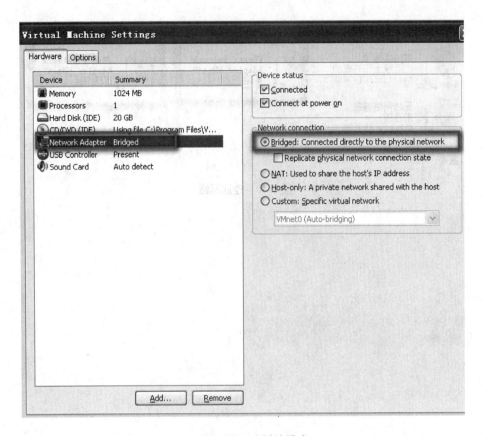

图 8.38　设置为桥接模式

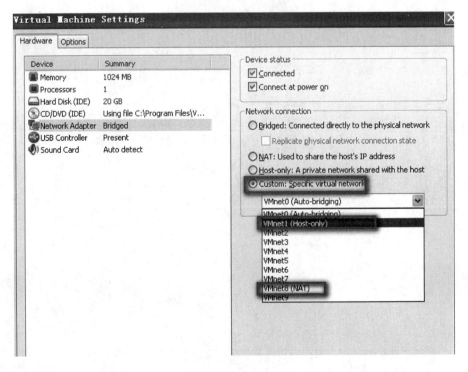

图 8.39　自定义网卡

LAN 或高速 Internet

本地连接 2
已连接上，共享的
Realtek PCIe GBE...

VMware Network
Adapter VMnet8
禁用

VMware Network
Adapter VMnet1
已连接上

无线网络连接
未连接
Atheros AR9285 8...

宽带

图 8.40　连通网络